视觉之外

全链路 UI 设计思维的培养与提升

黄方闻　编著

人民邮电出版社
北京

图书在版编目（CIP）数据

视觉之外全链路UI设计思维的培养与提升 / 黄方闻编著. -- 北京 : 人民邮电出版社, 2020.5
ISBN 978-7-115-53290-9

Ⅰ. ①视… Ⅱ. ①黄… Ⅲ. ①人机界面—程序设计 Ⅳ. ①TP311.1

中国版本图书馆CIP数据核字(2020)第037599号

内容提要

互联网行业的发展使互联网企业中的设计岗位与产品经理岗位之间的界限越来越模糊，对从业人员综合能力的要求不断提高。本书从设计师的角度，较为全面地介绍了互联网产品研发过程中会涉及的知识，包括产品需求、交互设计、UI 视觉设计、产品研发和数据分析这几个关键阶段需要具备的思维能力，以帮助设计从业人员快速构建综合思维模型，成为“全链路设计师”。

互联网进入“下半场”后，思维能力是设计师应具有的一项重要能力。本书可以带领设计师快速了解与产品、交互、视觉、编程和数据分析相关的内容。

本书适合互联网设计师阅读，也适合互联网产品经理阅读参考，尤其适合新入行的交互和视觉设计师阅读。

◆ 编　　著　黄方闻
责任编辑　蒋　伟　张丹丹
责任印制　马振武

◆ 人民邮电出版社出版发行　北京市丰台区成寿寺路 11 号
邮编　100164　电子邮件　315@ptpress.com.cn
网址　https://www.ptpress.com.cn
北京东方宝隆印刷有限公司印刷

◆ 开本：690×970　1/16
印张：15.5
字数：309 千字　2020 年 5 月第 1 版
印数：1 – 3 000 册　2020 年 5 月北京第 1 次印刷

定价：79.00 元

读者服务热线：(010)81055410　印装质量热线：(010)81055316
反盗版热线：(010)81055315
广告经营许可证：京东工商广登字 20170147 号

前言

计划写这本书，已经是两年前了。

虽然设计是一个感性的行业，但是互联网的交互和 UI（User Interface，用户界面）设计，又是所有设计中较为理性的一种。如今，有很多设计师，尤其是刚入行的设计师，习惯把美与丑作为评价互联网产品设计好坏的唯一标准。

从 2018 年开始，尤其是 2019 年初，相信大家已经感受到了互联网行业的各种变化，很多设计师找工作似乎变得更加“不容易”。为了解决这个问题，很多设计师习惯性地把精力放在提升设计水平上，为此做了大量的模拟练习，学习 Cinema 4D 和动效设计等来努力提升自己的设计水平。但事实却是，他们并没有从本质上解决问题。

2016 年笔者出版了《动静之美——Sketch 移动 UI 与交互动效设计详解》一书，在该书中笔者并没有提供任何“美观”的案例，而是试图去努力表达一个观点：美与丑是很主观的事情。

如果说《动静之美——Sketch 移动 UI 与交互动效设计详解》想说明什么是“对的设计”，那么本书想让大家感受到什么是“好的设计”，也为大家提供从本质上解决问题的方法。

无论是“对的设计”，还是“好的设计”，其实纯视觉所占的比重并不高。大家可以做一个实验，设计两个相同的界面，然后为其中一个界面增加一些分割线、投影或者改变一下文字的颜色等，再问其他产品设计相关人员哪个更好看，或许你会惊讶地发现，他们甚至都没有发现两个界面的差异。

从业人员都如此，更何况普通用户呢！不过，普通用户却清晰地知道哪个产品更好用。

互联网行业发展到现在，大家的视觉设计水平普遍都比较高了，影响产品质量的因素除了视觉效果外，更重要的是思维。

笔者面试过很多设计师，通常只需要几分钟就能知道眼前的设计师是不是笔者要找的人。

一般来说，设计师能参加面试，说明简历和作品已经通过了筛选，面试官对于这位设计师的设计水平已经有了基本的认可，否则也不会耽误彼此的时间。那么面试的时候，笔者认为，面试官主要考察的就是这个人的思维能力。

你的思维，决定了你的高度。

认识全链路设计

对于什么是全链路设计这个问题其实并没有标准的答案，可以简单理解为，在产品的整个研发流程中，设计师需要用设计思维去解决具体的问题。在过去，设计师只注重视觉效果；而未来，引入全链路设计后，设计师需要从产品需求环节就参与其中，深入了解产品的背景和目标用户，然后针对这些内容做深入研究，输出与之匹配的设计方案，并且懂得如何与研发人员沟通，确保完美地实现产品。

所谓的全链路设计能力，实际上是设计师能走出自己舒适圈的能力，以及对所在行业的理解能力。

很多设计师在工作中会感到迷茫，觉得公司对于设计并不怎么重视，又或者觉得自己的意见总是被忽略。笔者深入观察后发现，产生这种问题的原因是大家并没有发挥自己的主观能动性，拿到产品需求的时候脑海里想的第一件事情是“我应该如何去设计”，而并没有想为什么会有这个需求。

如果跳过了“为什么”，直接走向“怎么做”，那设计师就变成了一个单纯的执行者，设计师的声音、设计师的观点就自然不那么容易被听到。

因此，当说到全链路设计的时候，究竟要懂多少已经不那么重要，重要的是能否突破自己的边界，能否突破岗位的边界。

从专业到行业的转变，从技术到业务的转变，是思维的转变，也是自我的提升。

关注全链路设计

想要知道一个岗位需要什么样的人才，最好的办法就是直接去招聘网站看最新的招聘需求是什么。

在“拉勾网”搜索 UI 设计岗位，可以看到如下图所示的内容。

UI/UX设计师 / 15k-30k

任职资格：

1. 全日制本科以上学历，艺术设计、交互设计、信息系统管理等相关专业；
2. 熟悉互联网产品的实现过程，包括从用户调研、需求分析，到产品开发、测试的整个过程；
3. 5年以上互联网产品UI设计经验，具有电子商务类PC和移动端设计经验者优先；
4. 熟练使用各种需求分析工具，精通Axure、Photoshop、Illustrator等常用设计软件；
5. 关注主流的设计风格，具备较强逻辑思维及沟通能力；
6. 优先考虑附带作品或作品链接的职位候选人；

资深界面设计师 / 15k-25k

任职要求：

1. 3年以上用户体验设计相关工作经验；
2. 具有出色的设计表达能力，能迅速有效地将想法表现为设计方案；
3. 具有独立思考与创作能力、优秀的内外部沟通能力；
4. 关注互联网、软件与各类电子产品，对互联网领域的UI设计、交互设计和设计研究方面的理论及实践拥有深刻见解；
5. 有多项目、多任务管理能力，能带队创作并跨团队合作；
6. 有对于交互设计的理解与分析能力；

资深UI设计师 / 12k-24k

职位要求

* 具有人机交互、认知心理学、艺术设计、视觉艺术相关专业本科以上学历；
* 热爱设计行业，对主流UI设计趋势有灵敏触觉和领悟能力；
* 具备设计调研能力，掌握基本用户研究方法，如竞品分析、可用性测试、用户访谈等；
* 具备较强的产品逻辑分析能力，对交互设计有深入的了解，可独立完成整个设计过程（包括对流程图、线框图等交互设计方法能熟练应用）；
* 优秀的沟通和协调能力，能严谨、有说服力地把方案的设计理念与交互逻辑清晰准确地传达给对方；
* 具备较强的责任感，主动积极，和团队保持良好的互动和凝聚力，与各部门人员密切合作；
* 熟练使用UI、UE设计工具。

注：应聘者请务必随附作品链接或作品集，谢谢！

从图中可以看到，对于 UI 设计师已经不再是单纯地要求有较强的设计能力和审美能力，而是需要了解行业和整个产品研发流程。

互联网产品的设计不同于其他设计，更强调理性、体验和有源设计，而要做到这一点，仅仅提升自己的视觉设计水平是不够的。

互联网公司的设计师其实是一个既专业又综合的岗位，当我们关注全链路设计的时候，也就已经开始关注如何成为更好的设计师这个问题了。

本书的内容

为了能写好本书，笔者花费了很多时间和精力，内容反复修改了很多次。非常感谢本书的策划编辑佘战文先生在整个写作过程中给予的帮助。

写一本有关设计思维的书很难，并且笔者个人能力有限，不敢说书中所有的内容都是“干货”，但笔者已经尽力，希望这本书能对大家有所帮助。

本书一共分为 5 章，主要讲解从提出产品需求到产品上线的过程中，设计师需要掌握的各项工作技能。为了便于读者理解，本书把这个过程划分为产品、交互、设计、研发和数据分析 5 个部分。

写本书的目的很简单，希望帮助大家打开一扇门，一扇可以连接其他岗位的门。需要注意的是，笔者并不是鼓励大家东学一点西学一点，而是希望大家能以全局的思维去看待设计。换句话说，本书希望能帮助大家跳出单纯的视觉设计，往全链路设计方向靠近。

设计水平的提升是两方面共同进步的结果——应用能力和思维高度。应用能力是在日常工作中不断练习后提升的，任何实践型的图书都只能教授方法，提升能力还是得靠自己。思维的提升是可以通过阅读达到的，如果读完本书能让大家有所反思和感悟，笔者会很开心，这说明写作本书的目的达到了。

大家在阅读的过程中有任何疑问都可以发送邮件到 hfwen@me.com 联系笔者，也可以关注笔者的个人微信公众号“交互设计（ux_ui_design）”，期待与各位沟通和交流。

黄方闻

2019 年 12 月

目录

第 1 章 设计师需要了解的产品知识

第 2 章 交互设计思维的入门与提升

第 3 章 带着思想去做好视觉设计

第 4 章 设计师的编程思维

第 5 章 设计师也要读懂数据

01

第 1 章 设计师需要了解的产品知识

1.1 产品生命周期曲线

设计师参与任何一个产品项目设计时，都应该分析该产品所处的生命周期阶段，从而构思出与之相匹配的设计思路。要了解有关产品生命周期的知识，就不得不提到产品生命周期曲线。

1.1.1 产品生命周期曲线概述

产品生命周期（Product Life Cycle，PLC），是由美国哈佛大学的教授雷蒙德·弗农（Raymond Vernon）于 1966 年在其所著的《产品周期中的国际投资与国际贸易》一书中首次提出的。实际上，这条曲线最早并不应用于互联网产品，而是应用于传统行业的一般性产品。随着互联网产品的不断增加和发展，我们惊喜地发现这个理论也完全适用于互联网产品。本书中所描述的产品生命周期曲线也特指互联网产品的生命周期曲线。

图 1-1 所示是一个简单的产品生命周期曲线。

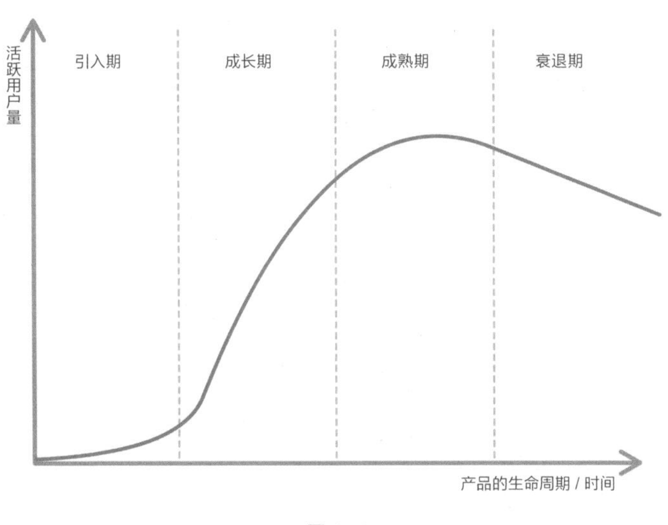

图 1-1

任何一个产品都有生命周期，一个产品从被创造出来到下线停止运营的整个周期可以划分为 4 个阶段：引入期、成长期、成熟期和衰退期。每个时期产品的表现和对应的产品目标及设计策略都会有所不同。

产品生命周期曲线的横坐标（x 轴）表示时间（产品的生命周期），纵坐标（y 轴）表示产品的活跃用户量。从图 1–2 中可以看出在不同阶段，活跃用户量和新增用户量的特征会有所不同。

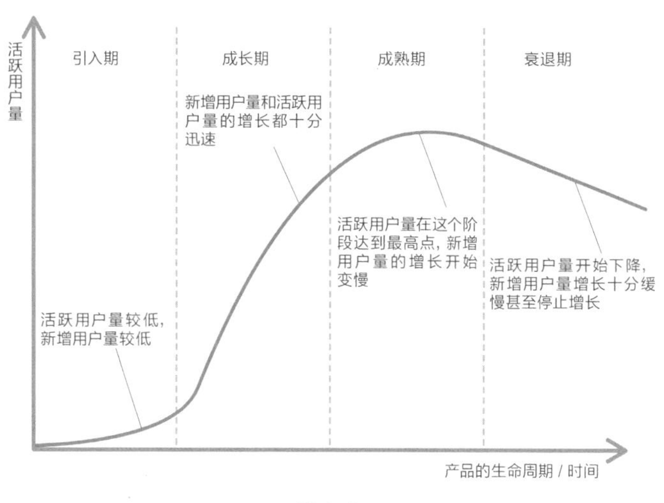

图 1–2

需要注意的是，这里的 y 轴表示的是活跃用户量，而不是总用户量。不管是哪个时期，用户的总量都不存在减少的情况，因为只要一个用户使用过这款产品，即使这个用户以后再也不使用这款产品，甚至卸载了这款产品，都会被算作一个用户，所以在对应的产品生命周期中，总用户量的曲线如图 1–3 所示。

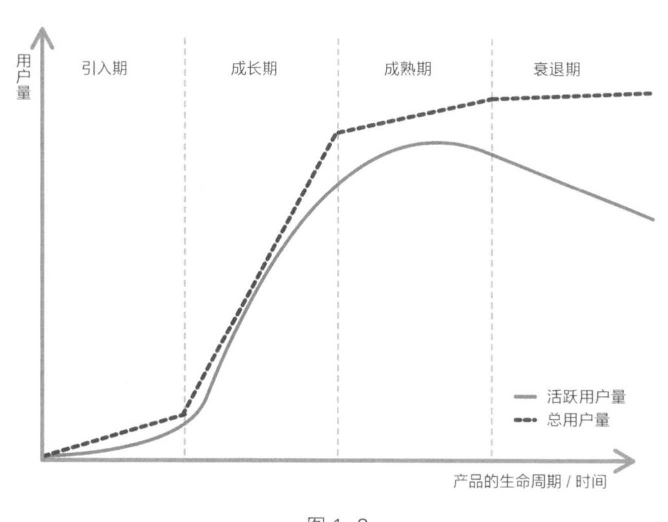

图 1–3

接下来从产品设计策略的角度分别对产品生命周期曲线在每个阶段的表现进行细致分析。

1.1.2 引入期的产品设计策略

把引入期的曲线放大，如图 1-4 所示。

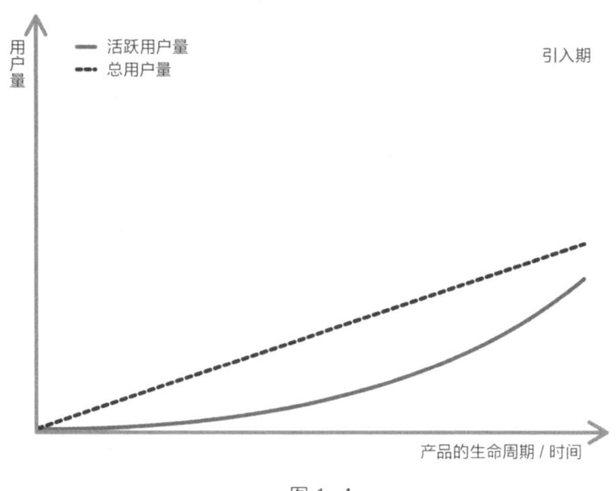

图 1-4

引入期是指一款产品从无到有、刚上线的时期，这个时期的产品变化往往很大，版本迭代也很快。这个时期的主要目标是验证产品方向和找到种子用户。

引入期的产品往往是不成熟的早期产品，上线后会根据实际情况做出调整，也会根据上线数据和用户反馈进行快速迭代，以满足用户需求和市场需求，并验证产品的方向是否可行。

图 1-5 所示是一款产品在引入期的前后两个版本的对比，从中可以发现不仅产品界面发生了变化，而且连名字和交互流程都发生了变化，这都是根据第 1 版产品上线后的反馈做出的改变。

图 1-5

过去，绝大部分设计师从零开始参与一款产品研发的机会并不多。但随着行业的发展，越来越多的公司开始调整战略布局，鼓励内部创业，把过去以职能划分的组织架构调整为按项目划分。在这种情况下，设计师从零开始接触一款产品的概率大大提升。

引入期的产品，活跃用户量和总用户量都非常少，产品经理和运营人员的目标应该是找到种子用户。所谓种子用户，就是在产品初期就非常活跃且愿意反馈的用户。服务好这部分用户，能让产品从引入期过渡到成长期有非常好的用户基础。

图 1-6 所示是引入期产品的目标和避免出现的问题。

图 1-6

为什么在引入期不要过分追求流量呢？因为这一时期的产品往往是不成熟的，而绝大部分普通用户不会因为产品是初期版本就格外地理解这个产品，很多时候，用户的第一印象就决定了他对这个产品的态度。因此，把一个不成熟的产品展示在广大用户面前，实在是一个不明智的选择。

在引入期，产品的设计策略其实就是 4 个字——最小成本，具体包括 6 个方面，如图 1-7 所示。

图 1-7

1.1.3 成长期的产品设计策略

当产品方向得到了市场认可，并且产品功能开始变得明确，甚至形成了一定的竞争壁垒后，产品会进入成长期，这一时期的产品生命周期曲线如图 1-8 所示。

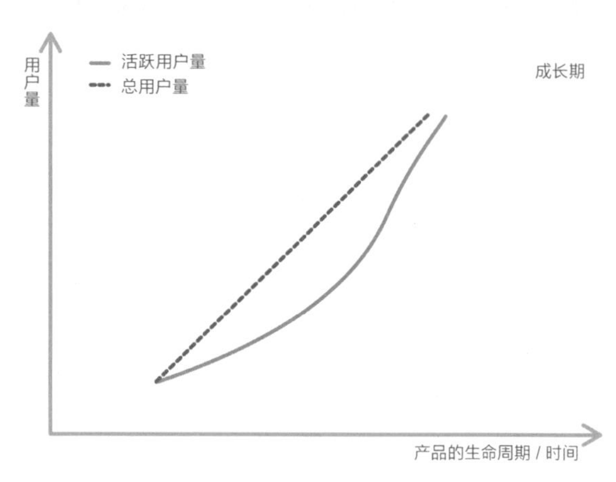

图 1-8

当产品进入成长期后，往往新增用户量会快速提升，这个阶段总用户量和活跃用户量都会持续地快速上升。

这个阶段用户量激增的原因有两个：一是产品经过引入期的探索，明确了产品方向，并得到了市场的认可；二是前期的种子用户会给产品带来口碑传播的效应，让产品的口碑和知名度都得以快速提升——当然这也是运营的成果。

产品从引入期到成熟期的界限并非十分清晰，并且一个产品是否进入成长期也不是根据产品上线的时间来判断的。有的产品可能上线了很长时间，依然在试错，导致其始终在引入期；有的产品可能刚上线不久就进入了成长期，如图 1-9 所示的几款产品。

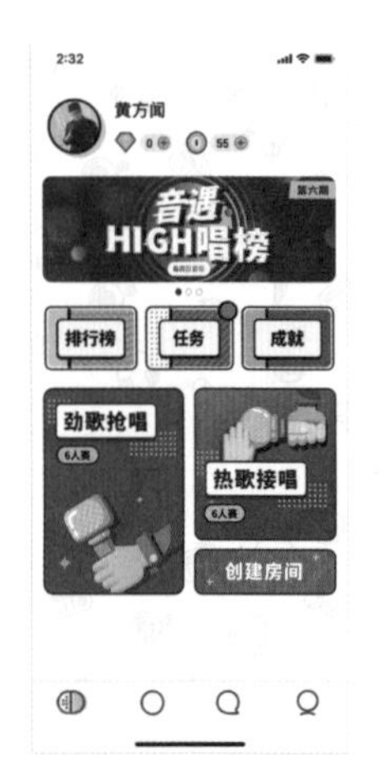

图 1-9

进入成长期的产品都会有自己的核心功能，并且有区别于竞品的特征及竞争壁垒，用户群体开始扩大，产品也开始寻求更多的可能性，以及探索商业变现。比如图 1-9 中的第 3 款产品 VUE，从开始的纯视频剪辑工具到视频社区的转变，就很好地证明了这一点。

可以认为这一阶段的产品已经取得了一定的成功，但用户可能仍处于不稳定状态，虽然活跃用户量在不断增多，但是很可能每天的活跃用户群体并不重合。同时，进入成长期的产品，面对的竞品也在不断增多，这个阶段就应该开始考虑提升用户黏性，并且不断提升产品的用户体验，如图 1-10 所示。

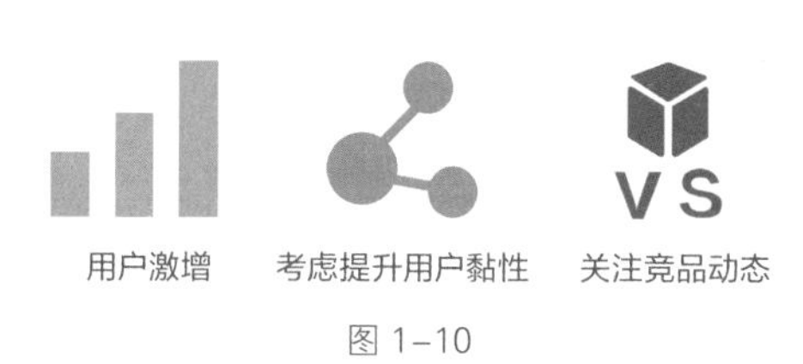

图 1-10

在引入期，用户选择某款产品并成为种子用户，往往是因为对这款产品的认可，认可的可能是产品的方向，也可能是自己特别需要该产品，甚至可能仅仅因为情怀。但进入成长期，要持续留住日益增长的用户，则应不断地提升用户体验，并扩大产品的“可能边界”。

任何成功的产品都应该具有商业价值，因为没有商业价值的产品很难持续下去。因此，产品进入成长期后，也需要开始考虑产品的商业价值。

在成长期，产品的设计策略可以用 5 个字概括——优化与创新，具体包含 6 个方面，如图 1-11 所示。

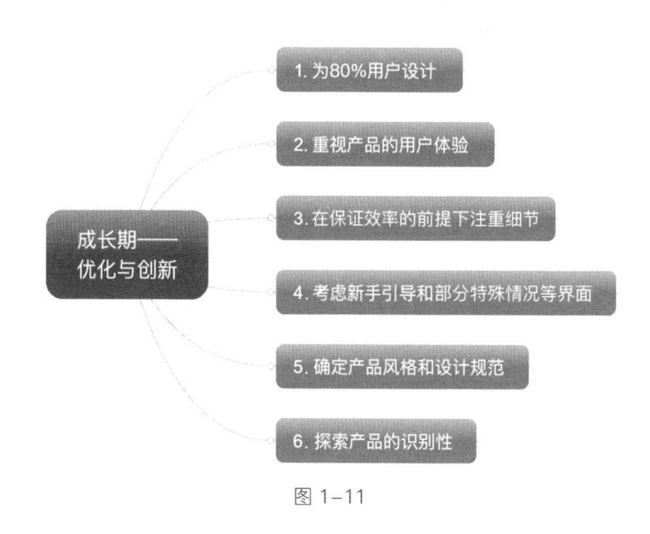

图 1-11

1.1.4 成熟期的产品设计策略

虽然每年都有上百万种甚至上千万种的产品出现，但是能发展到成熟期的产品少之又少。在成熟期，产品的活跃用户量将达到产品生命周期的顶峰，这一时期的产品生命周期曲线如图 1-12 所示。

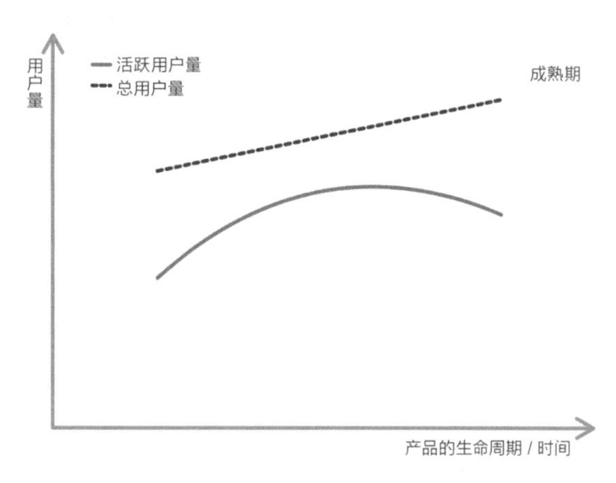

图 1-12

在这个阶段，总用户量虽然仍然在增长，但新用户增长的速度变慢；活跃用户量曲线在达到最高点后，开始呈现下降的趋势。

不过需要注意的是，产品的成熟期往往会持续非常长的时间，并且活跃用户量从最高点回落的过程也很缓慢。

进入成熟期的产品，用户量级和产品影响力都是非常大的。不管是微信和支付宝，还是喜欢航拍的朋友们所熟悉的 DJI Go 4 或者是 Lightroom，都可以认为是成熟期的产品，如图 1-13 所示。

图 1-13

产品进入成熟期后，无论是功能还是界面设计都趋于稳定，这时候任何一个小的变动都会对用户产生很大的影响。对于成熟期的产品，应把更多的精力放在商业变现上；同时，因为产品大的变化少了，所以打造极致的产品体验成为这一阶段的设计师更关注的事情。

这一阶段的用户开始趋于稳定，并且老用户和新用户在产品的使用感受上会出现很大不同。在产品进入成熟期才进入的新用户，往往是对互联网或者对这类产品不太敏感的大众型或者滞后型的用户；而成熟期产品的老用户，有可能是一路陪着产品成长起来，对产品已经十分熟悉的用户。这一阶段，既要照顾新用户的感受，同时又不能忽略了老用户，以免用户产生疲劳感。图 1-14 所示是成熟期产品的特征和可能存在的风险。

图 1-14

成熟期的产品信息架构和界面风格都不会发生太大变化，持续运营变得非常重要。根据产品类型的不同，运营的方向也会有所不同——可能是提供更好、更多的内容，也可能是提供更好、更极致的使用体验，还有可能是不断推出新的活动等，而这些内容的实现都离不开优秀的设计。

需要再一次提到的就是商业变现，这是这个阶段非常重要的事情。设计师需要学会在商业价值和用户体验中找到最佳平衡点，有关这部分内容会在本章后面讲到。另外，前面提到过这一阶段任何一个小的变化，都可能会对用户产生非常大的影响，所以对待产品的迭代将变得更加慎重。

在产品的成熟期不应再随便地对产品的设计做决定。在成熟期，产品的设计策略可以用5个字概括——商业与谨慎，具体包含 6 个方面，如图 1-15 所示。

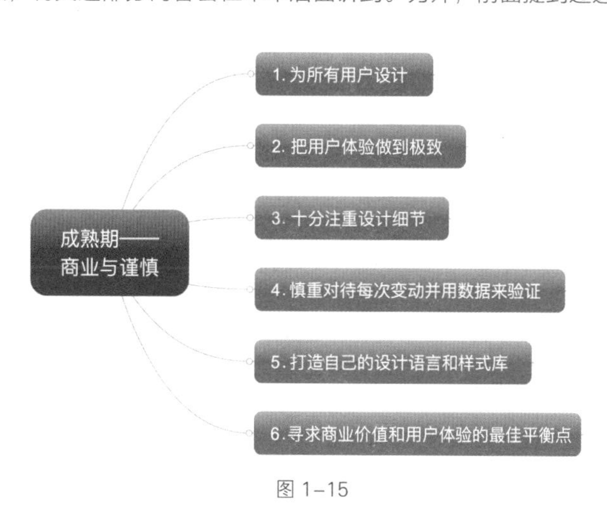

图 1-15

1.1.5 衰退期的产品设计策略

对于衰退期，首先需要明白的是，这是任何一款产品都不可避免的。只不过，对于一些非常优秀的产品来说，要么是产品进入衰退期的时间会在很遥远的未来，要么是当产品进入衰退期后，研发团队采取各种办法让产品再一次回到成熟期。

图 1–16 所示是衰退期产品的生命周期曲线。

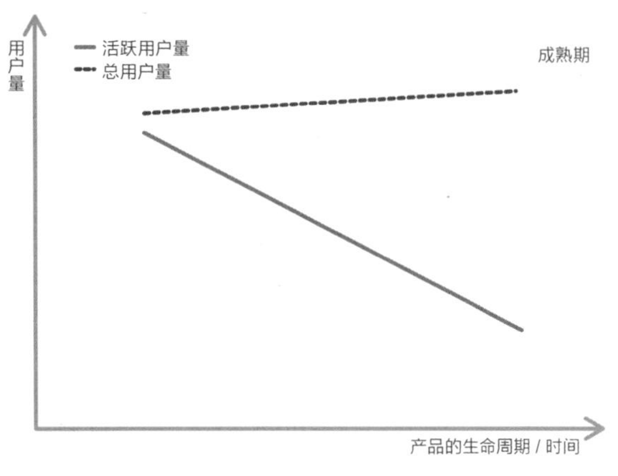

图 1–16

从图 1–16 中可以看到，衰退期的产品活跃用户量呈下降趋势，并且这一趋势越来越明显，同时总用户量增长十分有限。

需要明白的是，产品进入衰退期并不意味着产品的失败，并且衰退期一定是在成熟期之后。也就是说，那些在引入期就出现用户增长放缓、活跃用户持续下降等现象的产品并没有进入衰退期，而是产品方向或者产品本身出了问题。

图 1–17 所示是进入衰退期的一些产品，这些产品都是非常优秀的产品，但也不可避免地进入了衰退期。不同产品进入衰退期的原因往往有所不同：有的是公司战略需求，新产品的推出导致现有产品进入衰退期；有的是产品已经不太适合当前的用户需求；有的是出现了更好的竞品导致了用户的流失等。

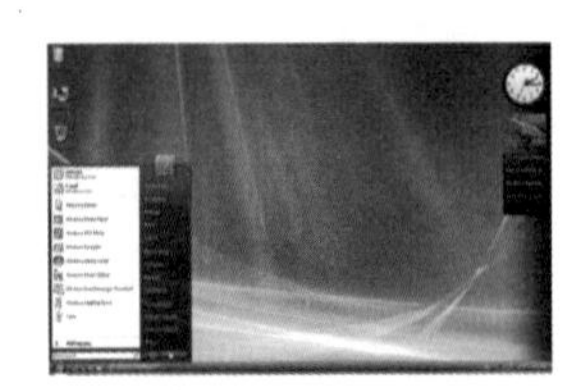

图 1–17

对于衰退期产品的处理，已经涉及公司的战略层面。当产品进入衰退期，研发团队会面临两个选择：一是投入精力继续研发，让产品从衰退期回到成熟期，即想办法提升用户活跃度；二是让产品自然衰退，同时投入精力研发下一款产品。这往往取决于产品的商业价值和公司的战略，如图 1–18 所示。

当产品进入衰退期后，对于设计师来说，其实设计策略和成熟期的策略相似，不同的是需要评估投入产出比。如果公司决定要让产品回到成熟期，就可以参考成熟期产品的设计策略；如果公司决定寻找新的方向，则可以参考引入期的设计策略；如果两者同时进行，那么就采取综合策略。具体情况具体分析，这里不做更多的展开说明。

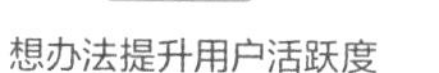

图 1-18

1.1.6 其他说明

对于产品生命周期还需要注意的是，虽然产品生命周期曲线将产品的整个生命周期划分为 4 个阶段，但在实际中每个阶段的界限是模糊的，并且不是线性的关系。

也就是说，可能一款产品在某个阶段，既有成长期的特征，又有成熟期的特征如图 1-19 所示。例如前面提到的 VUE 这款产品，作为纯工具类产品，引入了视频社区的概念，并且有了一定的规模和成熟度；又如，Keep 这款产品在不断地探索商业变现，虽然界面和架构都已经趋于稳定，但同时又有很多成长期产品的特征。

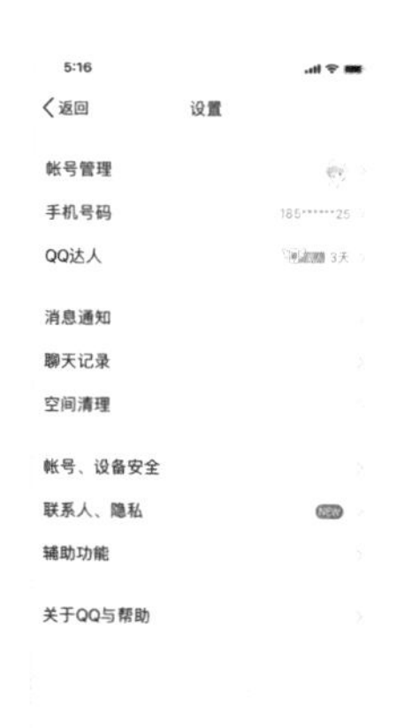

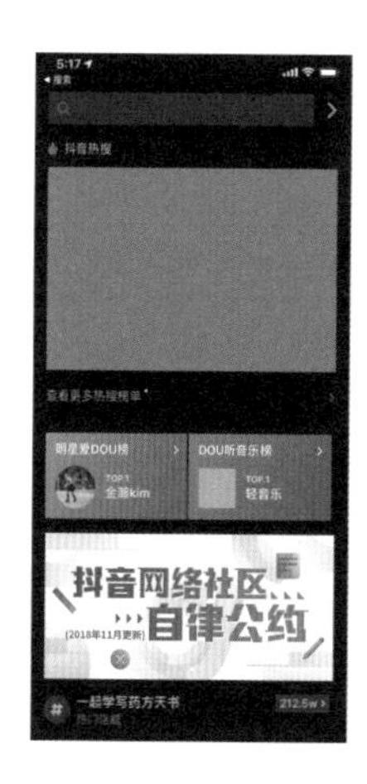

图 1-19

同时，某个产品属于哪个阶段，也没有唯一的标准，只是看待的角度不同。例如，QQ 究竟是处于成熟期还是处于衰退期，并没有标准答案；再如，抖音是处于成长期还是成熟期，也没有标准答案。

对于设计师来说，了解产品的生命周期，更大的意义在于能用更客观和宏观的眼光去看待一款产品，而不是单纯地从美丑的角度思考。

1.2 敏捷开发下的产品设计

行业的发展对互联网产品的时效性要求越来越高，“快”成了很多公司对于互联网团队的要求——快速上线、快速试错、快速迭代……在这种背景下，最小可行性产品设计和设计冲刺成为很多团队的选择。本节将向大家详细介绍这两种方法的具体操作以及各自的注意事项等。

1.2.1 最小可行性产品设计

1. 最小可行性产品设计的概念

最小可行性产品（Minimum Viable Product，MVP）的概念来源于埃里克·莱斯（Eric Ries）所写的《精益创业》这本书。其核心观点就是用最少的投入得到最快的产出。以造车为例，假设需要造一辆车，大家可能会想到，需要方向盘、轮胎、发动机、仪表盘、安全气囊、变速器、中控系统、底盘、车门、车灯、刮水器和座椅等，如图 1-20 所示。

图 1-20

如果要以最小可行性产品设计的方法判断是否可以造车，以及用户是否对所设计的车感兴趣，那么面对图 1-20 中的这些内容，需要找出最核心的部分，即确定哪些是可以去掉的，哪些是为了达到目标不可或缺的。最后发现，要达到目标只需要4个部分，如图1-21所示。

图 1-21

因此，在产品设计初期，需要重点研究的就是怎样把这 4 个部分做出来并组合在一起。这就是一个最小可行性产品的例子。

2. 最小可行性产品设计的流程

通过上面的例子可以发现，最小可行性产品设计的流程如图 1–22 所示。

图 1–22

第 1 点：明确产品的核心功能。任何一款产品都会有其核心功能，如微信的熟人社交、淘宝的 C2C（Customer to Customer，消费者个人间的电子商务行为）购物平台、抖音的短视频分享等。如果产品的核心功能无法确定，那么就不要急于进入最小可行性产品设计阶段。

第 2 点：找到实现这一核心功能不可或缺的部分。这一步是关键，注意一定是不可或缺的才可以。找不可或缺的部分，一般采取删减法。所谓删减法，就是通过头脑风暴，把所有能想到的内容全部写出来，然后做减法，看丢掉其中的一些内容后主流程是否可行，如果丢掉这个内容后，主流程不可行，那么这个内容就是不可或缺的。

第 3 点：把不可或缺的这部分研发出来，快速上线收集用户反馈和市场反馈，然后根据反馈快速迭代。

3. 最小可行性产品设计的注意事项

最小可行性产品设计的两个关键点在于：它是一个最小规模的产品，它是一个可行的完整产品。

因此，在进行最小可行性产品设计时，首先要注意这个产品是理想中完整产品的子集。比如目标是造一辆汽车，那么对应的最小可行性产品应该是一辆汽车而不是一辆自行车，如图 1–23 所示。

图 1–23

其次，一定要注意，最小可行性产品是一个可行的完整产品，而不是产品的一部分。比如目标是造一辆汽车，对应的最小可行性产品应该也是一辆有汽车核心功能的车，而不仅是车的一个方向盘，因为这是没有任何意义的。最小可行性产品的其中一个作用是可以快速检测产品方向是否正确。最小可行性产品是需要真实上线反馈的，如果只给用户一个方向盘，那么用户给不了任何有效的反馈信息，如图 1–24 所示。

图 1–24

再次，最小可行性产品设计的前提是产品的核心功能和产品方向是明确的。虽然最后可能根据市场反馈调整产品方向，但是在产品设计阶段一定要有一个清晰的目标。最小可行性产品的迭代是一个不断完善的过程，而不是一个不断让产品变来变去的过程，如图 1–25 所示。

图 1–25

最后，最小可行性产品不等于粗糙的产品，也不是测试产品，而是要提供给用户的真实产品，是为了验证产品方向以最小成本研发的一款完整的产品。因此，在设计最小可行性产品的时候需要认真对待。微信在最小可行性产品设计阶段也有着完整的即时通信功能，这是微信最核心的功能。现在大家熟知的朋友圈、公众号平台、微信支付和小程序等功能，都是在后面的迭代中不断增加和完善的。即使是即时通信功能，在最开始也只有发送文字和图片的功能，至于后面的语音、表情包和定位等功能，也是在后面不断迭代中增加的，如图 1–26 所示（界面图片来自微信官网）。

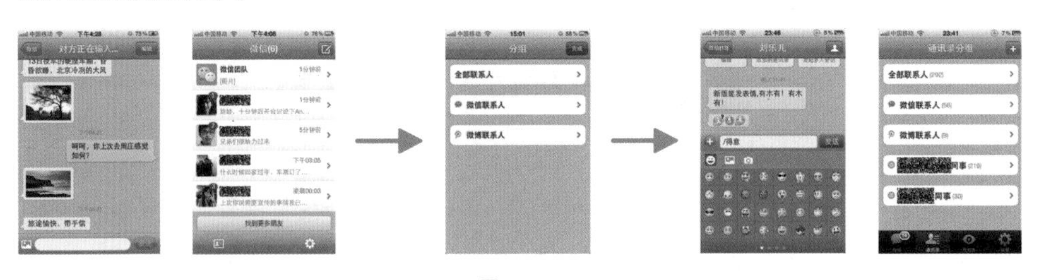

图 1–26

以上便是最小可行性产品设计的相关内容，由于篇幅限制不能将这部分内容完全展开讲述。如果大家还想深入了解最小可行性产品设计，推荐大家阅读 Eric Ries 的《精益创业》这本书，相信能有更多的收获。

1.2.2 设计冲刺

1. 设计冲刺的概念

设计冲刺（Design Sprint）是谷歌团队提出的一套解决棘手问题的 5 天式流程，当团队的产品遇到大问题，或者团队希望打造一个全新的产品时，这套流程将非常适合。

完成这套流程只需要 5 天时间，图 1–27 所示是这 5 天需要做的事情。

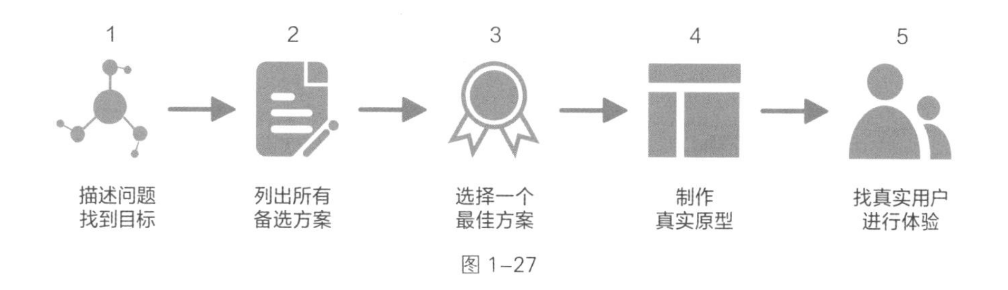

图 1–27

在这样的流程中，可以发现每天会有一个关键的目标。谷歌团队把这套流程写成了一本书并出版，书名就叫《设计冲刺》，有兴趣的读者可以阅读该书。

《设计冲刺》一书以蓝樽咖啡做网站为例讲述了这套流程的实际应用。

第 1 天，“拆包，把已知的一切摊上桌面”。拆分的结果如图 1–28 所示。

第 1 天: 拆包，把已知的一切摊上桌面

1. 设定长期目标（避免跑偏）

2. 列出此次冲刺需要解决的问题

3. 请教团队成员和其他专家

4. 确定本次冲刺的问题和目标

图 1–28

第 2 天，“写写画画，每个人都贡献点子”。这一天主要做两件事情，然后列出多个详细的解决方案，如图 1–29 所示。

第 2 天: 写写画画，每个人都贡献点子

1. 回顾已有的方案并找新的灵感

2. 列出多个可以解决问题的详细方案

图 1–29

第 3 天，“决策日”。这一天主要做 3 件事情，其中最重要的就是确定最佳的解决方案，如图 1–30 所示。

第 3 天: 决策日

1. 无须开会讨论，每个人选择自己最满意的方案

2. 做出决策，选出最佳方案

3. 针对最佳方案制订流程和执行计划

图 1–30

第 4 天，“完成原型产品”。在制作原型时，需要注意两点，如图 1–31 所示。

第 4 天: 完成原型产品

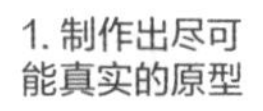

1. 制作出尽可能真实的原型

2. 考虑方案所对应的平台并为测试做好准备

图 1–31

第 5 天，“交卷、检测”。这一天主要是验证前 4 天的工作成果，并梳理总结所反馈的内容，如图 1–32 所示。

第 5 天：交卷、检测

图 1–32

以上便是设计冲刺的具体流程。到这里，大家应该对这一套流程非常熟悉了，但有几个问题，是使用设计冲刺方法时需要注意的。

2. 设计冲刺的注意事项

首先，在进行设计冲刺之前，需要认真思考面临的问题是否需要用到设计冲刺方法，因为设计冲刺要求用整整 5 天的专注时间来完成整套流程。一般来说，问题越大，设计冲刺越有效；而如果是一些小问题，如某个按钮的颜色选择，或者选项是放在一个界面还是多个界面中等，这种小问题就不值得采用设计冲刺的方法。

其次，设计冲刺不是一个人完成的，这是一个团队行为。在进行设计冲刺之前，需要搭建一个合适的团队，一般来说需要 3 类人，如图 1–33 所示。

图 1–33

决策者主要进行决策，可以由 CEO（Chief Executive Officer，首席执行官）、产品总监或设计总监等人担任，最好能全程参与设计冲刺；引导者是在讨论或者流程出现问题时引导大家往正确的路上走的人，所以引导者应该始终保持中立态度；多样化的队员是指根据冲刺内容的不同而选择的不同成员。对于多样化的队员，如果是针对外部 App（Application, 应用程序）研发的问题，队员可以是设计师、程序员等；如果是针对公司内部 OA 系统（Office Automation System）的研发，则应让人力资源管理人员、财务人员等参与进来。不管怎样，参与设计冲刺的团队总人数最好不要超过 7 人。

最后，参与设计冲刺的人需要专注且全程投入，否则冲刺的结果可能会浮于表面或者是无效的。

1.2.3 最小可行性产品设计和设计冲刺的选择

通过对前面内容的学习，大家应该可以意识到一点，无论是最小可行性产品设计还是设计冲刺，其核心都是希望用最小的成本，达到最大化的效果。在上一节产品生命周期曲线中，讲到引入期的设计策略，就是“最小成本”，大家可以参考图 1-7 的内容。因此，最小可行性产品设计和设计冲刺，也适合在产品引入期使用。

另外需要明白的是，最小可行性产品设计和设计冲刺是两种不同的思维方法，并没有谁比谁更好一说，但读者需要知道每种方法各自的局限性。

最小可行性产品设计的局限性主要有 3 点，如图 1-34 所示。

第 1 点：并没有一个衡量产品成功还是失败的标准，以至于只能根据预期判断，但预期可能是有偏差的。

第 2 点：虽然强调最小可行性产品是可用的完整产品，但是很多时候可用的完整产品并不代表用户会有好的体验，而把体验做到最好后，可能测试数据又会有所不同。

图 1-34

第 3 点：如果产品上线，测试结果并未达到预期，可能会误导决策者的判断。例如，可能是因为产品方向的问题导致所设计的产品并未达到预期，但是决策者会认为是产品功能过少或者体验不够完善导致的，然后加大投入，最终造成更大的资源浪费。

设计冲刺的局限性也有 3 点，如图 1-35 所示。

第 1 点：参与设计冲刺的团队往往比较难建立。首先，要求一名公司高管做决策就比较难；其次，要求所有人员用连续 5 天的全部时间投入，很多公司并不具备这样的条件。

图 1-35

第 2 点：在制订和选择方案的时候，可能存在很多主观判断，尤其是一个小团队有高层在的时候，可能会导致投票偏向高层的选择方向。

第 3 点：整个过程会受到非常多客观因素的干扰，如选择访谈的用户不同导致得出的结论不同等。

了解了上述局限性之后，再根据不同方法各自的实际需要选择方案就比较容易了。

同时，虽然方案是“死”的，但人是“活”的。也就是说，方法只是一个指南，具体的执行可以根据实际情况灵活调整，甚至可以把两个方法的优势综合到一起，只需要做到最小成本的投入、最大价值的产出即可。

1.3 产品价值和产品需求

设计师每天会接到来自产品经理等人的各种需求。初级设计师接到需求会直接执行，但是对于高级设计师或者全链路设计师来说，接到需求后做的第一件事情应该是判断该需求对产品价值的影响，以及需求是否合理。本节将就产品价值和产品需求这两个问题进行探讨。

1.3.1 产品价值

1. 产品的用户价值和商业价值

在过去，提到产品价值，人们往往只会关注产品的用户价值，即产品是否满足了用户需求或者产品的体验是否足够好。随着行业的发展和互联网基础属性的回归，人们开始越来越重视产品的另一个价值——商业价值。这样，市场对设计的要求，也就变成了如何更好地平衡产品的用户价值和商业价值，如图 1-36 所示。

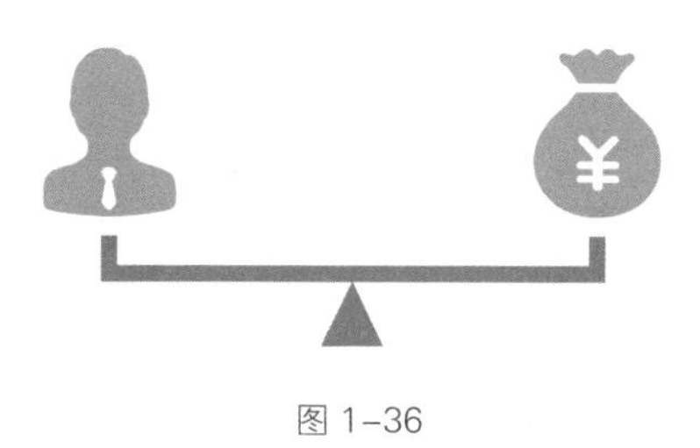

图 1-36

用户价值和商业价值的平衡，不能简单地认为是一半和另一半的关系。一个产品会经历不同的时期，这意味着在不同时期，产品的用户价值和商业价值有所不同。

表 1-1 展示了一个产品在不同时期的用户价值、商业价值和产品目标。

表 1-1

产品生命周期	用户价值	商业价值	产品目标
引入期	高	低	探索产品方向
成长期	高	中	提升日活跃用户量，构建壁垒
成熟期	高	高	追求商业变现
衰退期	低	低	寻求新出路

有些设计师对于表 1-1 中的内容可能会有疑惑：为什么用户价值在引入期到成熟期都非常高，而衰退期却变低了呢？这是因为，一个产品具备商业价值的前提是这个产品具备较高的用户价值，而始终具备较高的用户价值，才可能让产品从引入期发展到成熟期，这是用户量得以持续增长的基础。

所以，一直以来，互联网产品的商业逻辑如图 1-37 所示。

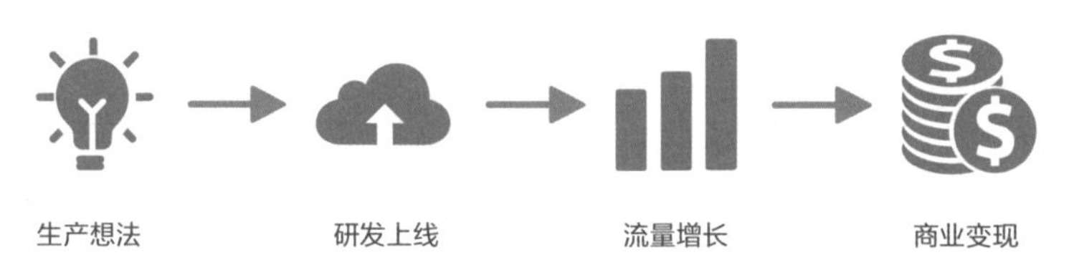

图 1-37

对于互联网产品来说，最重要的是能获取流量，有了流量商业变现就变得相对容易。不同类型的产品，变现的方式会有所不同，但都建立在有流量的基础上，如图 1-38 所示的几款 App。

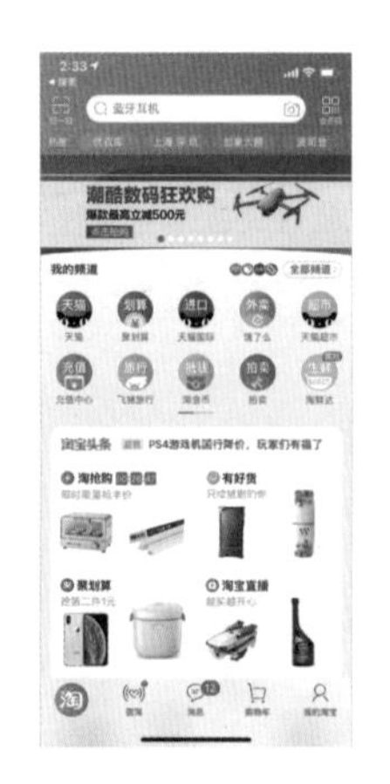

图 1-38

图 1-38 所示的都是大家耳熟能详的 App，虽然这些 App 都是免费的，但是研发这些 App 的公司都可以持续盈利，甚至已经成为行业巨头。因为这些 App 牢牢抓住了用户，流量持续提升，所以其研发公司可以通过广告、线上交易、会员服务、商务合作等模式完成商业变现。

正是因为流量如此重要，所以前几年经常看到各种“补贴大战”。图 1-39 所示是在“补贴大战”中胜出的产品。

图 1-39

当然，不能说这些产品胜出的原因是补贴，但补贴确实是在早期互联网中，抢用户、抢流量最直接、有效的方式。

当互联网发展到一定阶段，原来有效的方式成本越来越高。有数据表明，现在要新增一个 App 用户，成本至少 20 元，这对于很多中小企业来说是无法承受的。因此，获取用户和流量的方式，由过去直接的补贴方式，变成了现在的精细化运营方式，如图 1-40 所示。

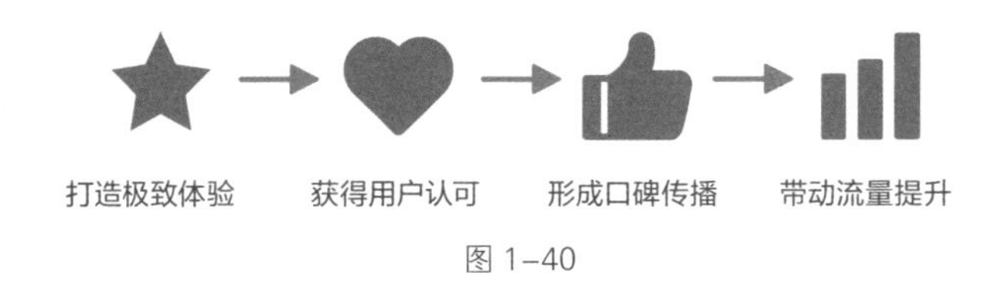

图 1-40

这也就回归到了产品的本质——用户价值，即从引入期开始就要有高的用户价值，用高的用户价值带来高的用户流量，从而带来高的商业变现能力。

所以，当谈论产品价值时，一定要同时考虑产品的用户价值和商业价值。需知道所做的一切提升用户价值的事情，最终都是为提升商业价值做准备。

2. 平衡产品的用户价值和商业价值

提到产品的用户价值和商业价值时，需要注意一点，这两种价值并不是此消彼长的关系，它们共同构成了产品价值。提升产品价值，应该致力于提升用户价值和商业价值，而非过分地追求某一个单独的价值，也不是在产品总价值不增长的前提下平衡二者的关系，如图 1-41 所示。

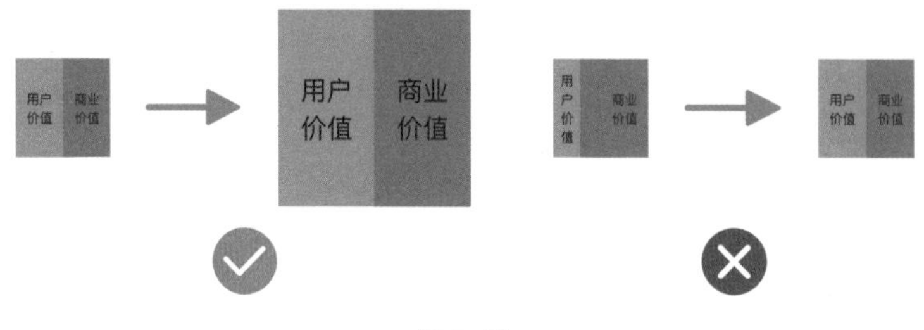

图 1-41

在产品的发展过程中，假设产品总价值是 100 分，如果一年后，产品总价值仍然是 100 分，并且用户价值和商业价值始终各占 50 分。这样，虽然做到了用户价值和商业价值的平衡，但很可惜产品的总价值过低，最终可能会被市场淘汰。

假设产品总价值是 100 分，一年后，用户价值变为 100 分，商业价值变为 0 分。虽然有了一个体验极佳的产品，但这个产品没有任何商业价值，如果这不是一个公益产品，那么显然无法持续运营。产品如果没有创收，最终很难发展下去。

假设产品总价值是 100 分，一年后，商业价值变为 100 分，用户价值变为 0 分，那么只能说做了一笔非常好的生意。以损害用户利益为代价提升商业价值，最终用户都会离开，产品自然也就没有存在的意义了。

假设产品总价值是 100 分，一年后，用户价值提升到了 100 分，商业价值也提升到了 100 分，这时的产品总价值提升到了 200 分。这样的产品才会被认为是非常优秀的产品，是可以持续发展的产品。

那么设计师在平衡产品价值和商业价值的过程中，能怎么做呢？

用一句话来说，就是在不损害用户体验的前提下，尽量满足产品的商业需求。

这句话应该如何理解呢？下面用几个实例进行说明。

早期的网站经常会有弹窗广告，虽然这种弹窗广告对用户体验的损害非常大，但是这种广告的收费非常高，这就是一个典型的只注重商业价值而损害产品价值的行为，如图 1-42 所示。

图 1–42

随着行业的发展和技术的提升，图 1–43 所示的效果出现了。将广告完美地融入内容，这样做可以将对用户价值的影响降到最低。微信早期还会对广告进行大数据分析，然后有针对性地进行投放。对于一些看到高端产品广告的用户来说，这甚至成为一种身份的象征。由于在朋友圈也可以给广告点赞，这样就成为一种对自我价值认可的行为，不仅提升了商业价值，还提升了用户价值。

图 1–43

从这个例子中可以发现，在平衡产品的用户价值和商业价值时，设计师可以做的是，将外部的广告内容想办法用符合用户行为习惯的方式呈现，同时注重外部广告内容本身的质量，并可以适当地创造一些投放环境。

接下来看另外一个例子。对于外部的广告可以采用上面的方式进行平衡，那么对于内部的一些商业化行为如何处理呢？

图 1-44 所示是京东 App 付款方式的选择界面，在这个界面中可以看到，京东支付位于最上方，同时用红色小字标出优惠活动，这样既没有增加用户操作的步骤，又通过位置的设计来达成其商业需求。同时，用红色的文字标注优惠信息，还方便了用户的选择，这也是一个很好的平衡用户价值和商业价值的例子。

图 1-44

一些产品内部的商业需求可以通过优化流程和调整页面结构达成，这样的调整也应该在不加重用户负担并且不影响用户操作主流程的前提下进行。

随着行业和产品的发展，商业变现的需求变得越来越重要。各种数据表明，很多情况下产品 80% 的收入来源于 20% 的用户，这时可以采用更精细化的运营方式（如对用户分级），让优质资源更加偏向于有价值的用户，同时保留普通用户的体验，如图 1-45 所示。

图 1-45

在过去，很难想象会有人愿意在电商平台上花钱成为会员，毕竟免费的用户同样也能享受到电商平台的全部服务。但是当优质资源倾向高价值用户后，通过数据分析发现，这部分用户的黏性变得更大，同时他们在这个平台上的消费变得更多，这群用户对这个平台也变得更加认可。这背后蕴含着消费者行为学和用户心理学等知识，在此不做展开分析。设计师可以设计一套用户分级系统，把这个系统用于平衡用户价值和商业价值也是一个非常好的选择。

需要特别说明的是，进行用户需求分级的前提是用户体量足够大，并且能提供的资源不足以覆盖全部用户时才能达到理想的效果。这也是产品发展的必经之路，如图 1-46 所示。

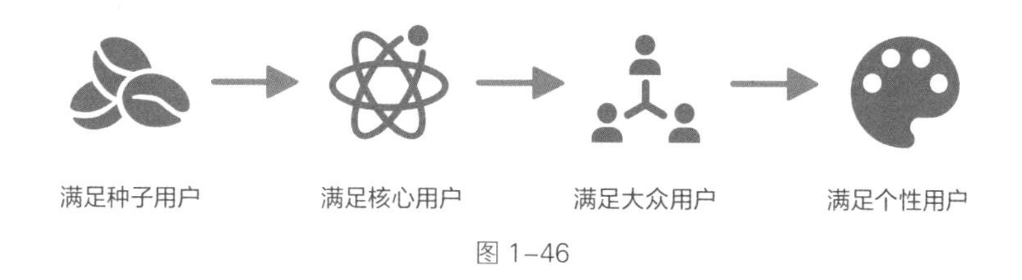

图 1-46

1.3.2 产品需求

设计师获取需求后做的第一件事情应该是判断该需求对产品价值的影响，以及需求是否合理，那么设计师是否具备判断某一个需求是真实需求还是伪需求的能力就变得非常重要。

1. 判断产品需求的重要性

设计师准确判断产品需求是为了避免资源浪费，使成本最小化。由此可以引申其他两个优势——对产品更深入地了解和提升自己的话语权，如图 1-47 所示。

图 1-47

假设设计师获取了一个伪需求后就直接开始执行，最后一定会导致资源浪费，因为需求本身有问题，无论设计多么优秀，对产品价值起到的促进作用都几乎为零。

如果设计师能对需求进行评判，能了解为什么会有这个需求、这个需求期望能达到什么目标，这样也能让设计师的设计更有目的性。同时，对需求认真分析后，设计师也更能说出这样设计的原因，从而提升设计师的话语权。

2. 判断产品需求的方法

不同产品所面对的需求有所不同，本书也不可能把每个需求都拿出来进行分析，但有一些办法可以帮大家大概率地判断某个需求是否合理。

在进行判断之前需要明白，在产品生命周期的不同阶段提出的需求，对应的主要判断方式会有所不同，具体如表 1-2 所示。

表 1-2

产品生命周期	产品需求的主要判断方式
引入期	定性
成长期	定性 + 定量
成熟期	定量
衰退期	定性 + 定量

所谓定性，就是更多地依靠主观判断。在引入期，产品刚上线，能收到的数据内容不多，需求的主要来源是对产品的规划和收到的用户反馈。注意，用户反馈也属于定性分析，因为并非所有的用户反馈都是准确的，或者都是值得深入研究的。

定量则更多地依靠客观判断，这种客观判断的参考标准就是产品上线的数据。关于产品数据分析知识，在后面的内容讲解中会有所涉及，在此不做展开说明。

因为定量分析相对来说比较客观，所以很容易据此判断产品需求是否可行。本书后面会讲到如何进行测试等内容，这里主要讲如何用定性方式判断提出的需求。

第 1 点：判断需求是否能提升产品价值。

图 1-48 所示是 ofo 的退押金界面。相信很多读者已经领教过退押金的流程，并且只要一个“选错”，就会导致重新操作。

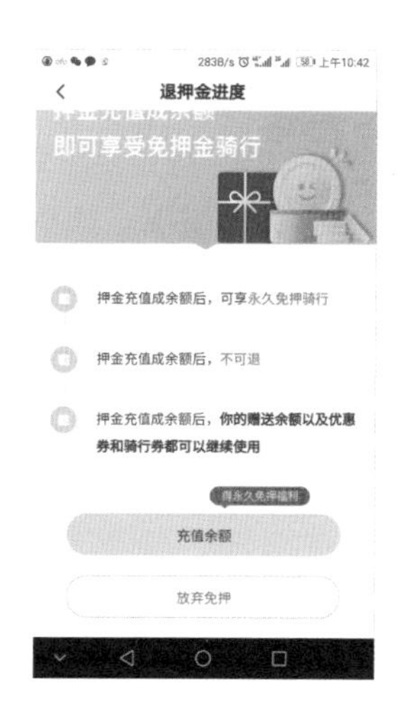

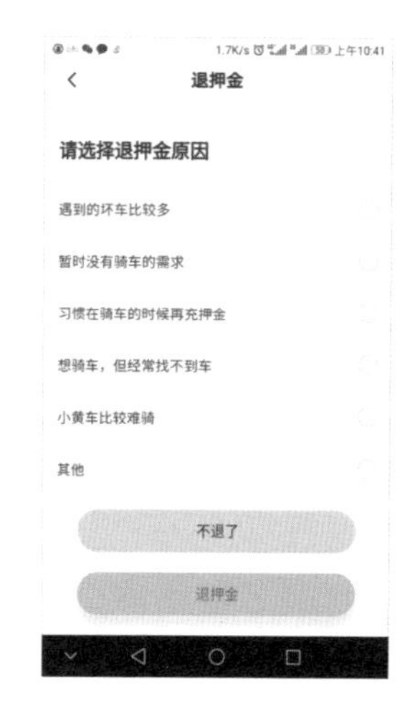

图 1–48

先不评价 ofo 这么做的原因，只从产品价值的角度看，人为地增加用户困扰的需求就是一种降低产品价值的需求。同时，这种刻意增加过多操作步骤的行为，会引起用户的逆反心理，让用户越来越往产品所不希望的方向走。

在上面的例子中，当第一次出现弹窗询问用户是否要退押金时，如果用户仍然选择退押金，证明用户的目的是非常明确的。人为地增加步骤，结果可能并不会有任何改变，反而容易给客户留下不好的印象。

所以，当设计师获取类似对产品价值产生负面影响的需求时，最好能和产品经理深入沟通，了解这么做的原因，以及是否能找到其他更好的办法。

第 2 点：判断产品需求是不是伪需求的第一个方法——看这个需求是否符合常识。

这一点看似很容易理解，但在实际工作中确实会遇到很多不符合常识的情况。图 1–49 所示的电商项目就存在这样的问题。

图 1–49

当时这个项目是希望搭建一个自营商城，包含首页、详情页、购买页、购物车、订单状态、快递、发票开具和退换货申请等功能。总之，这个系统的复杂程度和小米有品不相上下，但不同于小米有品的是，当时连商城里面卖什么都不知道。

笔者获取该需求时就提出质疑，笔者认为做电商首先需要弄清楚商品是否有价值，要以卖出商品为目标，而不是做一个商城出来却不知道做什么。但高层并未接受这个意见，当把所有的流程和原型设计出来后交给开发部门，开发部门研发了快 3 个月才做出基本可用的测试版本，后来却发现运营人员并不适合做这个电商项目，最后这个项目只能不了了之。这是多么巨大的资源浪费。

其实工作中，很多需求都是不符合常识的。这里的常识可能是商业逻辑常识，也可能是用户行为习惯常识，又或者就是普通常识。当设计师获得需求时，哪怕有任何一丁点儿的疑问都一定要提出，并仔细探讨其可行性，否则很可能是在做无用功。

第 3 点：判断产品需求是不是伪需求的另一个办法——把自己当成普通用户去思考。

这个比较容易理解，提出一个需求，往往是希望解决某个问题，并且这个需求就是解决问题的方法。这时设计师可以把自己当成普通用户去思考——如果自己是用户，是否会觉得这个需求能解决问题。

摩拜单车推出的蓝牙解锁功能就是一个非常棒的需求，如图 1-50 所示。

这个功能的出现，不仅没有影响用户现有的操作流程，并且与扫码相比，点击次数更少，也能够解锁二维码不完整的共享单车。

这就是好需求的特征：对现有用户行为有最少的影响，并且能帮助用户用更短的流程达成目标。

关于更短的流程，可以以手机开车门这件事为例进行讲解。图 1-51 所示是安吉星 App 的“远程遥控”界面。

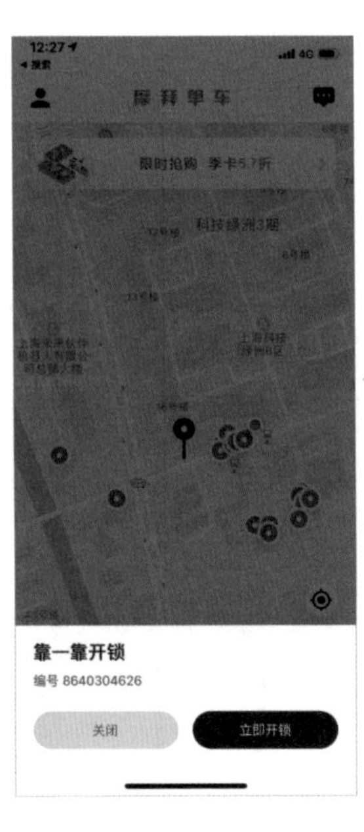

图 1-50

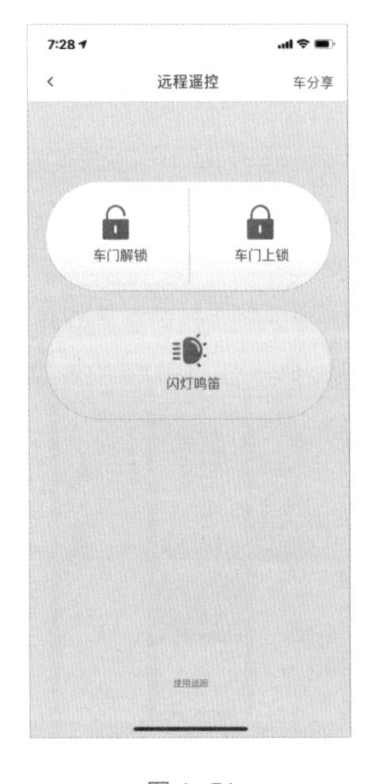

图 1-51

这个功能看上去非常好，如果汽车支持，甚至可以用手机启动汽车，这就相当于可以完全告别车钥匙了。但是就手机开车门这个行为来说，普通用户需要经历如图 1-52 所示的步骤。

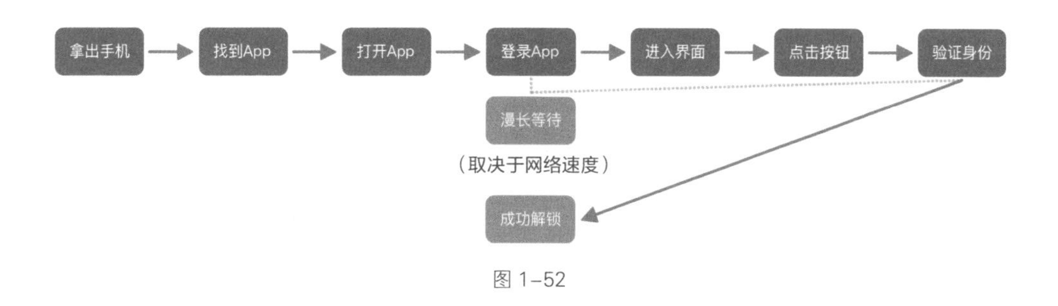

图 1-52

根据实际体验，用手机完成打开车门的操作平均需要 5 分钟，主要原因是网络连接非常慢，并且即使打开车门也还是需要车钥匙才能启动汽车。该功能只会在单纯需要开车门，而恰好车钥匙并不在身上的时候应急使用。现在很多汽车提供的无钥匙进入系统以及无钥匙启动系统或许更为实用。手机开车门这个功能，或者说类似的需求，并不能说是伪需求，毕竟能在应急的时候使用，但这个例子能说明，很多我们觉得是很好的需求，可能会增加用户达成目标的成本。

以上就是判断一个需求是不是伪需求的几个简单办法。再一次强调，不同的产品和不同的产品研发团队面临的任务不同，并不存在以一个标准去判断一个需求的对错的情况，应具体问题具体分析。同时，可以根据需求对产品价值提升的多少对优先级进行排序。

1.4 做好竞品分析

竞品分析是每个互联网从业者都应该会的一项技能。以前设计师做竞品分析时，更多的是参考竞品的界面设计，单纯地从界面美丑的角度进行分析，实际上这是很片面的。经过前面的学习，相信大家都已经知道了每个产品在不同生命周期会有不同的侧重点，那么本节将讲解设计师如何全面深入地进行竞品分析。

1.4.1 找到合适的竞品

找到合适的竞品是竞品分析的第一步。虽然不同产品的竞品不同，但找到合适竞品的方法却相似。笔者常用的方法可以概括为 3 点，如图 1-53 所示。

所在行业第一的产品

与所做的产品功能相似的产品

架构和界面符合期望的产品

图 1-53

首先，应该找行业的“领头羊”。当决定做一个产品时，应该对这个行业是十分熟悉的，如果连行业第一的产品都不清楚，那么就应该先了解行业再开始设计；否则，绝大多数情况下设计出来的产品是有问题的。

其次，还需要分析与所做的产品功能或者业务范围最相似的产品。因为可能行业第一的产品和所做的产品在功能或者目标用户人群等方面并非完全相同，比如图 1-54 所示的都是即时通信的社交产品，但彼此之间还是存在非常大的差异。

图 1-54

最后，要找一个架构和界面风格符合预期的产品，最好能找到同行的产品，如果不行就找相关联行业的产品。

以上的三类产品每一类都可以是多个竞品，比如第一类可以找行业第一的产品，同时如果有时间也可以对行业第二和第三的产品进行分析。如果这三类产品恰好就是同一个产品，那么就再好不过了。只是在这种情况下竞争对手往往是非常厉害的，并且已经建立起了一定的行业壁垒，这时就需要思考自己的产品与它竞争是否有较大的优势。

以上三类产品各自的侧重点和分析的目的并不一样，具体如图 1-55 所示。

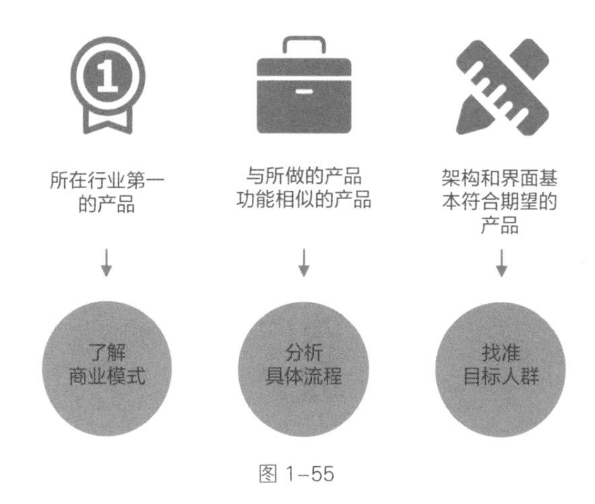

图 1-55

分析行业第一的产品，主要是看这个行业的商业模式是什么，找到其中的参考点和风险点，并分析自己产品的可行性。

分析与所做产品相似的竞品，主要是看产品具体的流程，寻找竞品的优势和劣势，从中找到机会点。

分析架构和界面符合预期的产品，主要就是看所希望的设计风格对应的目标人群是什么，然后看这种风格是否符合该产品。

1.4.2 发现优秀产品的途径

理论上，在设计一个产品之前，设计师应该已经对市场环境非常熟悉了，也就是说应该很清楚竞争对手有哪些，接下来要做的就是把所有的竞品列出来，然后根据上面讲到的三类标准匹配竞品即可。但是，很多时候很多设计师其实对市面上有多少竞品并不是很了解，毕竟很多人并不会在一个行业一直待下去。另外，竞品分析能力是一种需要在实践中不断提升的能力，设计师分析的竞品越多、看过的产品越多，越能用最快的时间看出这款竞品的优势和不足。因此，持续体验优秀产品也是各位设计师应该养成的一个好习惯，这样能帮各位设计师最快地开阔眼界，提高专业水平和行业敏感度。

接下来就为大家讲解发现优秀产品的途径。需要注意的是，这里的产品主要指移动端产品，对于桌面端等产品，寻找的方法相似，在此不做说明。

发现优秀产品的途径 1：在官方应用商店的排行榜上发现优秀产品。

对于 iOS 系统来说，App Store 是唯一下载应用的途径；而对于安卓系统来说，各大手机厂商都有各自的应用商店，其排行榜也具备一定的参考性，值得下载体验，如图 1-56 所示。

图 1-56

应用商店中除了有排行榜，每天的编辑推荐也是发现好产品的地方。这部分内容是应用商店的编辑团队每日精挑细选出来的，其中的产品的质量都是比较高的，推荐各位设计师每天都去查看并下载，如图 1-57 所示。

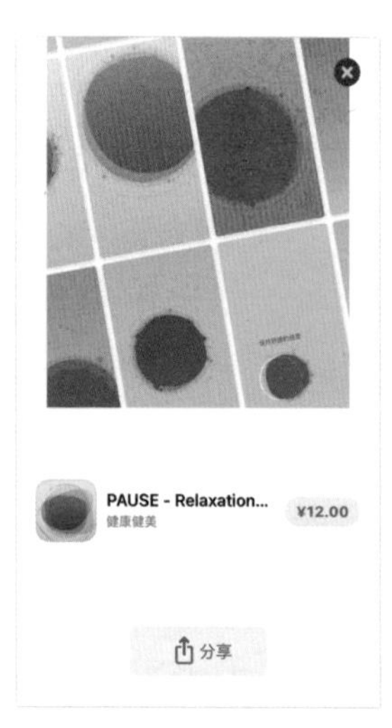

图 1-57

发现优秀产品的途径 2：对于设计师来说，苹果公司每年会评选出年度 App（Apple Design Award），这个名单中的全部产品都强烈推荐大家去体验，这个榜单一般会在每年的 WWDC（Worldwide Developers Conference，苹果全球开发者大会）公布，大家可以通过搜索关键词“Apple Design Awards”找到，如图 1-58 所示。

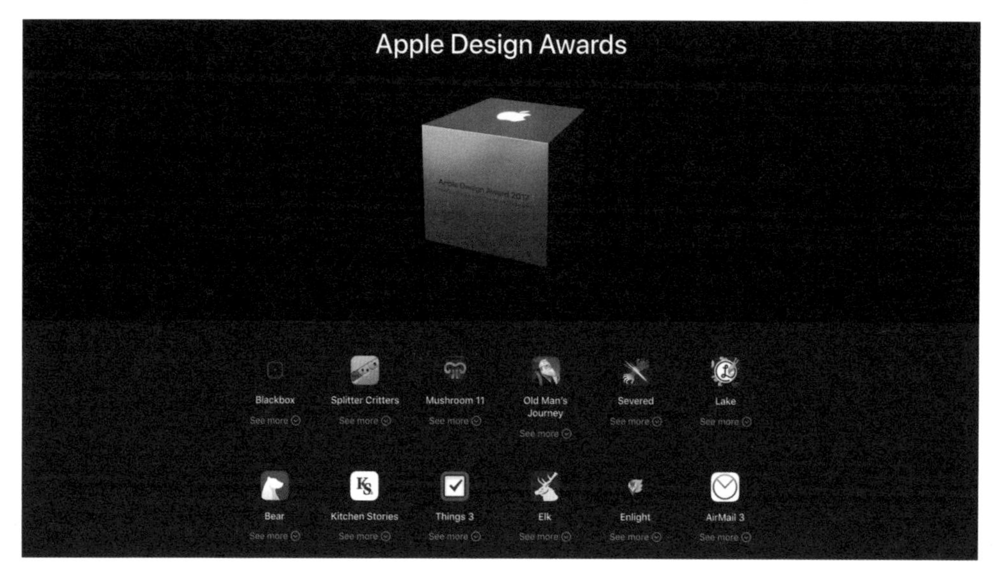

图 1–58

发现优秀产品的途径 3：来自第三方的应用推荐，常用的有少数派、AppSo、Product Hunt（国外老牌的知名应用分享社区，想要了解国外产品的读者可以关注），如图 1–59 所示。

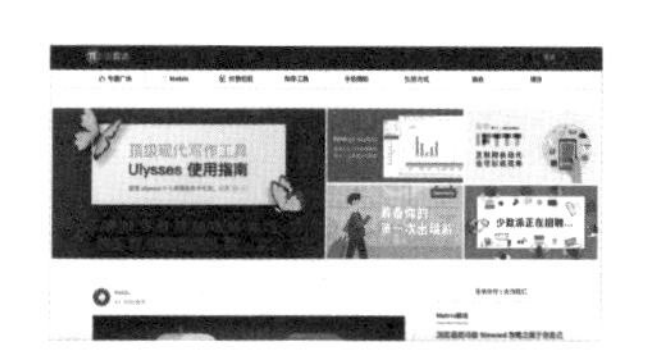

图 1–59

在这些途径中，如果面对一大堆产品不知道如何选择，那么笔者的建议是遵从内心，以及优先选择自己最喜欢的产品，因为兴趣是最好的入门老师。

不管是产品还是设计，请记住一句话：首先讨好自己，再讨好用户。虽然在工作中会因为各方面的压力而妥协，但是世界上真正做到极致的产品，一定是创始人自己十分认可的产品。如果连自己都无法打动，如何去打动用户呢?

1.4.3 竞品分析的流程

在讲解竞品分析的流程之前，首先需要了解在实际工作中设计一款产品的流程，如图 1–60 所示。

图 1-60

在前面讲到了“发现”竞品的内容，在本书后面会讲到“创造”产品的内容，而现在要讲的竞品分析流程就是“探索”产品的内容。做竞品分析的目的，就是更好地创造一款产品。

一般而言，做一个产品的竞品分析会涉及图 1-61 所示的几个流程。需要注意的是，目前并没有一个统一的标准流程，这里的流程也只是笔者个人多年竞品分析经验的总结，各位可以参考这个流程，并结合自己的实际情况，找到最适合自己的流程。

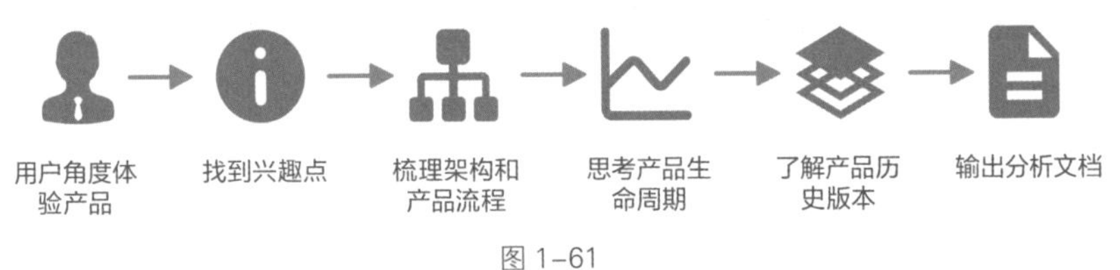

图 1-61

第 1 步：从用户的角度体验产品。

首先把自己当成一个普通用户，可以不带目的地体验产品，并记录产品打动自己的地方，以及自己不满意或者有疑惑的地方，然后把这些关键点截图保存下来。图 1-62 所示是笔者在做一个汽车行业类产品的竞品分析时截图保存的文件。养成截图的习惯，对后续的分析也很有帮助。

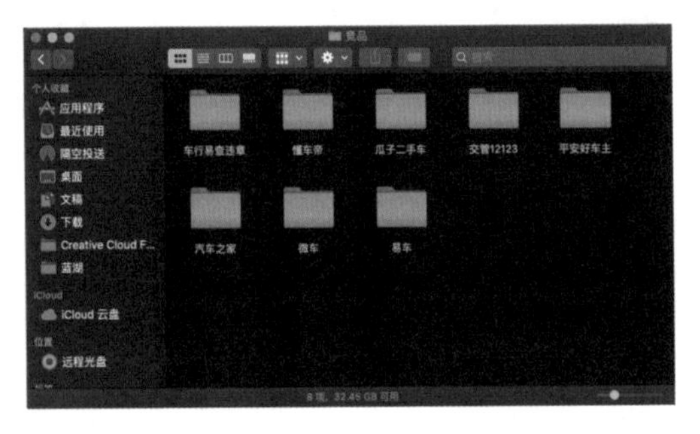

图 1-62

第 2 步：从自己感兴趣的地方深入体验。

这里的兴趣主要是跟所做产品重点相关的点：如果是从 0 到 1 创建一款全新的产品，就重点关注那些业务功能上跟自己设计的产品相似度比较高的地方；如果是做某个功能点，就重点关注与竞品对应的功能点。图 1-63 所示是笔者当时关注的汽车行业产品中注册登录这一功能的部分界面截图。笔者当时是截取了整个流程的截图，而非单独的某个界面。

图 1–63

第 3 步：梳理架构和产品流程。

这里其实涉及两个内容：产品的信息架构和产品的业务流程。关于产品的信息架构和流程图的制作方法，会在本书第 2 章讲解，这里不做过多介绍，如果读者对信息架构的梳理和流程图的制作存在疑问可以先阅读相关的内容。这一部分内容非常重要，一定要客观且真实地记录。因为只是竞品分析，所以在实际工作中没必要做得非常美观或者严格用几何图形表示，可以直接用截图的方式，只要自己和阅读者能够明白这个流程是怎么样的即可，如图 1–64 所示。

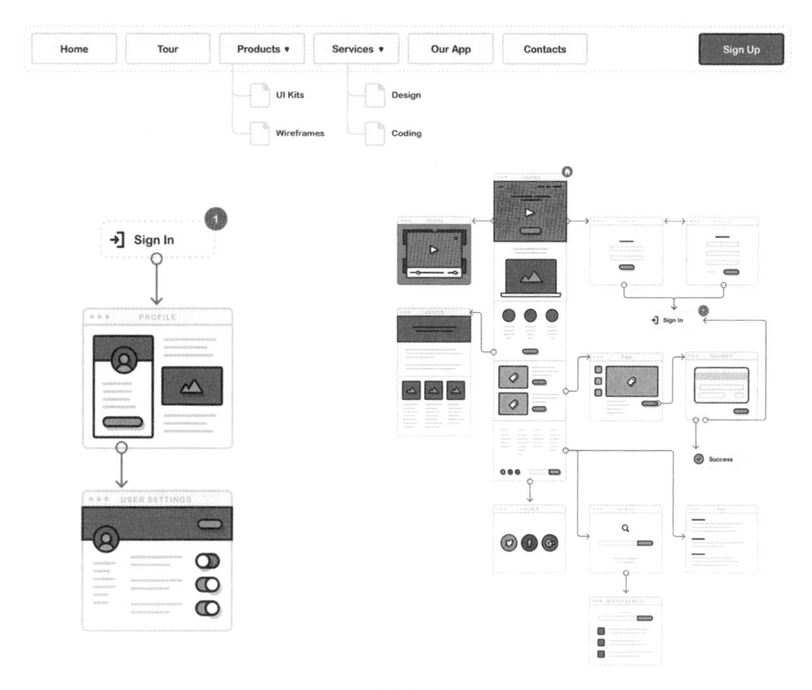

图 1–64

第 4 步：从产品的整个生命周期阶段思考。

这是很多人会忽视，但笔者觉得比较重要的一点。首先需要判断这款产品位于产品生命周期的哪个阶段，因为每个时期产品的侧重点都有所不同，这样做有利于分析该产品背后的商业模式，对于一些可能有疑惑的地方也会有更加客观的判断。比如，为什么这款产品有这么多广告?

第 5 步：对产品的版本进行分析。

这一步可以和第 4 步结合起来，因为任何产品都是在不断迭代中完善起来的，几乎不存在一个产品上线后完全不迭代就走完了产品的整个生命周期的情况，所以对产品的版本进行分析，能更加深入地了解一款产品，并能看到这款产品功能的增减，从而分析出其商业模式以及产品未来会做的事情。

产品的版本号一般在个人中心或者设置中的“关于”中可以看到。图 1–65 所示分别显示了微信和支付宝的版本号。

图 1–65

在这里可以补充一个小知识——产品版本号的制订规则。一般产品号会用“a.b.c”这样的方式定义：a 一般代表产品的大版本；b 一般代表产品的小版本，这个小版本是跟着大版本走的；c 一般代表更小的版本或者修复缺陷的版本。比如某款产品的版本号为 5.2.3，则代表这个产品已经是第 5 个大版本中的第 2 个或者第 3 个小版本，之所以是第 2 个或第 3 个，是因为可能第 1 个版本是 5.0，第 2 个版本是 5.1，第 3 个版本是 5.2，并且这种情况居多。当然这个意义不大，了解即可。第 3 个数字 3，则一般代表这个版本的第 3 次小修改，但这个并不绝对，每个团队有其版本命名规则。例如，有的团队一般第 3 位数会用偶数发布，如果出现奇数，则代表是出现了紧急但比较容易修复的缺陷，而又不愿意等到下一个版本再修复这个缺陷。

一般来说，版本号第 1 个数字越大，则证明该产品发布的大版本越多，也越成熟。一般大版本的变更要么是功能发生了变化，要么是业务逻辑发生了变化，往往会带来相对较大的变动。要了解一款产品的历史更新记录，一般有 3 个途径。

途径 1：直接在应用商店中查看版本更新记录，可以在 App Store 中找到某一款产品的历史记录，如图 1-66 所示。

图 1-66

途径 2：通过一些第三方的数据公司，比如 App Annie 可以免费查询到一款产品的历史数据信息，并能做一些简单筛选比较。一般在这些平台上，可以看到比应用商店更多的信息，还可以看到不同版本产品的下载量和用户评价等信息，如图 1-67 所示。

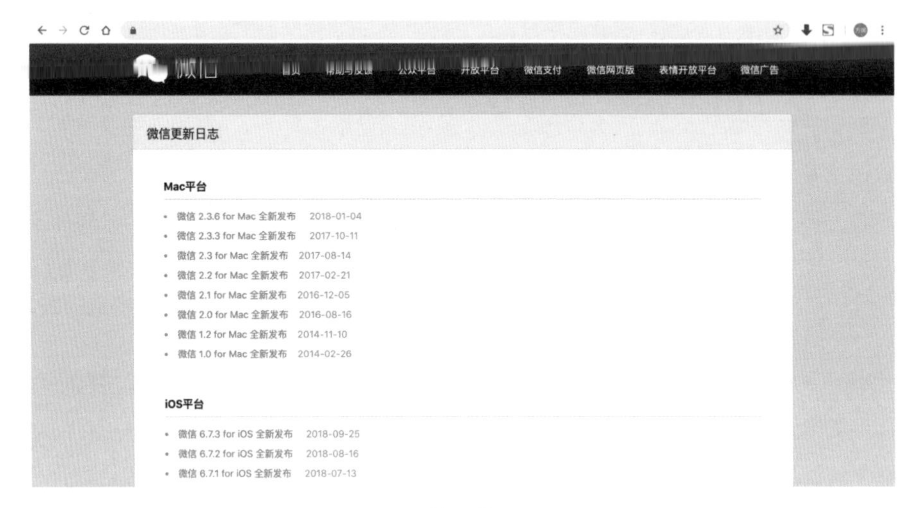

图 1–67

途径 3：查看某一款产品的官网。当然并非所有的产品都有官网，也并非所有有官网的产品都提供更新记录，这需要设计师自己查找。图 1–68 所示是微信官网中对于微信版本更新的记录，从中可以看到每个版本发布的时间，选择其中一个版本后可以看到详细的更新内容。

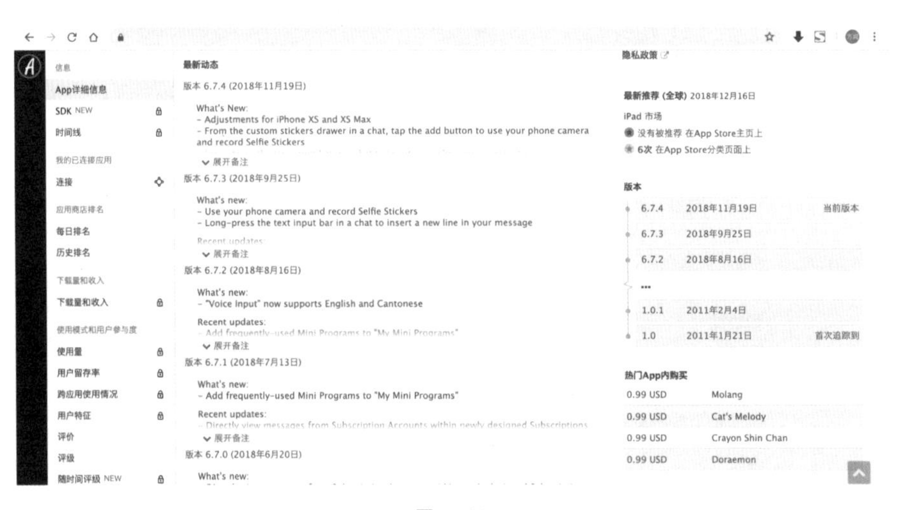

图 1–68

找到一款产品的版本更新记录后，可以从 1.0 版本开始按照顺序阅读，然后根据更新内容把每个版本增减了哪些功能列举出来。图 1–69 所示是笔者整理的一款产品的版本更新记录，它能帮助设计师用最快的时间了解该产品的发展历史，并用最快的速度熟悉该产品。

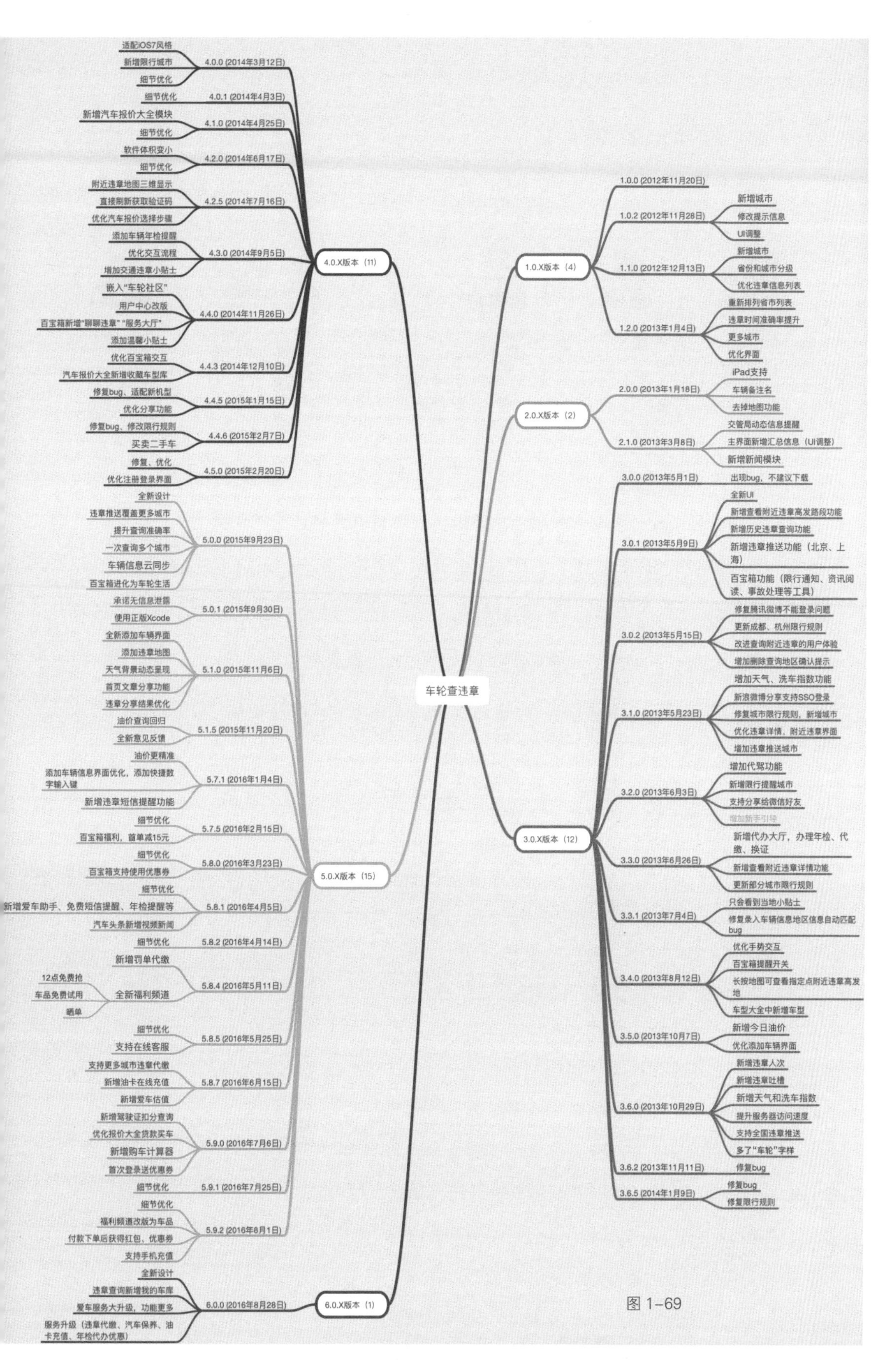

车轮查违章
1.0.X版本（4）
1.0.0 (2012年11月20日)
1.0.2 (2012年11月28日)
新增城市
修改提示信息
UI调整
1.1.0 (2012年12月13日)
新增城市
省份和城市分级
优化违章信息列表
1.2.0 (2013年1月4日)
重新排列省市列表
违章时间准确率提升
更多城市
优化界面
2.0.X版本（2）
2.0.0 (2013年1月18日)
iPad支持
车辆备注名
去掉地图功能
2.1.0 (2013年3月8日)
交管局动态信息提醒
主界面新增汇总信息（UI调整）
新增新闻模块
3.0.X版本（12）
3.0.0 (2013年5月1日)
出现bug，不建议下载
3.0.1 (2013年5月9日)
全新UI
新增查看附近违章高发路段功能
新增历史违章查询功能
新增违章推送功能（北京、上海）
百宝箱功能（限行通知、资讯阅读、事故处理等工具）
3.0.2 (2013年5月15日)
修复腾讯微博不能登录问题
更新成都、杭州限行规则
改进查询附近违章的用户体验
增加删除查询地区确认提示
3.1.0 (2013年5月23日)
增加天气、洗车指数功能
新浪微博分享支持SSO登录
修复城市限行规则，新增城市
优化违章详情、附近违章界面
增加违章推送城市
3.2.0 (2013年6月3日)
增加代驾功能
新增限行提醒城市
支持分享给微信好友
增加新手引导
3.3.0 (2013年6月26日)
新增代办大厅，办理年检、代缴、换证
新增查看附近违章详情功能
更新部分城市限行规则
3.3.1 (2013年7月4日)
只会看到当地小贴士
修复录入车辆信息地区信息自动匹配bug
3.4.0 (2013年8月12日)
优化手势交互
百宝箱提醒开关
长按地图可查看指定点附近违章高发地
车型大全中新增车型
3.5.0 (2013年10月7日)
新增今日油价
优化添加车辆界面
3.6.0 (2013年10月29日)
新增违章人次
新增违章吐槽
新增天气和洗车指数
提升服务器访问速度
支持全国违章推送
多了“车轮”字样
3.6.2 (2013年11月11日)
修复bug
3.6.5 (2014年1月9日)
修复bug
修复限行规则
4.0.X版本（11）
4.0.0 (2014年3月12日)
适配iOS7风格
新增限行城市
细节优化
4.0.1 (2014年4月3日)
细节优化
4.1.0 (2014年4月25日)
新增汽车报价大全模块
细节优化
4.2.0 (2014年6月17日)
软件体积变小
细节优化
4.2.5 (2014年7月16日)
附近违章地图三维显示
直接刷新获取验证码
优化汽车报价选择步骤
4.3.0 (2014年9月5日)
添加车辆年检提醒
优化交互流程
增加交通违章小贴士
4.4.0 (2014年11月26日)
嵌入“车轮社区”
用户中心改版
百宝箱新增“聊聊违章”“服务大厅”
添加温馨小贴士
4.4.3 (2014年12月10日)
优化百宝箱交互
汽车报价大全新增收藏车型库
4.4.5 (2015年1月15日)
修复bug、适配新机型
优化分享功能
4.4.6 (2015年2月7日)
修复bug、修改限行规则
买卖二手车
4.5.0 (2015年2月20日)
修复、优化
优化注册登录界面
5.0.X版本（15）
5.0.0 (2015年9月23日)
全新设计
违章推送覆盖更多城市
提升查询准确率
一次查询多个城市
车辆信息云同步
百宝箱进化为车轮生活
5.0.1 (2015年9月30日)
承诺无信息泄露
使用正版Xcode
5.1.0 (2015年11月6日)
全新添加车辆界面
添加违章地图
天气背景动态呈现
首页文章分享功能
违章分享结果优化
5.1.5 (2015年11月20日)
油价查询回归
全新意见反馈
5.7.1 (2016年1月4日)
油价更精准
添加车辆信息界面优化，添加快捷数字输入键
新增违章短信提醒功能
5.7.5 (2016年2月15日)
细节优化
百宝箱福利，首单减15元
5.8.0 (2016年3月23日)
细节优化
百宝箱支持使用优惠券
5.8.1 (2016年4月5日)
细节优化
新增爱车助手、免费短信提醒、年检提醒等
汽车头条新增视频新闻
5.8.2 (2016年4月14日)
细节优化
5.8.4 (2016年5月11日)
新增罚单代缴
全新福利频道
12点免费抢
车品免费试用
晒单
5.8.5 (2016年5月25日)
细节优化
支持在线客服
5.8.7 (2016年6月15日)
支持更多城市违章代缴
新增油卡在线充值
新增爱车估值
5.9.0 (2016年7月6日)
新增驾驶证扣分查询
优化报价大全贷款买车
新增购车计算器
首次登录送优惠券
5.9.1 (2016年7月25日)
细节优化
5.9.2 (2016年8月1日)
细节优化
福利频道改版为车品
付款下单后获得红包、优惠券
支持手机充值
6.0.X版本（1）
6.0.0 (2016年8月28日)
全新设计
违章查询新增我的车库
爱车服务大升级，功能更多
服务升级（违章代缴、汽车保养、油卡充值、年检代办优惠）

图 1–69

第 6 步：输出分析文档。

竞品分析文档并没有标准可供参考，通常这个文档中会包含以下内容，如图 1–70 所示。

图 1–70

产品概述：包括当前产品的介绍、融资情况、研发团队介绍等。

用户分析：包括产品的下载量、用户画像、用户评价等。

梳理架构和产品流程分析：主要是和当前自己业务相关的核心流程和架构。

商业模式分析：可以包括产品的盈利模式、商业化过程和对未来商业变现的预期等。

产品优势分析：主要是分析产品在行业中的优势和竞争壁垒。

产品不足分析：主要是分析产品的不足之处，从中找到属于该产品的机会点。

以上就是关于竞品分析的主要内容，相信到这里大家已经有足够的能力做出非常深刻且完整的竞品分析了。乍一看本节的内容，会觉得并没有涉及界面设计的分析，这是因为一个产品界面设计的好坏应该放到产品本身中分析。实际上在做分析的时候，界面早已经成为分析的基础。过去，设计师看到一款产品，或许只会分析这款产品是美还是丑，而现在可以更客观地进行分析的时候，设计师本身已经成长了。

世界上几乎不存在一款产品是因为太丑而失败的——这既是设计的遗憾，又是设计师需要深刻认识到的一点，尤其是在做竞品分析的时候。

02

第 2 章 交互设计思维的入门与提升

2.1 交互设计的一些基本概念

很多刚入行的设计师甚至是一些公司，其实对于交互设计这个岗位的认识是非常不清晰的。行业中会把交互设计往两个错误的方向靠：一是觉得交互和产品没什么区别，二是把交互和 UI 混在一起。实际上，这两种判断都是有问题的，也正因为对交互的定位很模糊，导致很多人并没有发现交互的价值所在。希望本节内容的讲解，能让大家对于交互这个岗位有更清晰的认知。

2.1.1 交互设计是一个流程

在讲交互之前，先看一下完整的产品研发流程，如图 2-1 所示。

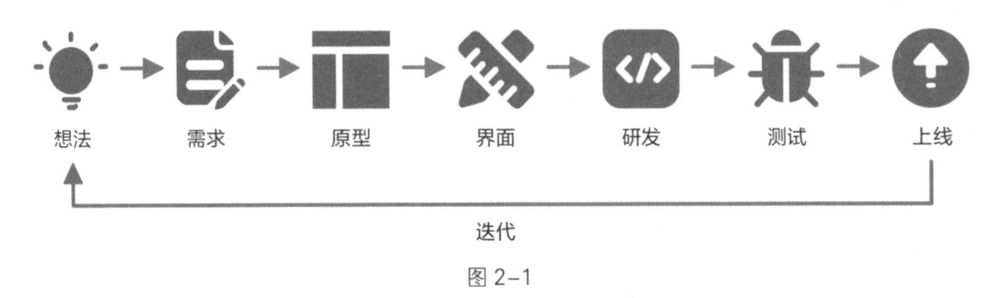

图 2-1

从图 2-1 中可以看到一个产品从有想法到上线是需要各个部门不断配合的。一般来说，想法由公司高层或项目负责人提出，需求由产品经理提出，原型由交互设计师制作，界面由 UI（User Interface，用户界面）设计师完成，研发由程序员负责，测试由测试人员负责，最后上线和迭代又是产品经理等人的事情了。

在这样的流程中，交互的作用被简单地定义为绘制原型图，但在实际工作中，交互远不止绘制原型图这一个环节，而需要贯穿上述的整个流程。接下来讲解在上述流程中的每一个环节里交互会涉及的地方。

1. 交互设计在想法环节的作用

在把想法变为需求之前，实际上已经经历过很多次的筛选。如果交互设计师能在这个环节就介入，可以避免很多无效想法导致的伪需求出现，从而节省资源、提升效率。在这个环节，交互设计师的工作会涉及市场调研、用户访谈和头脑风暴等，如图 2-2 所示。

图 2-2

在这个过程中，交互设计师主要是需要从专业的角度，客观准确地判断想法是否靠谱，并深入理解想法提出者内心深处的需求，确保团队中的所有人员都达成共识，不会有认知上的偏差。

2. 交互设计在需求环节的作用

交互设计师在需求环节可以起到的作用是帮助产品经理梳理和完善需求文档。通常情况下，产品经理是有绩效考核要求的，为了达成绩效，产品经理往往会从更偏向商业价值的角度思考，而交互设计师则经常跟用户接触，能更准确地把握用户心理，这样就能很好地平衡需求的商业价值和用户价值，如图 2-3 所示。

图 2-3

在这个过程中，交互设计师可以针对利益相关者做一些需求的搜集，并将这些需求转化为解决方案，同时帮助产品经理把绩效和最终目标需求进行拆解。把需求转化为解决方案非常重要，访谈只能获得对方需要什么，而如何达成目标则是设计人员需要思考的问题。

3. 交互设计在原型环节的作用

在原型环节基本上是以交互设计师为主导，但原型环节并不仅仅是绘制原型图，还需要结合之前获取到的信息确定产品的流程和信息架构，然后才开始原型设计，如图 2-4 所示。需要注意，不管是需求文档还是原型图，最终都是给整个研发团队阅读的，所以这些文档必须确保团队成员认知统一，一般到这一步后会通过需求评审会达成统一。

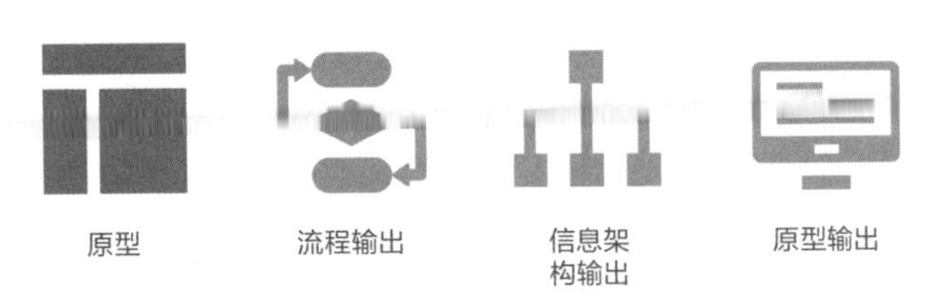

图 2-4

4. 交互设计在界面设计环节的作用

交互设计师在界面设计环节则主要关注一些体验层面的问题，比如按钮的大小、用户交互的反馈效果，以及和 UI 设计师一起调整和优化界面的最终效果，如图 2-5 所示。

图 2-5

5. 交互设计在研发环节的作用

在研发环节很多人可能会觉得交互设计师能做的事情比较少，但实际上这一环节也是交互设计师需要重点跟进的地方。交互设计师在研发期间可能会遇到来自研发团队对于流程和一些极端情况的疑问。极端情况如内容为空，或者用户注册登录时没有收到短信验证的情况的处理等，虽然这部分应该在原型设计环节就考虑并设计出来，但是难免会有遗忘的情况。除此之外，交互设计师还可以和研发人员一起想办法优化体验，比如一些交互效果的实现，以及后面会讲到的做一些提升加载速度的工作等，如图 2-6 所示。

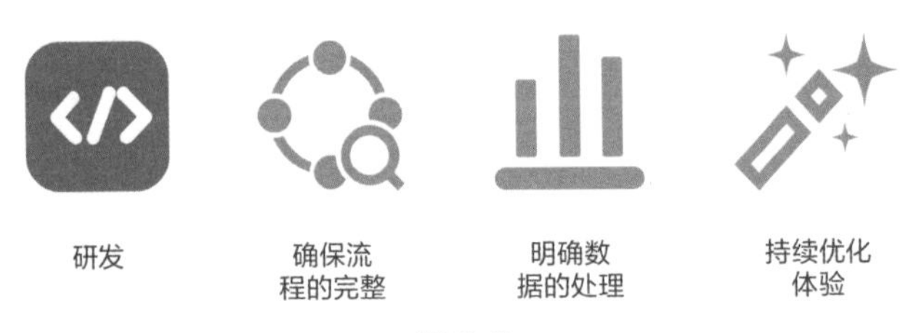

图 2-6

6. 交互设计在测试环节的作用

在测试环节交互设计师能做的事情主要就是跟进，首先是跟进研发出来的各种功能是否达到预期，其次是跟进反馈出来的测试结果，并持续跟进直至问题解决，如图 2-7 所示。

图 2-7

7. 交互设计在上线环节的作用

在上线环节交互设计师可以关注各种上线前的准备，比如应用商店的截图与文案、运营推广的方案等，因为这些都是用户体验的一部分，用户在见到产品任何相关内容的第一眼时，用户体验就已经开始了，而不是等到下载打开后才开始。交互设计师还需要收集上线数据和用户反馈，为产品的迭代做好准备，如图 2-8 所示。

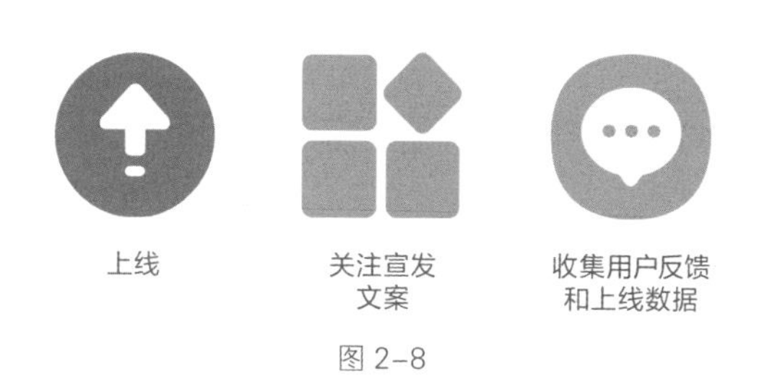

图 2-8

通过上面内容的讲解，相信大家已经认识到交互设计并不是一个阶段性的工作，而是一个流程型的工作，应该贯穿在产品从 0 到 1 的整个过程，并且在后续的迭代中需要持续的跟进，因为任何一环的缺失，都有可能会对交互的最终效果产生影响。上述提到的每一个环节中，交互设计师的具体工作方法，会在后面的内容中详细介绍。

2.1.2 区分交互设计和 UI 设计

这是很多从业者最容易混淆的地方。笔者通过跟同行交流发现，一些已经是交互设计师的朋友都无法准确地说出交互设计和 UI 设计的区别。希望在这里，可以解答各位的疑惑。

首先，在讲交互设计和 UI 设计的区别之前，先来看看交互设计和 UX（User Experience，用户体验）设计的关系，如图 2-9 所示。

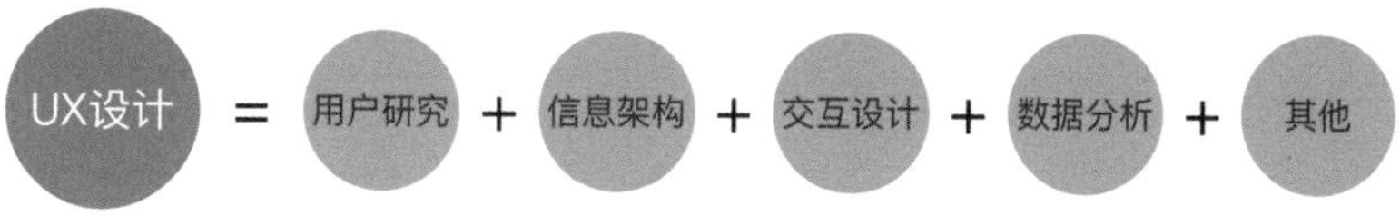

UX设计 = 用户研究 + 信息架构 + 交互设计 + 数据分析 + 其他

图 2-9

从图 2-9 中可以看到，交互设计其实是 UX 设计的一部分。在一些特大型公司中，除了有交互设计岗位，还会有用户调研、信息架构师、数据分析师等岗位，这些岗位和 UI 设计，以及前端研发人员等共同组成一个“用户体验设计中心”。国内比较知名的体验设计团队有腾讯的 ISUX、CDC，阿里的 MUX、蚂蚁体验科技等。通常大型的互联网公司都有这样的团队，大家可以多多关注他们的官网或公众号，看看他们分享的最新研究成果，如图 2-10 所示。

图 2-10

同时也需要意识到，并不是所有公司都有这样的条件组建这样的团队，所以更多情况下公司对交互设计岗位的期望与要求，可以等同于 UX 设计本身，并且在国内大家可能对交互设计这个名词的使用比 UX 设计更多，因此在本书中，也把交互设计的概念等同于 UX 设计的概念，并且采用大家更熟悉的交互设计来称呼 UX 设计。

在这个认知的基础上，接下来为大家讲解交互设计和 UI 设计的区别，表 2-1 所示是实际工作中二者工作内容的对比。

表 2-1

工作内容对比项	交互设计	UI 设计
关注点	用户体验，心理层面	用户界面，视觉层面
关键词	用户、解决问题、爱、心理学、成就、目标、便捷、情绪、效率、访谈、数据	导航、菜单、列表、弹窗、文本、图标、颜色、渐变、按钮、不透明度、投影
产出	流程图、信息架构、原型图等	界面设计稿、设计规范等
界面	界面上的内容、跳转逻辑	界面的样式、跳转效果
需要技能	沟通、分析、逻辑思维等	配色、排版、设计规范等

通过表 2-1 大家可以很清楚地看到两者之间的区别。另外还有一个传统上的误区也是最近很多设计师咨询的一个问题：是否需要从 UI 设计转到交互设计？这给人的感觉就是交互设计似乎要比 UI 设计的要求更高，但实际上并非如此。这里笔者只能建议大家：如果对用户心理、

用户访谈、界面跳转逻辑等偏理性内容更感兴趣，那么可以选择往交互设计方面发展；如果对色彩、视觉设计更感兴趣，并且更关注界面的美丑，则可以选择往 UI 设计方面发展。

2.1.3 交互设计师的视角

如果大家做过比较多从 0 开始的产品，往往会发现一个有意思的现象，就是很多时候产品上线后，在用户使用过程中会出现一些意想不到的问题，比如找不到导航在哪里。图 2-11 所示是笔者早几年参与的一个给幼儿园教师使用的 B 端产品的前后两个不同版本的界面对比。

图 2-11

我们最开始设计了图 2-11 所示左侧的界面，采用一个很常规的后台产品的布局，左侧是菜单，右侧是内容，相信任何设计过后台的朋友提到后台都会想到这种布局。但是当产品样稿做好后拿去给幼儿园教师体验，得出了一个让笔者当时比较吃惊的结论：很多老师最开始并不是很清楚菜单在哪里。

通过访谈发现，当时很多老师其实是互联网“轻度”用户，他们并不熟悉这类布局，所以后来我们将其修改为图 2-11 所示右侧的界面布局，采用他们熟悉的 App 布局方式，这样他们上手的难度一下子就低了很多。

因此，交互设计师一定要明白，在做产品的时候一定要站在目标用户的角度考虑，虽然这一点很难，但请务必努力做到。很多产品在交互层面失败的一个很大原因就是：交互设计师“懂的太多”了。

苹果公司的产品在这方面就做得非常优秀。例如 iCloud 网页版的主界面，如图 2-12 所示。可能大家之前不懂为什么要这么设计，但现在应该能明白了，因为这样的界面布局能让各个层面的用户以最低的学习成本学会如何使用。

图 2-12

不同的产品面对的目标用户都是不一样的，设计师在设计的时候需要思考产品针对哪些用户，然后分析这部分用户，了解他们使用互联网产品的习惯，站在他们的角度去思考。当有了这样的思维后，接下来就是要解决任何一个用户在面对一款产品时的 3 个问题，如图 2-13 所示。

这是什么?　　对我有什么用?　　我要怎么做?

图 2-13

这 3 个问题是需要在设计层面上解决的问题，这也是判断设计是否成功的一个非常重要的标准。

滴滴这款产品的几个界面就很好地回答了用户的 3 个问题，如图 2-14 所示。

图 2-14

当用户第一次打开产品时，虽然产品需要获取用户的定位和通知权限，但是滴滴并没有直接弹出权限开关，而是告诉用户为什么要打开、打开有什么好处，然后才用一个很显眼的按钮告诉用户点这个按钮可以打开权限。在主页面又很清晰地让用户看到附近的车辆，当用户有截图操作时，又会立即弹出一个对话框，咨询用户是否需要截图反馈或投诉等。

所以，当设计师完成某一款产品的设计时，不妨把自己当成一个普通用户去思考——我是否会用这款产品？我是否明白这款产品是做什么的？这款产品能给我什么好处？我如何去达成目标？

2.1.4 交互设计需关注的点

交互设计是以用户为中心的目标导向型设计，应该从目的出发进行设计，以下是做交互设计时应该关注的一些问题。

1. 交互反馈

交互的意思就是彼此的互动，对于互联网产品的交互，通常指的是用户和产品的互动，那么产品响应用户的操作并给出合理的反馈则是这款产品在交互层面上最基础的行为。

比如当用户点击输入框的时候，屏幕上应该弹出键盘并且输入框中应出现光标；又或者当用户的鼠标指针悬停在某个按钮上时，按钮应该做出相应的变化等，如图 2-15 所示。

图 2-15

响应和反馈最大的作用在于帮助用户实时了解其操作是否成功以及操作会导致的结果，如果一个产品缺乏有效的反馈，则可能会引起用户的困扰。比如在 UNIX 系统的终端中输入密码时，屏幕不会提供任何的反馈，初次接触该系统的用户就会很困扰，不知道自己有没有把密码输进去，如图 2-16 所示。

图 2-16

2. 流程最短化

一个好的产品会让用户用完即走，并且帮助用户用最短的流程达成目标。对于一些已经是最短流程的产品，还可以思考如何让用户做到最少的点击，在图 2-17 所示的两个界面中可以看到，产品在减少用户点击次数时所做的努力。

图 2-17

使用第三方账号一键登录，可以避免输入账号密码的操作，极大地减少点击次数。关于短信验证码的输入，苹果公司 iOS 12 系统及其后续版本，提供了自动提取短信中验证码信息的功能，用户只需点击键盘上方的数字串，即可自动填写验证码，这也减少了点击次数；除此之外，在验证码位数确定的情况下，还减少了“确定”或“下一步”按钮，当验证码输入完成后，系统会自动执行“确定”或“下一步”操作，同样也减少了点击次数。

因为每多一次点击，都可能造成用户的跳出与流失，所以高效也是交互设计中非常需要注意的一个点。

3. 引导和限制

这里的引导包括显性的引导和隐性的引导。一款好的产品，最好的引导应该是隐性的，即用户看到这个界面就知道应该如何操作；而最常见的显性的引导是新手引导页面。

与此同时，在某些情况下，还需要人为地设置一些限制，以保护用户的隐私或者防止用户误操作而产生无法恢复的损失。比如在图 2-18 中，当用户需要执行一些敏感操作的时候，产品会强制要求用户二次验证密码。

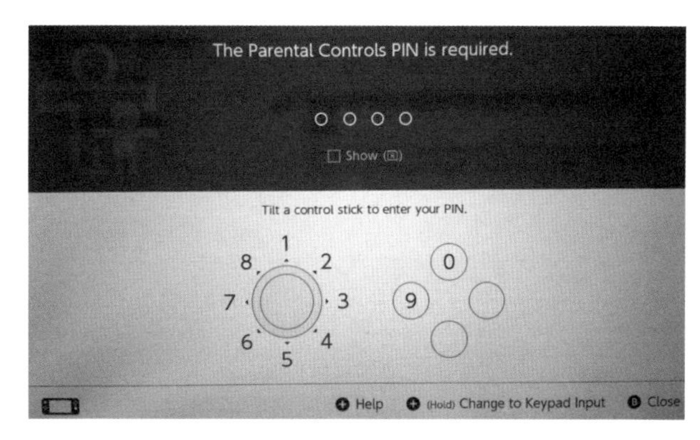

图 2-18

4. 回退机制

所谓的回退机制是指当用户从某个状态快速回到之前的状态，如流程中断跳转到其他内容后，可以轻松回到当前的流程并继续下去。微信就很好地做到了这一点，当用户打开某个链接后可以最小化链接，以浮窗的形式展示，方便用户继续当前的流程并稍后阅读，如图 2-19 所示。

图 2-19

回退机制属于较高级别的交互设计范畴，设计时需要深入分析用户使用产品的频次，以此决定做怎样的回退设计。即使设计师在分析频次后决定不做回退机制，还是应该在做其他产品设计时思考一下，当用户从这个界面跳出后，如何快速地回到当前页面的问题。

5. 体验一致性

产品的一致性包括对内和对外的一致性。

所谓对内的一致性，是指同一个产品多页面间的交互逻辑应保持一致。比如一个产品中相同的图标应代表相同的功能，如果同一个图标在不同的页面中代表不同的功能，则会让用户十分困扰。

所谓对外的一致性，则是指产品应该遵循用户的“常识”和系统本身的习惯。比如在 macOS 系统中关闭按钮在窗口的左侧（见图 2-20），在 Windows 系统中关闭按钮在窗口的右侧，如果为 macOS 系统研发应用，把关闭按钮放在右侧，就是非常不妥的。再比如，对于 iOS 用户来说，列表向左滑动往往会出现删除按钮，下拉是刷新等，如果研发一款 iOS 应用，把向左滑动做成新增的功能，下拉刷新做成下拉删除等，也是非常不合理的，这会极大地增加误操作发生的概率。

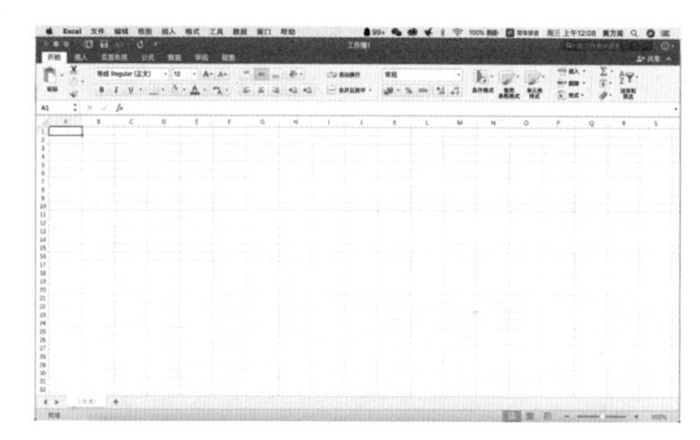

图 2-20

6. 适配性

虽然开发一款产品有目标用户，但是往往不会针对某个终端研发产品。比如会研发 iOS 应用，但不会研发一款只能在 iPhone X 上使用的产品，这就需要考虑产品的适配性。

适配性的最低要求是可用性。虽然新的硬件往往可以带来全新的交互方式，但是设计师需要了解产品可能运行的所有终端，并找出这些终端的共性，思考新硬件的交互方式如何在旧设备上实现。

从 iPhone 6s 开始，iOS 设备开始支持 3D Touch 技术，那么在产品中引入 3D Touch 技术时一定得保证，那些通过 3D Touch 触发的功能，在 iPhone 5/5s 等老设备上也能触发。比如对微信图标使用 3D Touch 时，弹出的菜单功能都是可以不使用 3D Touch 也能实现的，如图 2-21 所示。

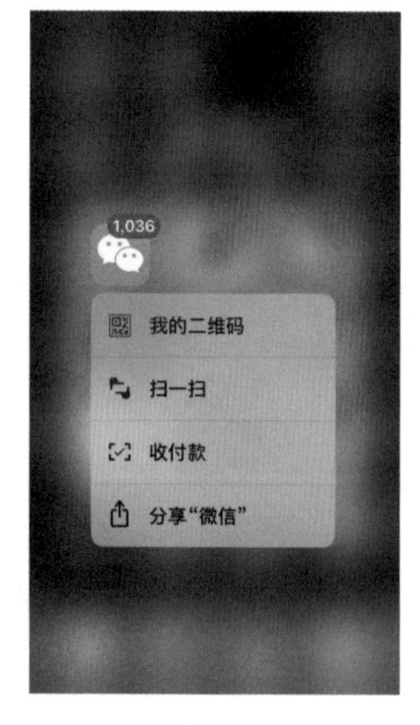

图 2-21

以上是做交互设计时需要关注的一些点，在实际工作中，可能还会有更多需要各位注意的地方，本书后续内容也会逐步讲解。

2.2 做好用户调研

对用户进行研究是产品研发中非常重要的一环，但很多时候我们会忽视这一环的价值，又或者把用户调研当成一种形式，希望大家通过本节的学习能对用户调研有更深入的了解。

2.2.1 用户调研的流程

用户调研是真实了解用户的第一步，用户调研的一般整体流程如图 2-22 所示。

图 2-22

1. 明确目标用户

首先，在做用户调研之前，需要明确目标用户——我们是针对谁做的用户调研。不同的产品会有不同的目标用户，如果在做一款产品之前，没有任何数据支撑，则可以去想想这款产品针对哪些用户。不同的用户群体，行为习惯有着巨大的差异，如果目标用户找错了，那么后续所有的调研都没有任何意义。一般会从图 2-23 所示的这几个维度找目标用户。

图 2-23

这些维度并非全部都需要考虑到，并且这些维度可以是一个范围也可以是一个具体的值。比如性别这个维度，如果性别对产品没什么影响，就可以不做考虑；比如做一款宠物类的产品，往往并不会说这款产品是针对女性用户还是男性用户；但如果是做一款女装的电商产品，则应把女性用户当成目标用户。

快速判断目标用户群也是交互设计师所需要具备的一项技能，大家以后在体验产品的时候，都可以想一下该产品的目标用户是谁，然后可以在网上查询一些数据来验证判断。

2. 制订调研方案

目标用户确定后就需要制订调研方案。一般调研方案可通过定量和定性两种形式确定，具体采用的形式如图 2-24 所示。

图 2-24

无论采用哪种形式，都必须带着目的做。比如，这次调研是为了明确用户对这个产品的认可度？还是确认用户是否有这方面的需求？还是想测试一下用户对这个产品的新功能的接受程度？或者是想知道用户对这款产品的感受？

在制订用户调研方案的时候，请务必记住一点：用户不会提供解决方案。所以永远不要试图从用户口中询问某个问题的解决方案，只能客观地记录事实。

3. 开始用户调研

制订好调研方案后就可以开始用户调研了，如图 2-25 所示。

确定合适的调研时间

选择合适的调研环境，避免用户紧张

认真、客观地记录所有的调研情况

图 2-25

在用户调研的过程中，最重要的一点就是需要尽量保证调研结果的客观性，要做好这一点其实不太容易。比如面对面地跟用户交流的时候，用户可能会顾及对方的感受，在一些他不满意的地方，也会选择如“一般”“还行”之类的回答。

另外，把产品交给用户体验的时候，用户体验设计师应该做的是仔细观察用户是怎么操作的，以及在操作中遇到了哪些问题。但很有可能出现的问题是，为了避免尴尬，当用户遇到问题时，用户体验设计师会忍不住去帮他解决，最后得出“产品设计得不错，用户都会使用，没有遇到什么困难”之类的答案。

4. 分析调研数据

在调研结束后会有非常多的数据，这时用户体验设计师需要对这些数据进行分析，在这一环节中需要注意和处理的事情如图 2-26 所示。

筛选出无效数据

找到数据之间的关联性

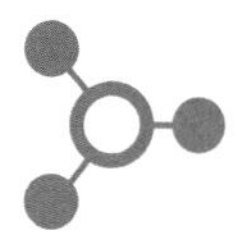

确认数据和结论的因果逻辑

图 2-26

在分析调研数据环节很容易出现问题。首先，对无效数据的筛选。尤其是问卷调查中，如果遇到空白问卷以及随便填的问卷(如所有的选项都是A，又或者所有的评价都是相同的情况)，应将这些问卷去除，以免影响分析结果。

其次，要注意数据之间的关联性。在一些需要多个数据才能得出的结论中，数据与数据之间应该是相关联的。同时，还需要确认关联的合理性，就是确认数据和结论的因果逻辑。

最后，需注意依靠数据的表象并不一定能真实地得出某个结论。图 2-27 所示是某品牌的移动电源吸引点的问卷调查结果，绝大部分用户选择了“质量”是吸引他们的点，但实际情况却并不是这样。

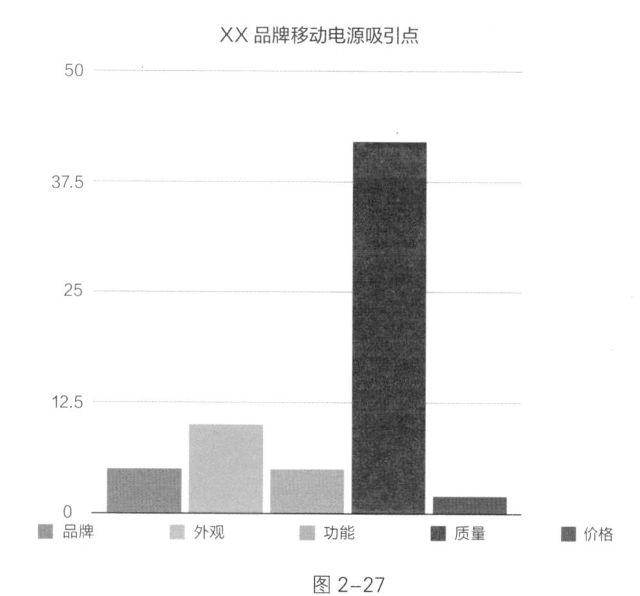

图 2-27

从数据上来看，这款产品吸引用户的点是“质量”，但当时的实际情况是，用户接触到的仅仅只是产品的一份介绍文档，并没有看到真实的产品，也没有使用过该产品，“质量”是相对于其他产品吸引点中最虚的一个选项。经过深入思考并再次找一些用户访谈后，得知其实上述所有的选项都没有特别吸引用户的点，因此用户只好在选项中选择最虚的一个选项。当然，这是问卷制作的一个失误，并没有提供一个如“都没有”这样的选项给用户。从这个例子中也可以看出，当某项数据异常高的时候，需要深入思考这项数据背后可能出现的原因是什么，并进一步验证。

5. 输出调研报告

前面的工作完成后就可以输出用户调研报告了。用户调研报告实际上就是将整个用户调研的成果展示出来并且加以分析而成的一份报告，如图 2-28 所示。

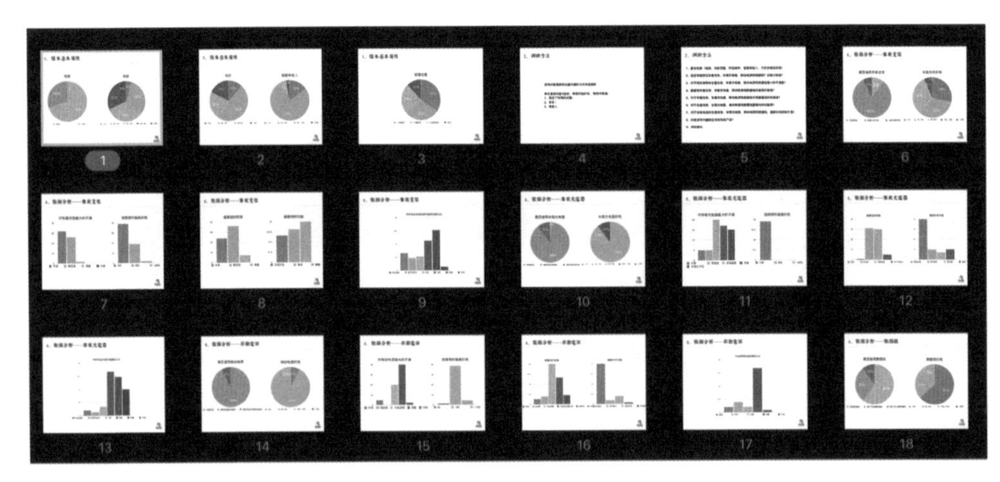

图 2-28

一般用户调研报告中所得出来的结论会对相关的决策起到很大的参考作用。因此，用户体验设计师在做报告的时候应尽量做到全面且客观，多和小组成员进行沟通，确保最终的产出能被团队所有人认可。

2.2.2 用户画像

1. 用户画像的概念

用户画像实际上应该是和用户调研一起产出的内容，一般足够完整细致的用户调研报告中，都会包含用户画像的内容。本书中之所以单独提出来，是因为用户画像是交互设计中不可或缺的内容。

很多人把用户画像看得很高端，特别是因为有“画像”在里面，导致很多人以为这是一幅画或者是用画来表现的形象，但实际上用户画像中只要包含几个点即可，如图 2-29 所示。

图 2-29

首先，用户特征应该包含用户的年龄、收入、职业等基本信息，以及这类用户特定的行为习惯，如经常使用知乎、经常网购等；其次，遇到的问题应该是一个具体的可以用一句话描述清楚的问题，如每天信息太多不容易抓住重点、网上买衣服不确定自己穿了是否合身等；最后是用户期望，如期望有一个什么样的产品来解决上述问题。

实际上用户画像有两种，上面说的是产品研发前的用户画像，又称为目标用户模型；而另一种则是经过大数据分析，将各种数据加上标签后，把相关联的数据标签化并提取出来而形成的一个数据模型，如图 2-30 所示（图片来自唐硕公司）。一般这类用户画像有专门的数据人员进行分析和制作，需要用到数理统计和数据分析相关的知识，在本书中，并不涉及这部分内容。大家在工作中，如果需要这类用户画像，可以咨询公司做数据分析的同事，他们会按照你的要求为你出具用户画像。

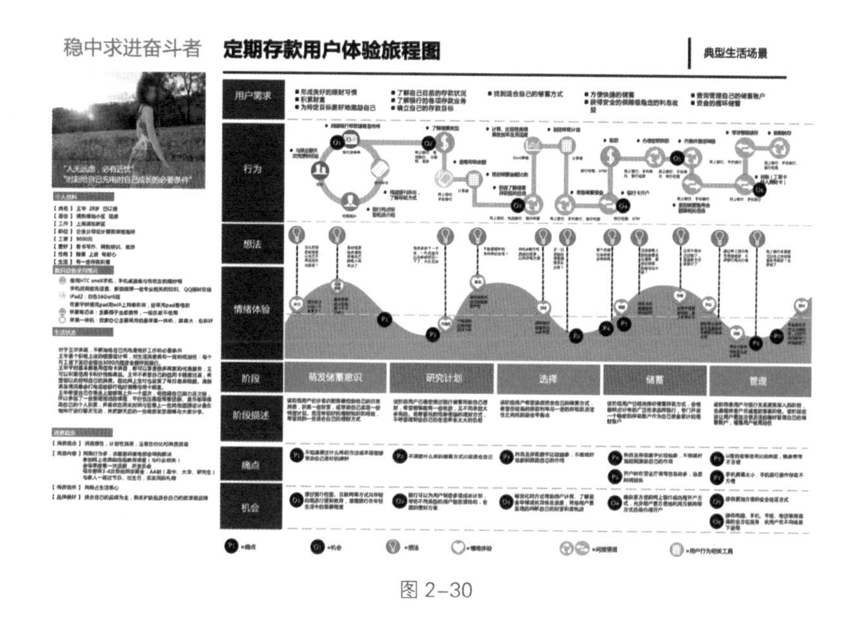

图 2-30

两种用户画像最大的区别实际上就是数据来源的不同，前者的数据一般是从小范围的用户调研中获得，而后者往往会通过大数据技术规模化地获取。

需要注意的是，用户画像是一个抽象的概念，它是一个模型，代表的是一类人而非单个用户，这个画像是根据现实生活中用户的行为和动机，人为合成的一个标签化模型，这些标签包括人口属性信息、社交关系、行为习惯等。

2. 用户画像的意义和目标

一个准确的用户画像，在整个产品的研发过程中都有着非常重要的意义，如图 2-31 所示。

有针对性地确定产品风格定位

帮助团队成员达成一致目标

有针对性地制订推广运营方案

图 2-31

首先，可以根据用户画像确定产品的功能需求、信息架构和风格走向；其次，有了用户画像，产品经理、交互设计师、视觉设计师和开发人员之间的沟通和交流也将变得更加容易，彼此之间也能更加明白某个需求提出或改动的原因；最后，根据用户画像，市场运营人员能更加有目标性地制订出相应的推广策略，更好地触达用户。

同时，在前面的内容中可以看到用户画像中的 3 个点：特征、问题和期望。这能帮助我们快速定位用户需求，并深入探索用户目标。

任何产品都应该是有用的，能满足用户需求的产品才有生命力，而用户需求就源于用户目标，用户的任何行为都是受用户目标所驱动，所以这是最核心的、需要重点挖掘的内容。

在《情感化设计》一书中，唐纳德 · A . 诺曼（Donald A . Norman）提出，产品设计应该解决 3 个不同层次的认知和情感处理过程：本能、行为和反思。这 3 个层次是不断递进的，产品触达越深则越成功。在艾伦 · 库伯（Alan Cooper）所著的《About Face 4: 交互设计精髓》一书中，又将这 3 个层次分别对应到用户的 3 种目标——体验目标、最终目标和人生目标，即用户想要什么、用户感受到什么和用户想要成为什么，如图 2-32 所示。

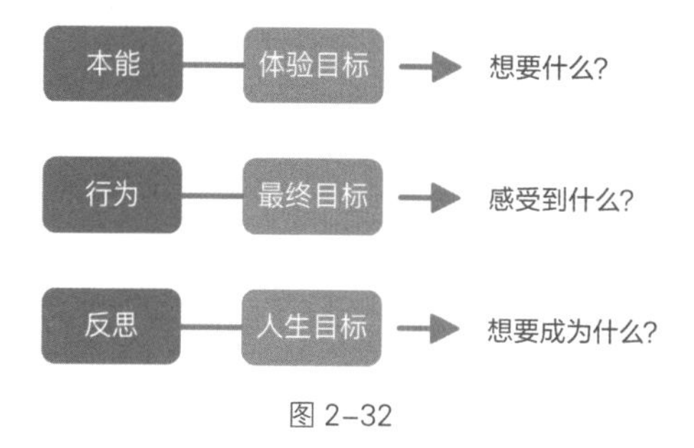

图 2-32

再回过头来看，如果用一句话来描述某个用户画像，应该如图 2-33 所示。

具有××特征的人，
遇到了××问题，
希望有××来帮他们解决这个问题

图 2-33

不难发现，这里呈现出来的“问题”，就是产品的机会点和用户痛点所在，而“希望”的内容，便是产品的核心价值所在，至于“特征”，便是产品的目标用户及设计方向所在。

当产品能够解决用户的问题，即达到上面说的本能要求，用户会愿意使用这款产品。

当产品能很好地解决用户的问题，便达到了上面说的行为要求，用户会很认可并乐于使用这款产品。

当产品能超预期地解决用户的问题，即达到了反思的高度，用户会成为这款产品的追随者并自发地推荐产品。

3. 用户画像的建立

前面提到，一般用户调研报告中实际上就包含了用户画像的内容，所以用户画像建立的流程也和用户调研的流程相似。

艾伦 · 库伯最早提出了“人物模型”的概念。人物模型和用户画像是很相似的概念，在《About Face 4: 交互设计精髓》中，他认为人物模型的建立，需要经过图 2-34 所示的几个步骤。

用户分组　找出变量　对应主体　找出重点　阐明目标　检查数据　指定类型　描述特征

图 2-34

第 1 步：根据角色对访谈对象进行分组。

第 2 步：找出行为变量。

第 3 步：将访谈主体和行为变量对应起来。

第 4 步：找出重要的行为模型。

第 5 步：综合各种特征，阐明目标。

第 6 步：检查数据完整性和冗余。

第 7 步：指定人物模型的类型。

第 8 步：进一步描述特性和行为。

这是一个相对比较理想的步骤，如果大家有兴趣可以通过阅读《About Face 4: 交互设计精髓》深入了解每一步的详细介绍，由于篇幅限制，在此不做展开。

在实际工作中，设计师可能没办法做到面面俱到，主要是因为缺乏足够多数量的访谈对象，而且很多情况下并没有专业的数据分析人员参与。大家可以根据实际情况对步骤进行简化，但大致的流程都是不变的。

最后，需要注意的是，用户画像应该贯穿整个产品生命周期：在产品上线前，用户画像的数据来源于用户调研和需求分析；当产品上线后，用户画像的数据则受上线数据和用户反馈影响，这意味着用户画像不是一成不变的，它也会随着产品的迭代而发生变化。

2.2.3 用户体验地图

完成用户调研后，除了能梳理出用户画像和用户调研报告外，还有一种常见的产出是用户体验地图（英文名称为 User Experience Map 或者 User Journey Map）。

图 2-35 所示为一款简单的打车 App 的用户体验地图。

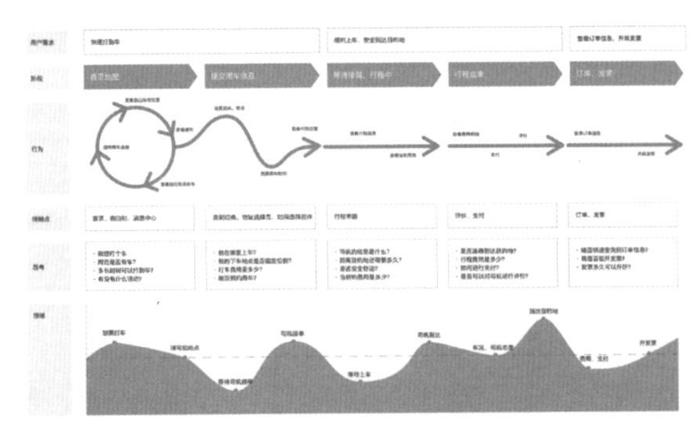

图 2-35

大家无须看这张图里面有什么内容，毕竟体验地图并没有唯一的标准格式，但可以看到一张体验地图一般需要包含的内容有以下 7 点。

第 1 点：为谁所做的体验地图（目标用户）。

第 2 点：针对什么内容或场景而制作（目标）。

第 3 点：主要的用户行为流程。

第 4 点：关键界面截图或原型图。

第 5 点：用户情绪曲线。

第 6 点：对应的机会点。

第 7 点：其他说明文字。

用户体验地图所包含的内容具体如图 2-36 所示。

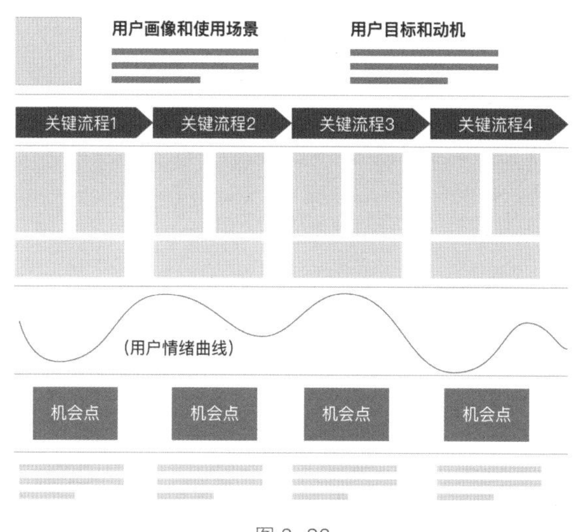

图 2-36

通过用户体验地图我们能直观地了解用户达成目标的关键流程和产品如何帮助其达成目标，同时能捕捉到整个流程中用户情绪的变化，并根据关键点和情绪点，找到机会点。

在制作用户体验地图的时候，有一个经典的 5 步流程，可以帮助大家完成用户体验地图的制作，如图 2-37 所示（为了便于大家理解，笔者将其翻译为中文）。这个 5 步流程是著名的尼尔森诺曼集团（Nielsen Norman Group）提出的，大家可以在其官网上详细了解。

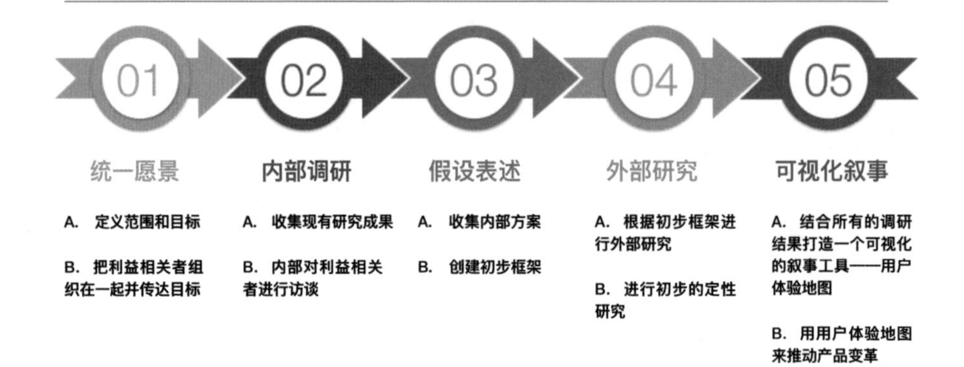

图 2-37

第 1 步：明确目标和建立团队。

第 2 步：收集相关的数据和进行利益相关者访谈。

第 3 步：根据初步收集的数据创建一个初步的用户体验地图原型。

第 4 步：使用多种定性研究去验证这个用户体验地图的可行性。

第 5 步：将最终的用户体验地图可视化和叙事化。

其实，大家可以看出这个流程本质上和用户调研的流程依然相似：明确目标、制订计划、开始调研、数据分析和输出报告。不同的是上面 5 步增加了对输出成果的验证和优化过程，而这两步在做用户调研的时候也可以参考并借鉴。

本节关于用户调研的内容就为大家介绍到这里。最后需要提醒大家的是，用户调研并没有一个唯一的标准，每次调研的深入程度和调研样本的规模，都受到目标和公司愿意付出的成本的影响。因此上述的内容只是给大家提供一个调研的框架和思路。大家在实际工作中还需要根据具体情况具体分析，一定要明确用户调研的目的——能更客观深入地了解用户及其需求，避免把自己的需求当成用户的需求从而产生伪需求。保持调研结果的客观性，是我们务必要注意的地方。

2.3 信息架构

前面所讲的都是偏思维层面的内容，从这一节开始将涉及一些可以“落地”的内容。信息架构往往是交互设计师在面对一个需求时需要首先规划的内容，一个好的信息架构对产品有着非常重要的影响。

2.3.1 信息架构的概念

信息架构(Information Architecture，IA)是从数据库设计的领域中诞生的，其主体对象是信息，由信息建筑师设计结构、决定组织方式和归类，是便于使用者与用户寻找与管理的一项艺术与科学。

上述定义可以用图 2-38 解释。

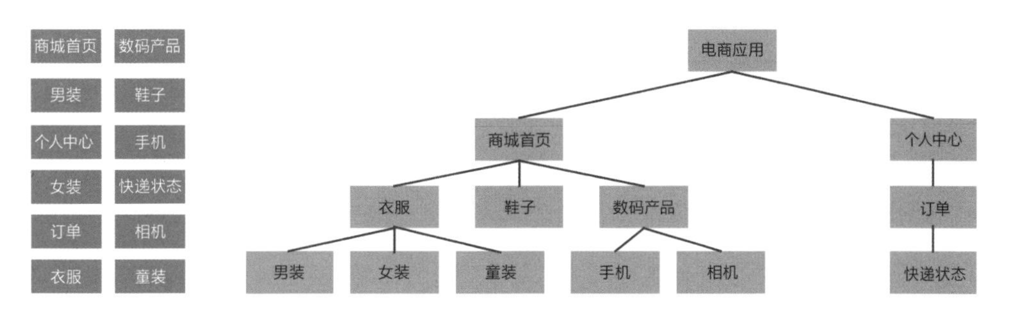

图 2-38

图 2-38 左侧所示是产品的功能，如果采用平铺的方式呈现给用户，用户需要花费很多时间寻找自己所需要的信息，并且会觉得整个产品界面非常乱。如果设计师能够将这些功能（主体对象）通过某种逻辑，找到相互的层级关系并将其归类（设计结构、决定组织方式和归类），用户便会非常容易理解整个产品的结构，进而能很容易定位到所需要的信息（便于使用者与用户寻找与管理），如图 2-38 右侧所示。

因此，一个信息架构的作用对象是信息，将信息进行结构化归类，目的是让用户能够快速定位和管理，如图 2-39 所示。

信息

结构化归类

方便快速定位

图 2-39

可以通俗地认为，信息架构的核心是结构化归类，即层级，判断信息架构是否优秀的标准是效率。

层级与效率，便是交互设计师制作信息架构时需要重点考虑的点。

iOS 系统的 App store 就有着非常优秀的信息架构，第 1 层级有 Today、游戏、App、更新和搜索，用户在 Today 中能很清楚地看到页面结构的逻辑，如图 2-40 所示。这样，用户既能很清楚地看懂页面逻辑和内容之间的层级关系，也能很快地找到自己所需的内容。

图 2-40

研发产品时信息架构常见的呈现形式如图 2-41 所示。使用思维导图软件能很快地生成类似的图片。

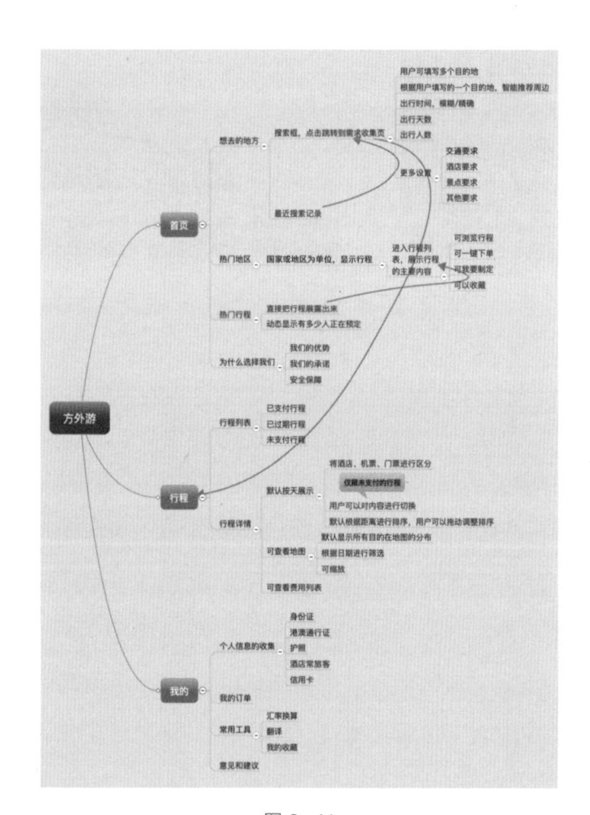

图 2-41

2.3.2 信息架构图的制作

因为信息架构图一般是供研发人员内部查阅的，所以并没有什么标准的规范或其他要求，只要能清晰、简洁地让团队成员都能看懂即可。一般会使用思维导图软件制作信息架构图，本书以 MindManager 这款软件为例，教大家制作信息架构图。

MindManager 是一款付费软件，大家在其官网可以下载试用版，如图 2-42 所示。

图 2-42

除了 MindManager 还有非常多优秀的思维导图软件可供选择，使用的方法都大同小异。Mac OS X 系统上的思维导图软件 MindNode 也非常好用，在 App store 中就可以下载，该软件还提供 iOS 版本，方便用户随时查看思维导图，如图 2-43 所示。

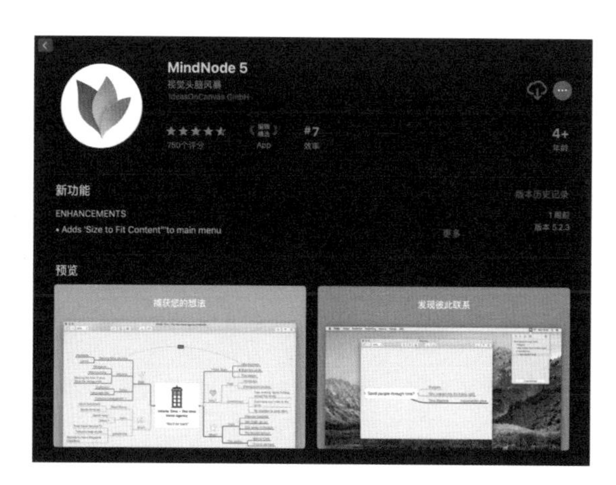

图 2-43

准备好软件后就可以开始制作信息架构图了。先新建一个 MindManager 文件，画布上会有一个默认的文字块，双击该文字块即可输入文字。默认情况下，这个文字块一般用于产品的标题及版本号的书写，便于告知阅读者该信息架构对应的产品和版本，如图 2-44 所示。

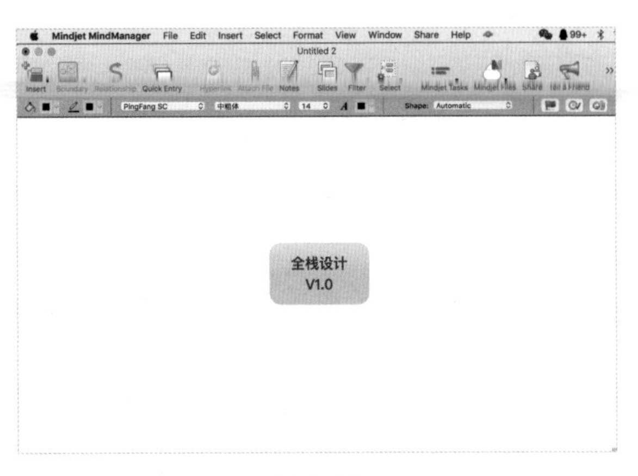

图 2-44

选中默认文字块并按 Enter 键，即可创建下一层级的文字块。如果需创建再下一层级的内容，则只需选中母层级，然后按 command+Enter 组合键即可，如图 2-45 所示。

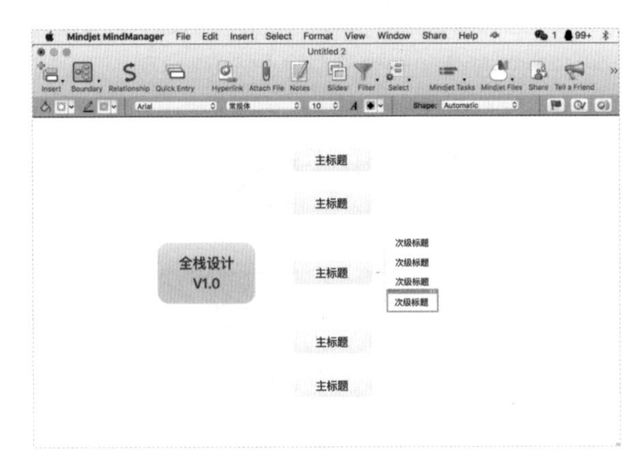

图 2-45

可以通过 Markers（标记器）对信息架构的内容进行重要层级标注。只需选中需要标注的内容，然后在标记器中单击对应的选项即可，如果标记器被关闭了，单击最右侧工具中的 Inspector（检查器）即可打开，如图 2-46 所示。

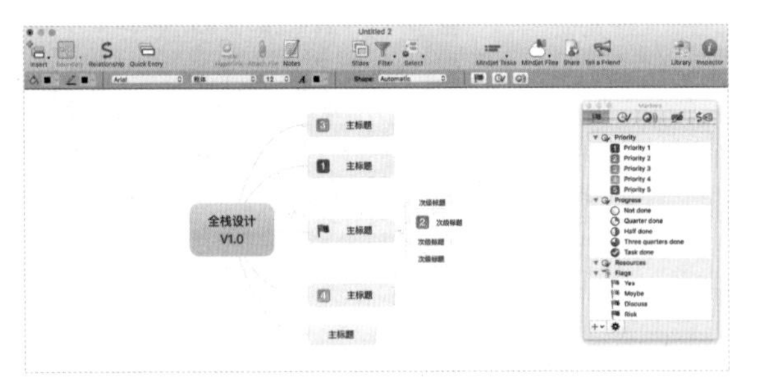

图 2-46

可以通过 Relationship（关系）工具将相关联的内容连接起来。先激活该工具，然后连接相关联的两个内容即可，如图 2-47 所示。

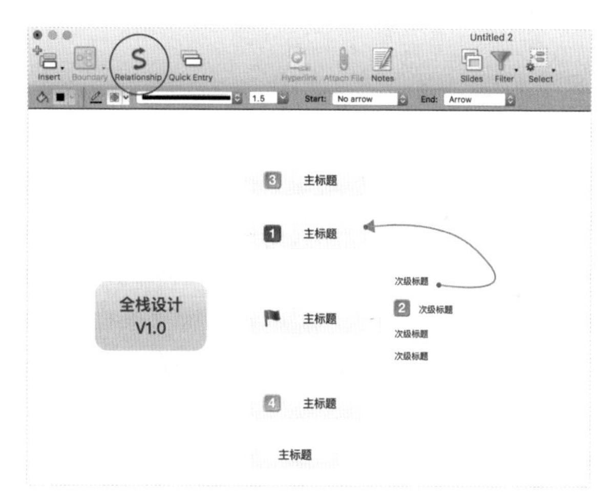

图 2-47

在 Insert（插入）工具中选择 Callout Topic（主题标注）工具可以创建用于注释的内容，如图 2-48 所示。

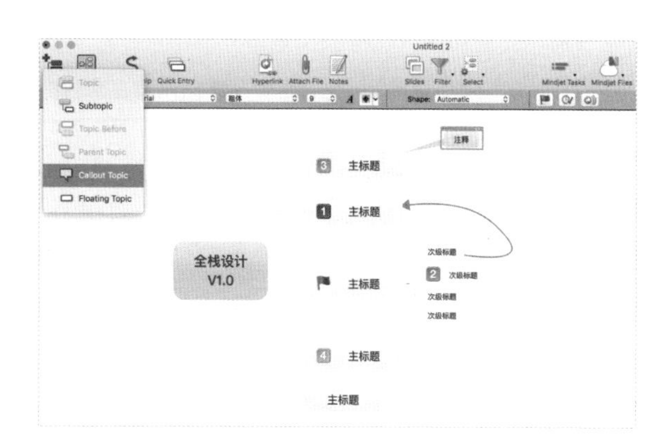

图 2-48

以上就是 MindManager 最基础的用法，掌握这些功能便可完成信息架构图的输出。当然，MindManager 远不止这些功能，有兴趣的读者可以自行上网搜索相关的教程进行深入学习。

2.3.3 信息架构的设计思维

前面讲到了关于信息架构的两个关键词是层级和效率，那么信息架构设计思维就应该围绕如何提升这两个方面进行。

信息架构的内容基础包括内容、情景和用户，如图 2-49 所示。其中，内容是指产品的内容，可以粗略理解为产品需求，如产品有哪些功能等；情景又可以理解为场景，即产品当下的研发背景，包括产品希望达成的商业目标、当前的政策法规限制、拥有的开发资源、企业文化和愿景等；用户则是指目标用户。

图 2-49

以上 3 个方面的数据是启动信息架构设计的必备内容，任何优秀的信息架构都是建立在充分把握这 3 个方面内容的基础上。越优秀的信息架构，三者之间越平衡。

当获取了这 3 个方面的数据后，设计师应该全局看待已有的信息，然后对其进行层级划分。

层级的划分同时也是对内容的一种梳理和组织。需要注意的是，同样的内容有不同的梳理方式。比如一张照片可以按照文件类型划分，照片属于图片文件；也可以按照照片的内容划分，这张照片属于风景图，如图 2-50 所示。划分的方式没有对错，但需要按照产品的实际需求划分。

图 2-50

具体进行信息架构设计的时候，还需要注意以下几点。

第 1 点：层级要清晰，同一层级的内容应该是并集而不是交集。

假设为一款 App 排行榜设计信息架构，其中 App 分为普通 App 和游戏 App，那么可以根据收费与否分类，也可以根据 App 性质分类，但同一个内容应该有特定的归属，不要既属于 A 分类，又属于 B 分类，这样会让用户产生困扰，如图 2-51 所示。

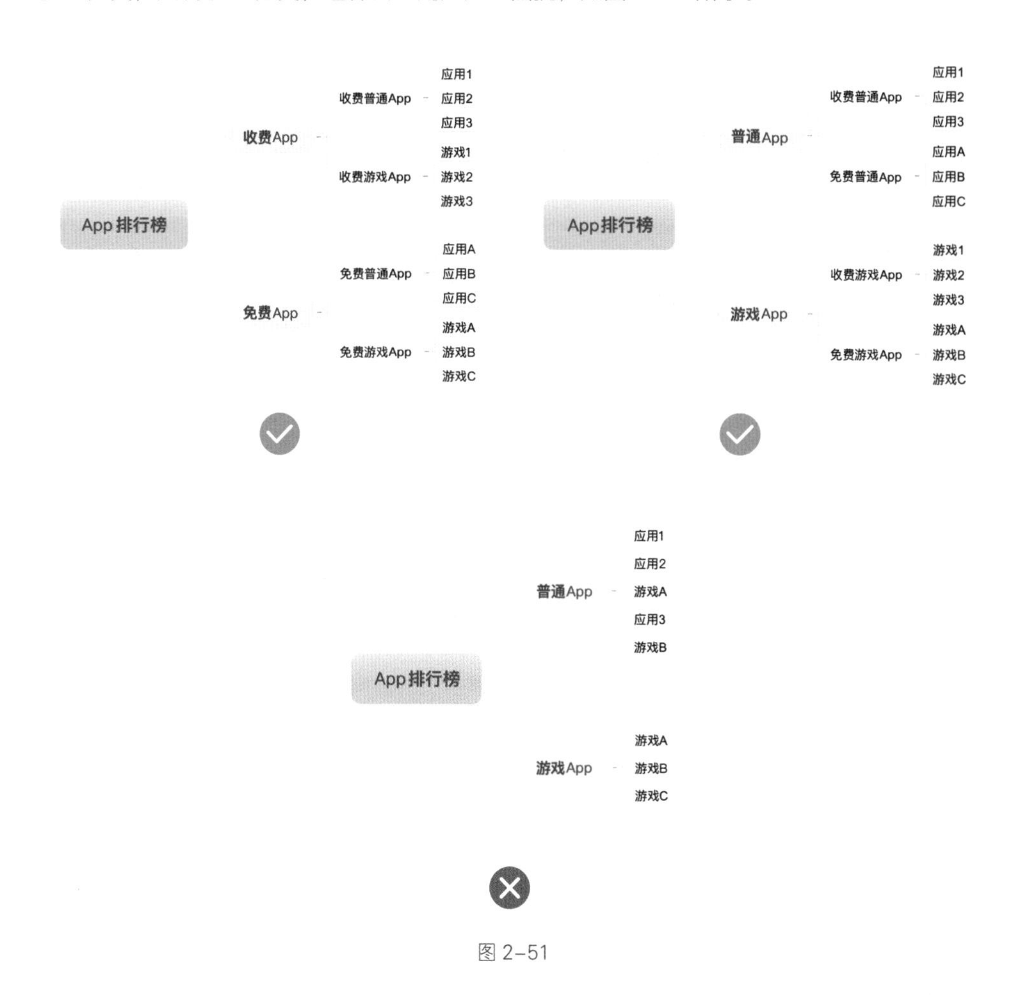

图 2-51

第 2 点：分类的维度有很多时，应该选择最符合产品当前状态的维度进行划分。

如图 2-52 所示，虽然同样是视频相关的产品，但是底部的 Tab 菜单有着截然不同的划分，更不用说每个一级菜单下的内容划分了，这样的不同是受多方面因素的综合影响所导致的。比如视频产品中 VIP 会员的内容，当产品的商业目标在现阶段是重点推广会员时，VIP 会员相关的内容则可以划分为一级内容；而当会员服务没准备好或者当前并不是主要商业目标时，VIP 会员的内容则可以放入个人中心成为二级内容。

图 2–52

第 3 点：分类的范围应适中，不要过大或过小；同时，层级不要过多或过少。

分类范围过大会导致分类失去意义，比如摄影作品，如果按拍摄地点分类，将其分为地球、月球、火星等，可能会导致 99.9% 的照片都属于地球分类，这样就失去了分类的意义。如果分类过小，会导致层级过多，可能用户找某个内容需要点击很多次才能找到，如图 2–53 所示。

图 2–53

第 4 点：信息架构需要有一定的稳定性和预见性。

能很好地做到以上 3 点，可以说这个信息架构已经算得上及格了，但是要判断信息架构设计师水平的高低，第 4 点是最重要的一点也是最难的一点。

大家在工作中经常会遇到很头疼的事情——产品结构变来变去。今天产品下面可能是 4 个菜单，明天可能就变成 5 个了，后天突然又变成 3 个了。并不是说产品的结构不能变，随着产品的发展以及用户需求和商业目标的不断变化，产品一定会发生变化。但是不管是功能的增减还是内容的变动如果非常频繁，尤其是当一级菜单都变化很频繁的时候，这就很不正常了。而导致产品结构变来变去的“罪魁祸首”往往就是信息架构的设计不合理，缺乏预见性。

产品结构变来变去会有两个非常糟糕的负面影响：研发成本的增加和用户学习门槛的提高。

图 2-54 所示是微信从 1.0 版本到 6.0 版本的界面，从最开始单纯的即时通信功能，到后面增加了如订阅号、微信支付、朋友圈、小程序等非常多的功能，底部始终保持着 4 个菜单，有着非常稳定的信息架构。而早期的信息架构面对不断新增的功能也做到了有足够的预见性，保证了微信体验的连续性和产品的简洁性。

图 2-54

要让信息架构有一定的稳定性和预见性，对设计这个信息架构的设计师有非常高的要求。首先，设计师必须充分理解产品的目标和用户的需求，做到对产品和用户有着非常深度且全面的了解；其次，设计师要具备很强的版本迭代意识，能够预计未来版本迭代产品的走向；最后，设计师要对信息层级划分非常合理，能让未预见到的功能出现时原结构依然保持其合理性。

这需要长时间的训练。随着设计经验的不断丰富，相信大家也有可能设计出优秀的信息架构。

2.3.4 信息架构的呈现

信息架构虽然是研发人员内部使用到的工具，但是最终还是服务于产品。实际上信息架构不仅影响前端用户看到的内容，也会影响到研发人员对于产品框架的搭建和后台逻辑的设计等。这里只讲前端用户看到的内容。

很多人会把信息架构和导航混淆，认为信息架构体现在产品上就是导航。二者确实有一定的相关性，但是信息架构并不完全等于导航，它还会在界面上呈现出来。图 2-55 所示是信息架构在界面上呈现的一个简单例子。设计师在进行界面设计时，也会根据信息架构，通过文本属性、间隔分组等让这些层级关系展示出来。

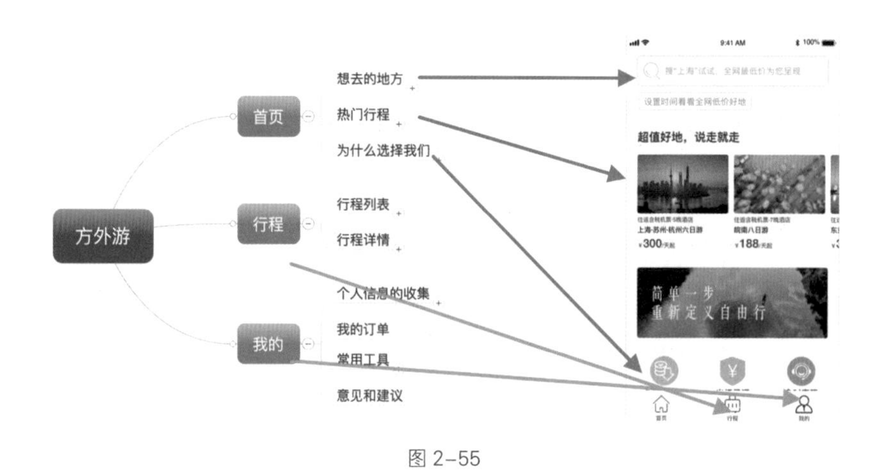

图 2-55

另外需要注意的是，信息架构体现的层级关系是对内容的分类和梳理，与产品的流程并不完全相关联。如图 2-56 所示，在信息架构上，C 在 A 和 B 的下面，而 Z 在 X 和 Y 的下面，根据结构假设，C 和 Z 是同一层级，那么理论上流程应该是 A-B-C 或者 X-Y-Z，但是，很多产品是允许用户从 C 直接跳转到 Z 的，这也是很合理的。所以，设计师在设计时还是要把层级关系和流程区分开。

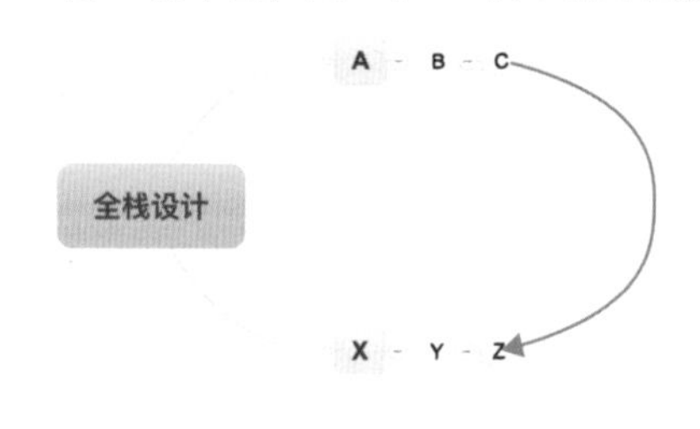

图 2-56

最后，希望大家明白，信息架构在实际工作中有着非常重要的作用，需要认真对待。优秀的信息架构不仅能让产品变得更好，还能让产品研发人员在产品研发过程中更全面、清晰地看待产品。

2.4 流程图的设计

无论是信息架构还是流程图都是梳理思维的工具，都能让我们从全局看待整个产品。在正式开始设计之前，先认真设计好产品的流程，一方面可以确保后续设计的完整与正确，另一方面可以通过对流程的设计，提升整个产品的用户体验。

2.4.1 流程图的基础知识

流程图是用特定的符号和说明文字，加上有方向的箭头表示流程走向的图，在不同的业务中会有不同的作用。本书主要设计的是互联网产品的内容，流程图主要用来表示用户使用产品的某一流程以及可能遇到的情况分析，如图 2-57 所示。

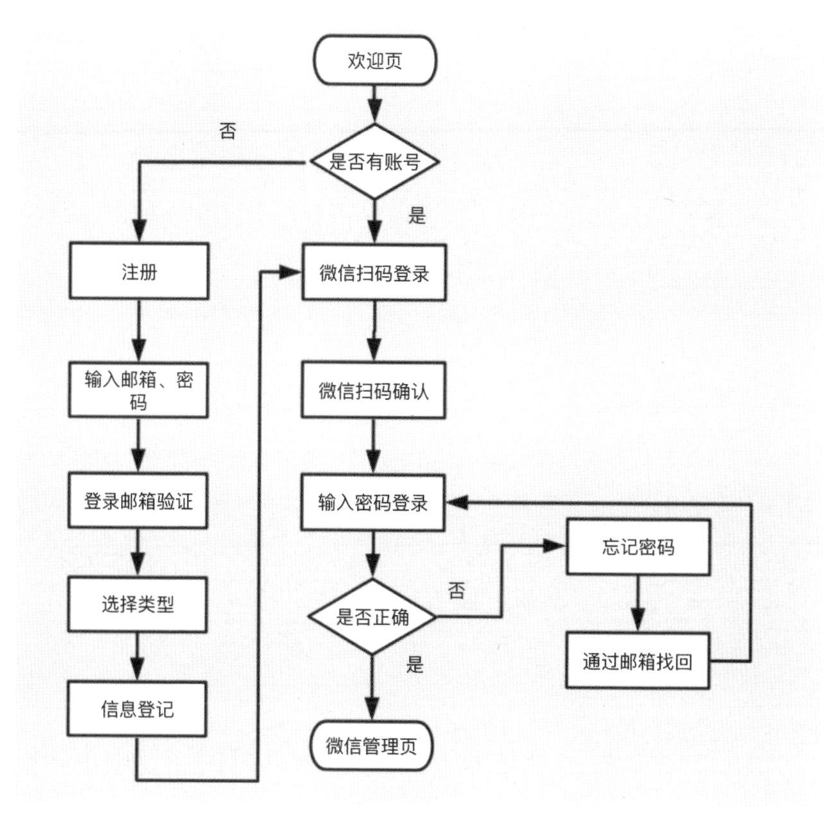

图 2-57

流程图的组成元素有图形、文字和箭头，其中每个图形都有其特别的意义，如表 2-2 所示。

表 2-2

图形符号	表示含义	备注
（圆角矩形）	圆角矩形，表示流程的开始和结束	一般情况下，流程必须有开始和结束，这意味着流程图的起点和终点
（矩形）	矩形，表示流程的进程，即执行到这一步需要处理的内容	
（菱形）	菱形，表示判断	一般遇到需要判断的情况，需要使用这个符号，并且会衍生出两条线，一条是条件为“是”的线，一条是条件为“否”的线
（平行四边形）	平行四边形，表示数据的输入和输出	
（文件符号）	表示文件的输入和输出	
（预定义流程符号）	表示已定义的流程	需要重复使用某一界定处理程序时使用
（圆柱体）	圆柱体，表示文件或存储的归档	
（圆形）	圆形，表示链接	在链接多个流程图时使用

除了上面的几个图形外，还有一些有特定含义的图形符号，但是在互联网产品研发中运用较少，感兴趣的读者可以自行深入了解，这里不做展开。

2.4.2 流程图的基本结构

互联网产品的流程图有 3 种基本结构：顺序结构、条件结构和循环结构。

顺序结构是流程图中最简单的一种结构，执行的顺序根据流程图一直走下去。假设现在要绘制一个用户启动汽车的流程，对于顺序结构来讲，流程如图 2-58 所示。

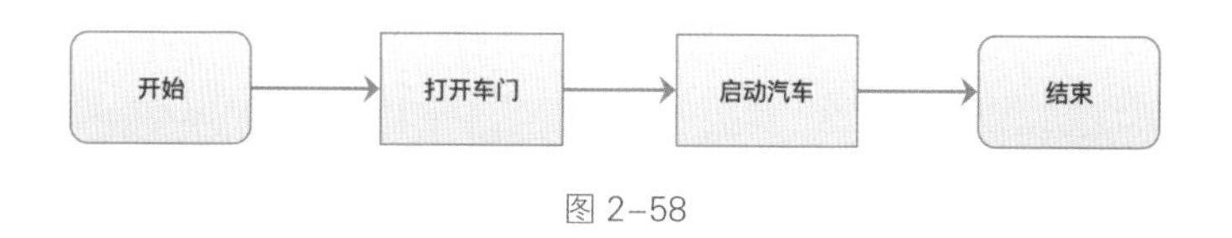

图 2-58

条件结构是指流程中有条件判断的情况，比如在上述的顺序流程中，用户打开车门这一步，实际情况下需要有个判断，即用户是否带了钥匙。如果用户带了钥匙，则走到打开车门的那一步；如果用户没有带钥匙，则应该走其他解决流程再到打开车门这一步，流程如图 2-59 所示。

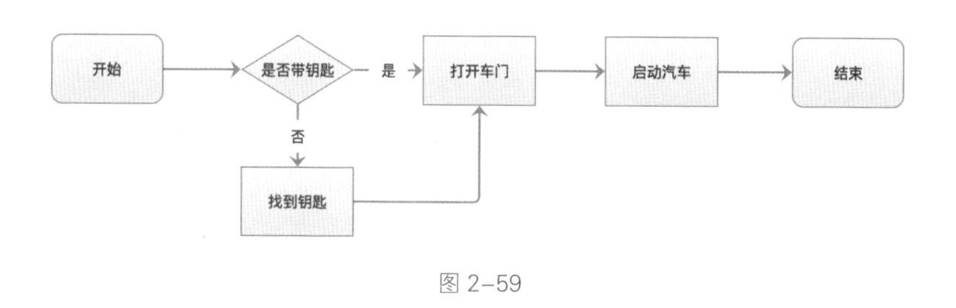

图 2-59

循环结构是指需要反复执行某个功能而设置的一种流程结构，可以看成是一个条件判断语句和一个向回转语句的组合。在上述流程中，用户启动汽车这一步还应该有个判断，即是否启动成功。如果没有启动成功，则需要再次启动直到启动成功，因此这个结构属于循环结构，流程如图 2-60 所示。

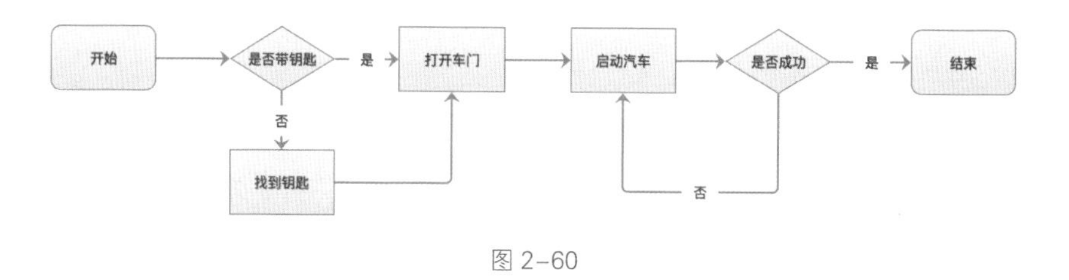

图 2-60

上面 3 种基本结构的组合可以构成一个完整的流程图：顺序结构最常见，可以帮助我们梳理清楚产品的基本逻辑；条件结构可以帮助我们更加全面地考虑问题，避免出现死流程。

2.4.3 流程图的绘制

1. 工具选择

现在市面上有非常多的软件可以进行流程图的绘制，如常见的办公软件Word、Excel、Pages和Keynote等，利用这些软件可以很方便地绘制轻量级的流程图，如图2-61所示。

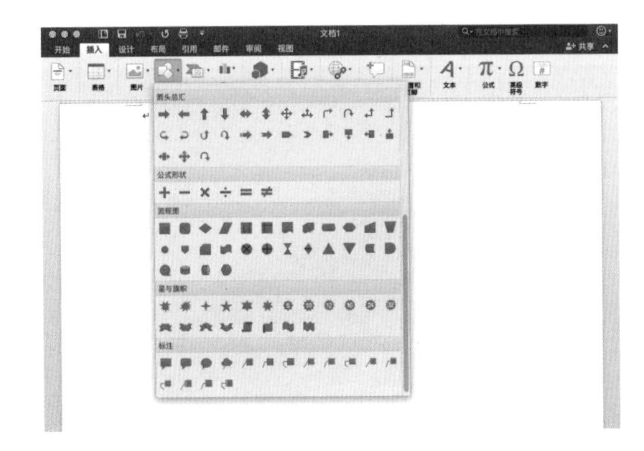

图2-61

当然还有专门绘制流程图的软件，如Visio、Mindmanager、OmniGraffle、Axure等，这类软件在绘制流程图方面有非常强大的功能，绘制大型和复杂的流程图最好使用这类软件。图2-62所示是OmniGraffle的界面。

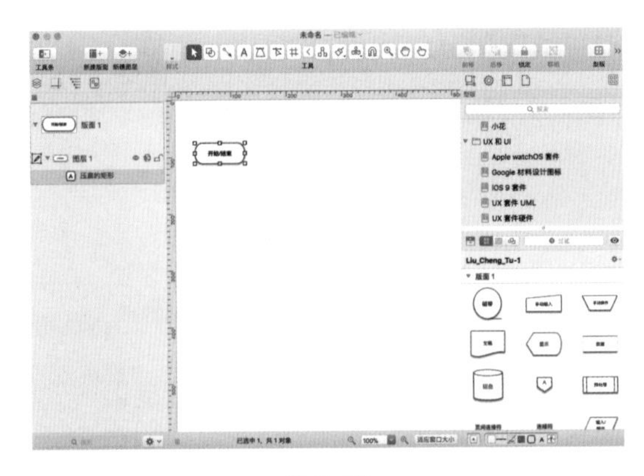

图2-62

另外，随着行业的发展，现在也出现了越来越多的在线绘制流程图的产品，这类产品在分享和协同上有着天然的优势，功能也在不断增强，如ProcessOn、MindFlow等都是非常好的选择，如图2-63所示。

图2-63

2. 实例操作

在实际工作中，大家可以根据需要选择合适的软件，接下来以 Axure 为例实际绘制一个简单的流程图，如图 2-64 所示。

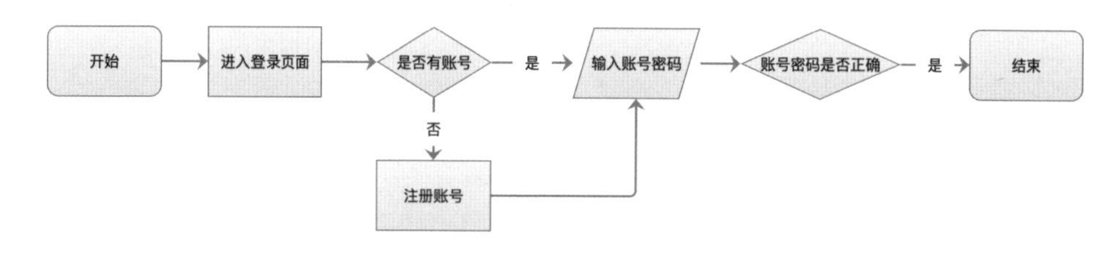

图 2-64

（1）新建一个 Axure 文档，然后在左侧的 Libraries（资源库）面板中选择 Flow（流程），如图 2-65 所示。

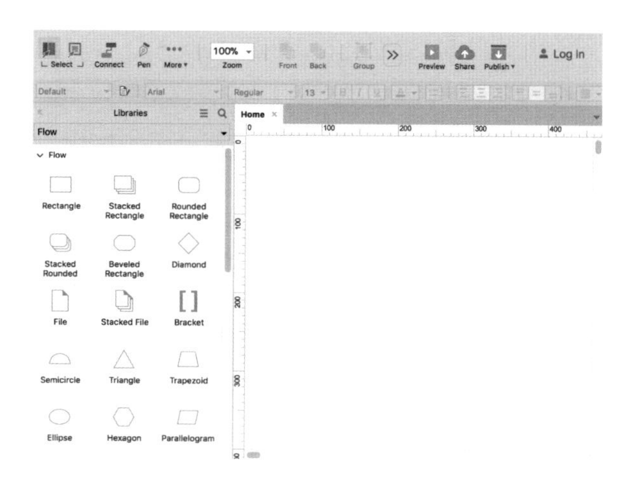

图 2-65

（2）在 Libraries（资源库）面板中选择圆角矩形，并将其拖入画布中，然后双击画布中的圆角矩形，接着输入文字“开始”，如图 2-66 所示。

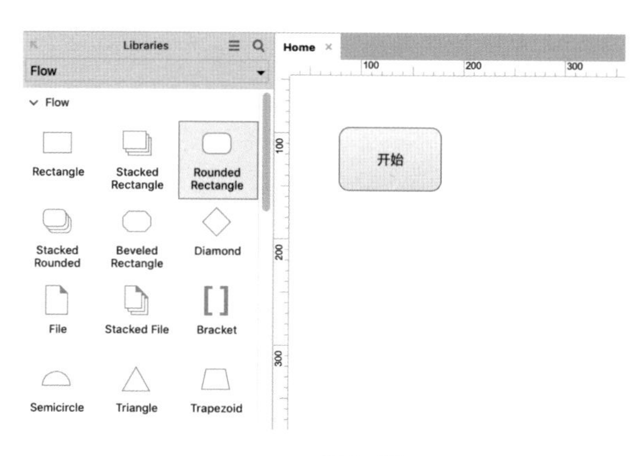

图 2-66

（3）在 Libraries（资源库）面板中选择矩形，并将其拖入画布的合适位置，然后双击画布中的矩形，接着输入流程文字“进入登录页面”，如图 2-67 所示。

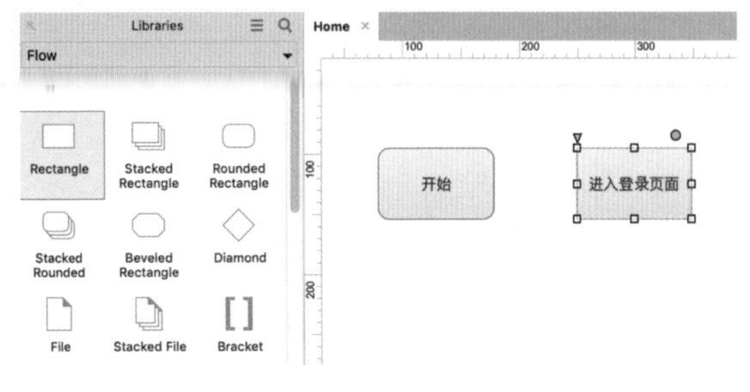

图 2-67

（4）采用同样的方法，依次在 Libraries（资源库）面板中选择菱形、平行四边形、菱形和圆角矩形，并将其拖入画布，然后分别输入文字“是否有账号”“输入账号密码”“账号密码是否正确”“结束”，如图 2-68 所示。

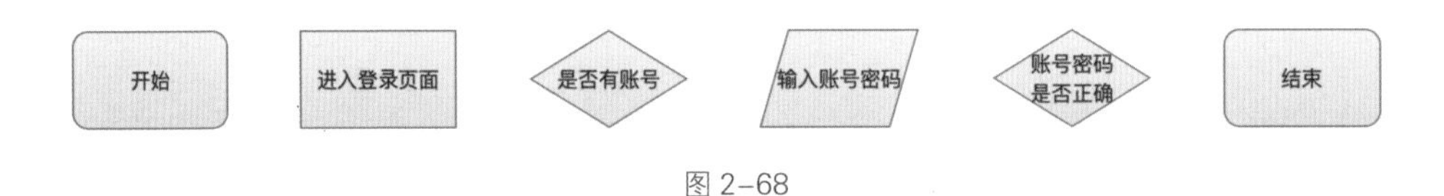

图 2-68

（5）单击左上角的 Connect（连接）按钮，回到画布后会发现图形上面出现了 4 个锚点，然后单击需要连接的点，并将其拖曳到需要连接的另一个图形的点上，最后释放鼠标，如图 2-69 所示。

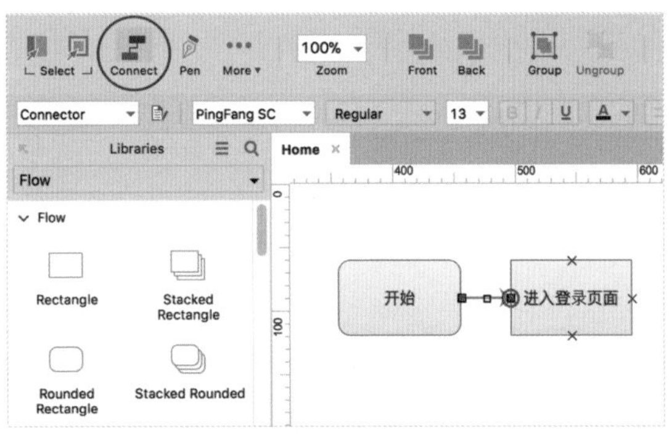

图 2-69

（6）依次完成剩余几个图形的连接，在连接的时候可能会遇到连接样式是线条而非箭头的情况，这时需要选择上方工具栏中的 Arrow Style（箭头样式），再分别选择起点和终点的样式，如图 2-70 所示。

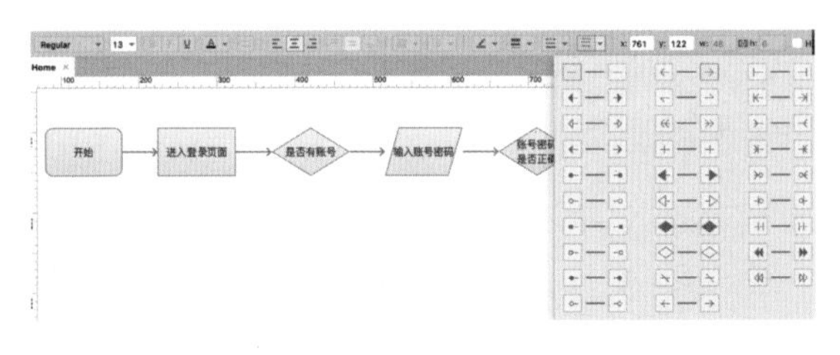

图 2-70

Axure 默认的图形的样式为渐变填充。如果希望改变其样式，应先选中需要变更样式的图形，然后选择工具栏中的 Fill Color（填充颜色）工具即可对填充色进行修改。如果需要纯色填充，在Fill Type(填充类型)处选择Solid(纯色填充)即可，如图 2-71 所示。

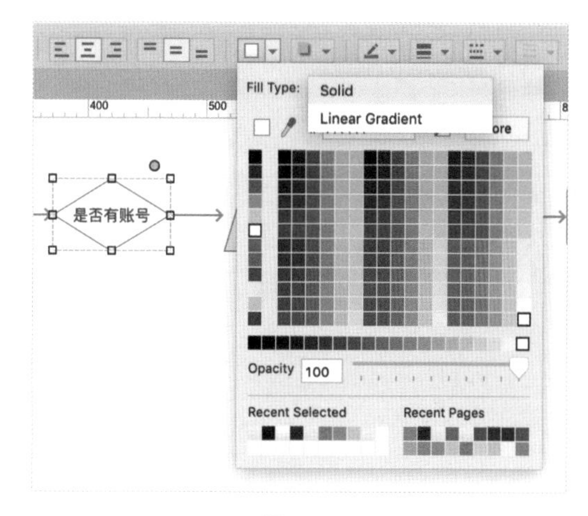

图 2-71

在上面的实例中可以看到，绘制流程图的方法是非常简单的，相对于绘制方法，思维才是更重要的。上述的流程图实际上是很不完整的，下面来讲解如何分析这个流程图。

首先，菱形表示判断，那么一定会有两个条件出现，一个是“是”，一个是“否”，假设上面流程图中的条件都为“是”，接下来需要补全当条件为“否”的时候应该走怎样的流程。

分析第一个判断情况“是否有账号”：如果用户已有账号，则直接输入账号密码进行登录；如果用户没有账号，则需要进入注册流程，因此需要在菱形下方增加一个流程，同时在箭头上分别输入“是”和“否”，如图 2-72 所示。

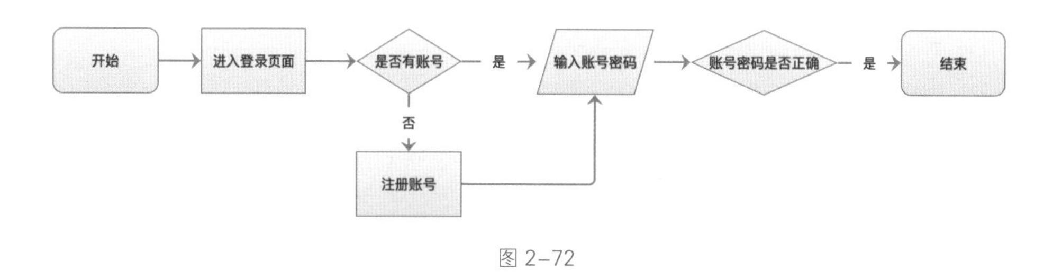

图 2-72

再来看“账号密码是否正确”这个判断条件，这里系统执行的时候实际上会有以下几个问题出现。

第 1 点：账号的类型是手机号还是邮箱号、用户名，或者是其他?

第 2 点：如果账号是手机号，是否需要密码？还是直接可以发送短信验证码？是否需要验证手机号和邮箱的格式？

第 3 点：多次登录失败后，是否需要验证码出现？

可以看到，在绘制流程图的时候就可以发现可能存在的很多问题，这时需要调整流程图，并分析当这些问题出现时流程怎么走。调整之后的登录流程图如图 2-73 所示。

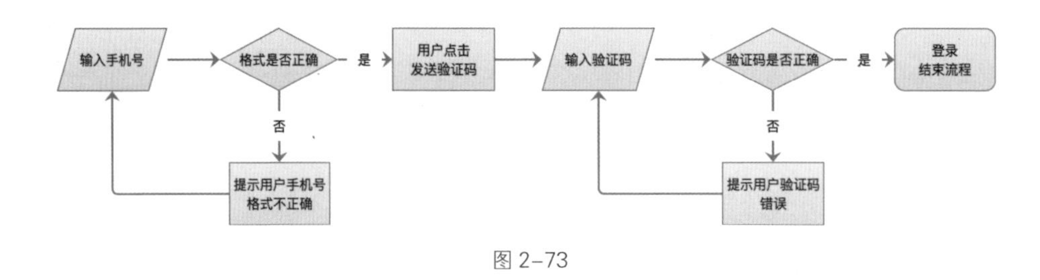

图 2-73

经过分析发现，相对于让用户输入账号密码，直接输入手机号和验证码更符合当前的用户习惯，并且在用户输入完手机号后，系统就可以直接判断手机号的格式，能减少用户输入错误的情况，同时避免了发送无效验证码，降低成本。

2.4.4 设计流程图的注意事项

通过前面实例的学习，相信大家已经掌握了流程图的设计方法，并且明白了流程图可以使逻辑更加清晰。虽然在实际工作中需要绘制的流程图会更加复杂，但是也不用担心，再复杂的流程图也是由基础的流程所构成的。

当我们在绘制流程图出现混乱时，可以采用简化流程的方法进行梳理。先想主流程，然后分析每一个流程是否能往下拆分出更小的流程，接着分析每一步是否会有判断条件出现。这样不仅能把流程逻辑梳理得非常清晰，还能够避免出现遗漏，提升对细节的把控能力。

在设计流程图的时候，有 5 点需要注意。

第 1 点，因为绘制流程图是为了说明流程逻辑，所以相对于如何把流程图画得好看，更重要的是如何让流程图清晰明了，相对于流程图的规范，更重要的是内容。同时，流程图不仅可以用来描述流程，还可以用于分析产品业务逻辑，如图 2-74 所示。在工作中会经常使用这样的图分析竞品业务逻辑，虽然在严格意义上不符合流程图的使用规范，但是非常高效便捷。

图 2-74

第 2 点，流程图里面的箭头尽量不要交叉，如果一定要交叉，需要清晰地表示出来。Axure 针对交叉的箭头有非常好的解决方式，如图 2-75 所示。

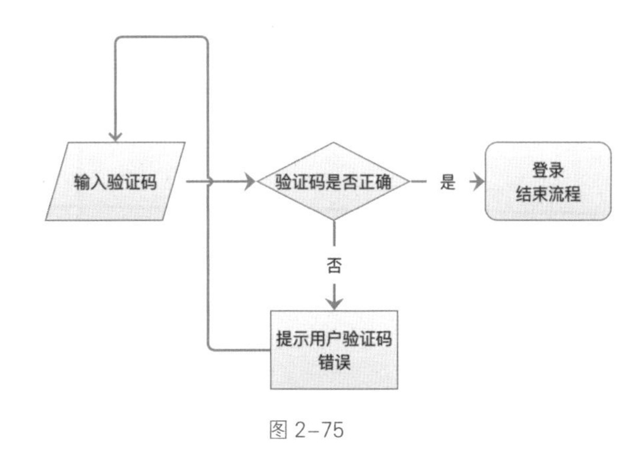

图 2-75

第 3 点，一个流程图只能有一个开始，结束可能会有多个，但是一条支线流程只能有一个结束，且结束之后不能有继续走下去的流程。另外，流程图的顺序一般是从上到下、从左到右。

第 4 点，流程图的设计从原则上来讲应该越短越好，但在实际工作中还需要考虑到产品的商业需求或者技术上的需求，会人为地增加一些流程。比如经常会遇到需要分享才能继续、需要下载 App 才能继续、需要登录才能继续的情况。所以，一个产品最终的流程往往也是多方需求平衡后的结果，如图 2-76 所示。

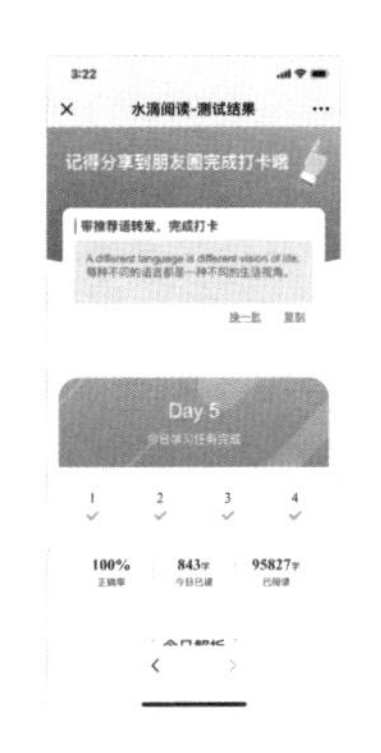

图 2-76

第 5 点，当流程图绘制完成后，应与团队成员多沟通，确保流程是合理且完整的，并与团队成员达成共识。

2.4.5 流程图与界面的关系

有关流程图的知识，还有一个需要跟大家探讨的问题就是流程图与界面之间的关系。

首先，需要明白的一点就是，流程是点到点的关系，表现的是步骤与步骤之间的关系，而界面则是具体的执行过程。理论上来说，一个好的体验应用应该以最短的流程帮助用户达成目标，但是即使是相同的流程，用户在执行时的交互行为也会有所不同。比如同样是登录流程，不同的 App 会有完全不同的界面，如图 2–77 所示。所以，用户最终选择某个流程，以及需要输入的内容和点击的次数，还取决于原型设计，只有二者结合，才能打造出优秀的产品。

图 2–77

其次，流程图对于原型或 UI 设计有一个很大的作用，就是避免“死胡同”页面的出现。设计师可以在流程中通过条件判断，考虑到各种可能出现的情况，避免出现遗漏，导致上线后产品出现问题。比如在图 2–78 所示的产品中，人为设置门槛，需要邀请码才能使用。这本来是一个很好的产品策略，但这个界面对于没有邀请码的用户十分不友好，他们完全不知道接下来要怎么做才能获取邀请码，只能离开并卸载。

图 2–78

最后，流程一般都是线性的，这就意味着用户需要按照设定的流程一直走下去。但是在实际中，用户可能会在任何一步中断流程，或者是退出后重新开始，而流程图上一般不会体现这种情况。因此，设计师在设计原型或页面的时候，一定要做好回退机制，至少给用户提供一个返回按钮。很多产品在进行某个运营活动的时候会用弹窗的方式提醒用户，但经常忘记提供“关闭”按钮，导致用户只能点击进入后才能退出活动，这实际上等于在强迫用户做决定，这种体验是很糟糕的。

设计师还需要考虑，当用户走完流程后，如何引导用户继续。比如绝大部分的电商应用产品，在用户完成商品购买后，都会提供很明显的按钮让用户点击，方便流程的继续，如图 2-79 所示。试想一下，如果没有提供按钮，用户需要一层一层返回，用户体验将会变差。

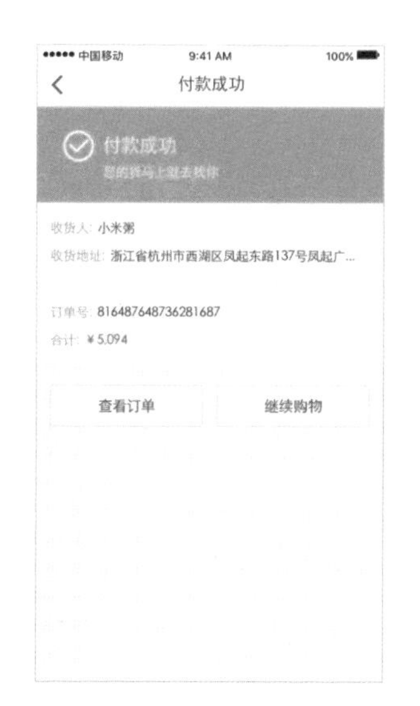

图 2-79

产品流程设计的好坏，对产品的用户体验有着非常重要的影响。一般一个产品的使用流程需要符合用户的心理预期，这要求设计流程的设计师对这个行业有着非常深入的了解，并且需要设计师不断分析和思考。如果该产品的流程设计与竞品完全相同，就不能体现产品的特点；如果设计师能做到合理的超预期，则会提升产品的用户体验。

2.5 原型设计

虽然在很多人眼里，原型设计是交互设计师最重要的产出，但实际上在真正把一个产品的信息架构和流程梳理清楚，并确认理解了需求后，原型设计应该是简单且自然而然的产出物。

2.5.1 原型设计的度

在进行原型设计之前，一定要清楚原型在产品研发中所起到的作用。对于互联网产品来说，原型主要指用线条、图形和简单文字构成的产品框架，是产品需求和用户使用场景的图形化表达，方便团队成员对需求的沟通和理解。而原型设计，则是综合考虑产品的功能和商业需求因素，对产品的界面和元素进行合理排列的设计。

一定要记住，原型的主要目的是说清楚需求，作用是方便沟通和尽早发现并解决问题，其功能性应该放首位，视觉性应放次要位置。相对于美丑，原型应更在乎是否清晰明了。

原型设计除了对单个界面的设计需要简单明了之外，还应展示一整套产品的跳转逻辑。除此之外，原型设计还应尽可能考虑到产品所有可能出现的情况以及对应的解决方案。原型一般会在产品需求评审时进行讲解，例如把所有的情况列出来，以便于大家更好地评估工作内容并消除大家的疑问；同时，原型也能让交互设计师把问题想清楚，从而在评审时可以更好地回答同事的疑问，提升自己的专业度。图 2-80 所示是笔者参与的一个项目所做的原型，在左侧列表中十分清楚地按照不同的情况进行了分类。

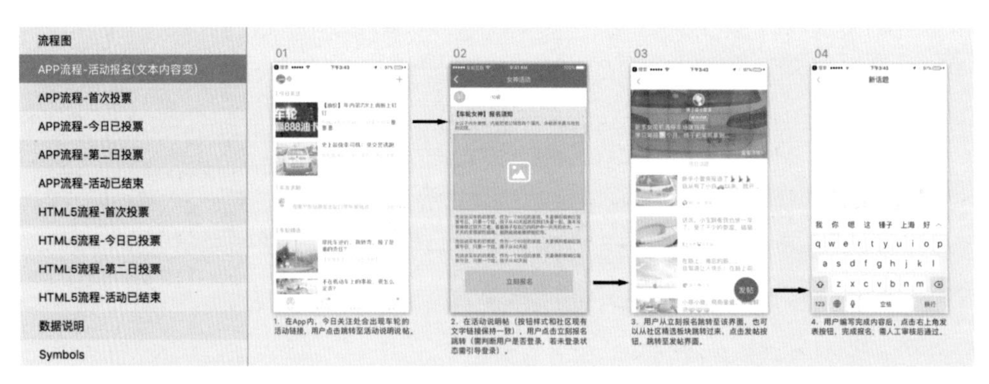

图 2-80

当需求确定后，原型会被转交给 UI 设计师进行界面设计。绝大多数情况下，原型的界面设计不会是最终展现给用户的界面，这意味着在时间有限的情况下，交互设计师在设计原型时应把精力更多地放在功能细节和交互体验上，而非界面的美丑上。并且，如果交给 UI 设计师的原型有丰富的视觉效果，反而会对其产生一定的影响和误导。原型可以是单色的，通过灰度变化来表示内容的层级，这样能减少对 UI 设计师的视觉干扰，如图 2-81 所示。

图 2-81

希望各位能把握好原型设计在实际工作中的度，在有效的时间内尽可能把时间放在原型的功能设计上。当然，如果时间允许，重视视觉设计也是很有必要的，只是这里特别强调的是原型的完整性。

2.5.2 原型设计工具

理论上，任何能绘制出线框图像的工具都可以作为原型设计工具，甚至用一张纸、一支笔就可以开始原型设计。工具无所谓好坏，很多人会纠结于诸如 Photoshop 或 Sketch 哪个更适合用来做原型这样的问题，实际上这是没有任何意义的。选择原型设计工具只需要注意两个原则：一是最适合个人的，二是最适合团队的。

图 2-82 所示是常见的一些原型设计工具的截图，从左到右分别是 Axure、Sketch 和 Adobe XD 的界面。

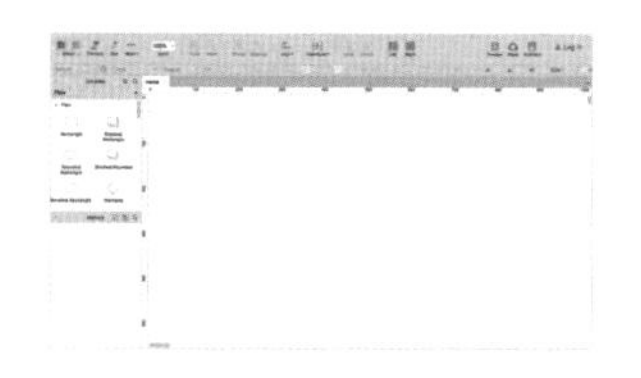

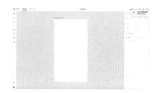

图 2-82

对于任何一款原型设计软件，交互设计师需要掌握的工具其实并不多，知道如何创建画板、添加形状和文字，以及如何设置页面跳转即可。在本书中，会以 Sketch 为例进行原型设计。一方面，Sketch 是目前常用的界面设计软件，并且符合我们对于原型设计的全部功能要求；另一方面，Sketch 的软件布局十分具有代表性。

2.5.3 原型设计前的准备工作

虽然原型设计的核心不是在视觉上，但是也不能完全没有视觉方面的考虑。如果是在一个拥有成熟产品的团队工作，这个团队一般都会有设计规范。在进行原型设计前，把设计规范保存为工具模板，是能极大提升设计效率的一种方法。

图 2-83 所示是微信团队在“小程序设计指南”网站上发布的设计规范，这种设计规范也可以称之为组件库，任何一款成熟的产品都应该有一套属于自己的规范。

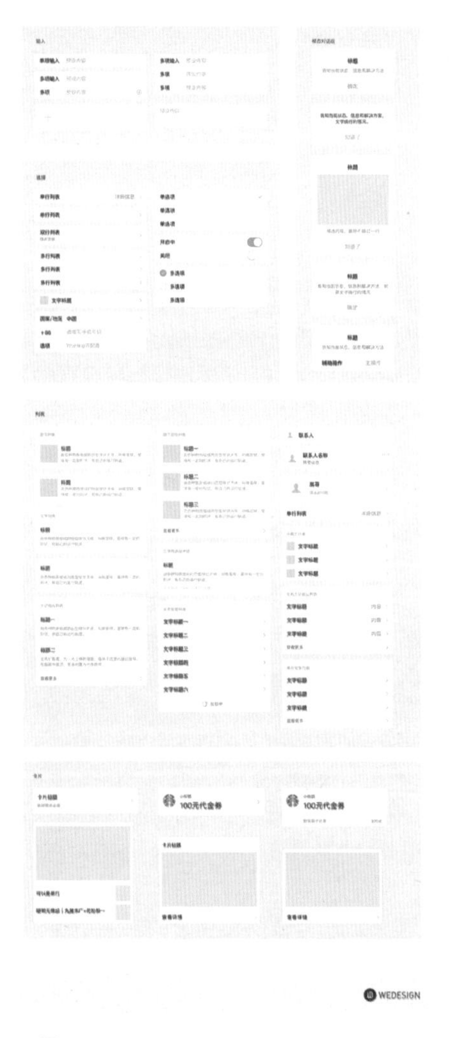

图 2-83

接下来讲解如何把这类文档在 Sketch 中保存为模板，方便后续调用。

（1）以微信团队的设计规范文档为例，先在微信小程序设计指南中找到左侧列表最下方的“资源下载”，然后单击“WeUI_sketch 组件库”下载项，如图 2-84 所示，接着进行解压得到一个以 .sketch 为后缀的文件。

图 2-84

（2）打开下载的文档，然后在顶部菜单中执行“File（文件）>Save as Template（另存为模板）”菜单命令，接着在弹出的对话框中对该模板命名，最后单击 Save（保存）按钮即可，如图 2-85 所示。

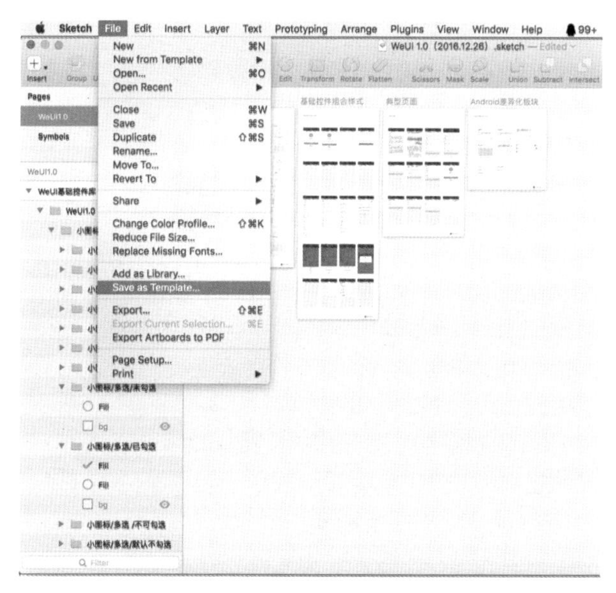

图 2-85

（3）把设计规范保存为模板后，在需要的时候就可以直接调用。调用模板只需要执行“File（文件）>New from Template（从模板中新建）”菜单命令，并选择需要使用的模板即可，如图 2-86 所示。

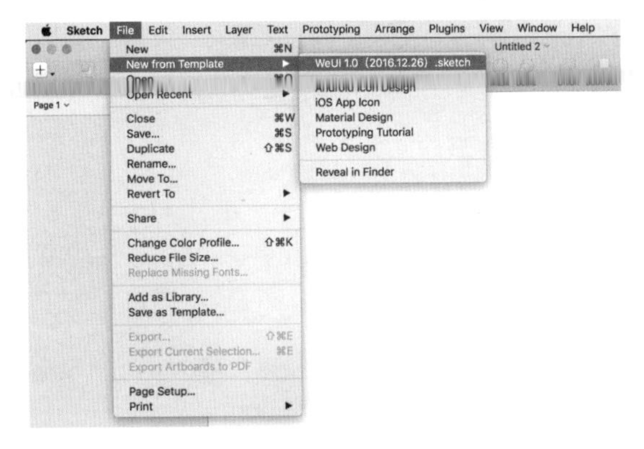

图 2-86

（4）除了产品本身的设计规范外，系统也有一套设计规范。在进行原型设计时，如果把系统设计规范中的样式加入原型中，如顶部的状态栏、标题栏等，就能增加原型的真实感。笔者个人还喜欢每做一个项目，就把顶部的状态栏的运营商的名字变更为与项目相关的名字，虽然这样做对于项目本身没有任何真实意义，但是这也是个性化和品牌化的体现，如图 2-87 所示。

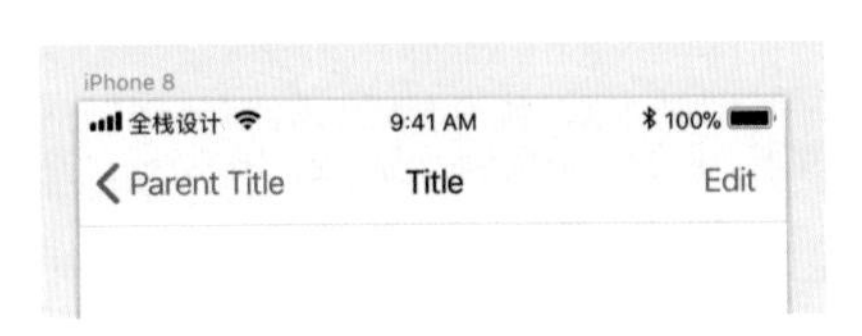

图 2-87

(5) Sketch 已经内置了 iOS 的 UI 规范，大家可以通过 Symbols（符号）工具直接调用。如果该工具默认是隐藏的，需要手动调出。在工具栏上单击鼠标右键，选择最下方的 “Customize Toolbar（自定义工具栏）” 选项，找到 Symbols（符号）工具，并将其拖曳到工具栏释放，然后单击右下角的 Done（完成）按钮即可让 Symbols（符号）工具显示在上方的工具栏，如图 2-88 所示。

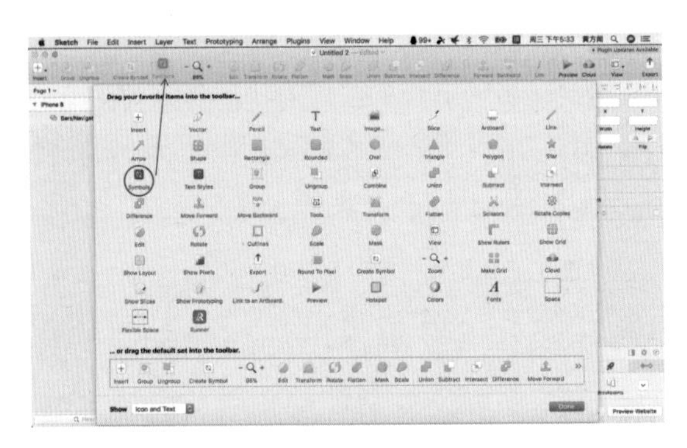

图 2-88

工具端的准备工作就完成了。因为在软件内置的 iOS 等设计规范会随着软件版本的更新自动同步更新到最新的设计规范，所以每次 iOS 等系统发布新的版本后，大家可以更新一下 Sketch 等工具。

2.5.4 原型设计实例

下面以一款产品的“注册 / 登录”功能为例，为大家讲解应该如何思考与设计原型。虽然“注册 / 登录”功能只是一个“小功能”，但是希望通过这个实例的讲解，能让大家感受到交互设计在实际工作中需要思考的广度与深度。

1. 需求分析

设计“注册 / 登录”功能的原型，首先需要思考的是注册和登录分别需要用户的什么信息。

从理论上讲，能获取到用户的信息越多越有利，但是如果需要获取的用户信息过多，又会导致用户反感。用户每多点击一次，都可能会造成用户流失和转化率的降低。

一个功能是否需要得看丢失了这个功能之后流程是否可行，信息也是这样。分析发现，需要“注册 / 登录”功能的主要原因是，需要获取用户的唯一身份以识别该用户。比如用户在产品中下单、添加收藏等，很多朋友可能会想这类功能可以做成本地缓存或者与用户的设备码相绑定即可，但这样做的一个后果是，当用户更换设备或者卸载产品后，这个信息就丢失了。另外更重要的一点是，还需要用户的实名认证。

用户的手机号是唯一的，同时也是最好的选择。

接下来再来思考是否需要在注册登录界面增加第三方登录的功能，现在很多产品都会增加这类功能，如图 2-89 所示。

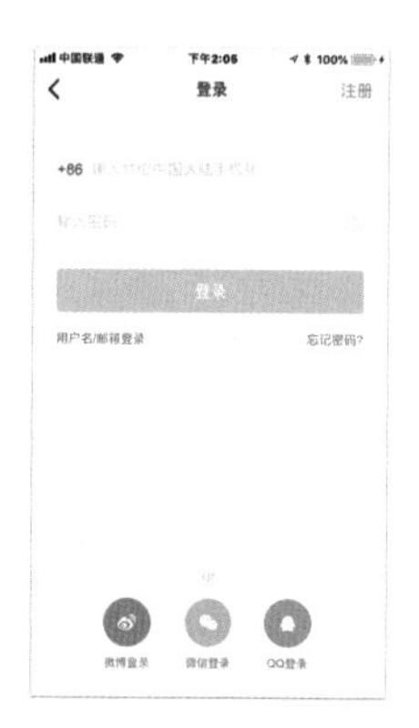

图 2-89

从实名制认证、未来用户精准识别和运营的角度看，用户的手机号是必须要获取的信息，就算使用了第三方登录，依然还是需要验证手机号。既然始终都需要验证手机号，还不如把第三方登录的功能去掉，让用户直接使用手机号进行注册。

再分析业务流程发现其他个人信息，如性别、年龄等，如果这类信息对于主流程没有什么影响，就不需要用户填写，这样可以尽量缩短注册登录的流程。

最终得出的结论：对于“注册 / 登录”功能的需求就是，通过该功能能让用户通过手机号完成注册或登录，同时让该流程尽可能缩短。

以上就是一次简单的需求分析，在实际工作中还会有非常多的事情要做，另外每个产品都有其特征，以上的分析也并不是唯一的标准。关于第三方登录还有一点需要说明，虽然使用第三方登录后还是要求用户验证手机号，但是很多产品依然保留了这个功能，这是因为使用第三方登录通过用户授权，实际上可以多获取用户的第三方信息，如使用微信登录可以获取用户的微信头像和微信名。另外，当用户完成注册后，下一次可以直接使用第三方登录，可以避免输入账号密码等信息的情况。因此，某个功能需求是否需要，还是要结合产品的实际情况考虑。

2. 信息架构梳理

在产品需求分析完成后，就需要针对这些需求梳理出信息架构。从理论上讲，对于单个功能，并不存在所谓的信息架构梳理问题，不过依然可以借助思维导图整理各状态下需要的内容，如图 2-90 所示。

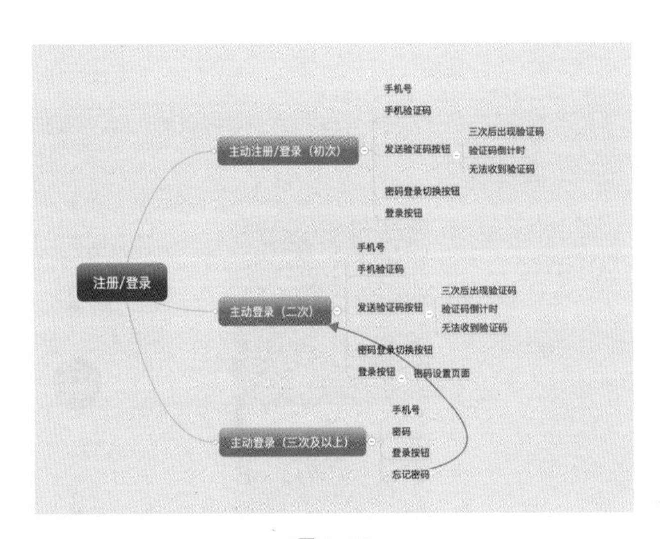

图 2-90

在原型设计时借助于上面的思维导图，可以使内容更加明确，不会在后面出现这个功能缺失、那个功能不见了的尴尬情况，并且避免了需要返工造成资源浪费的问题。

3. 流程梳理

在梳理清楚“注册 / 登录”功能的需求和架构后，还需要确认用户在使用该功能时的流程。

这个功能的需求是获取用户的手机号并希望流程最短，那么用户只输入手机号和验证码就是最短流程了，于是可以绘制出流程图，如图 2-91 所示。

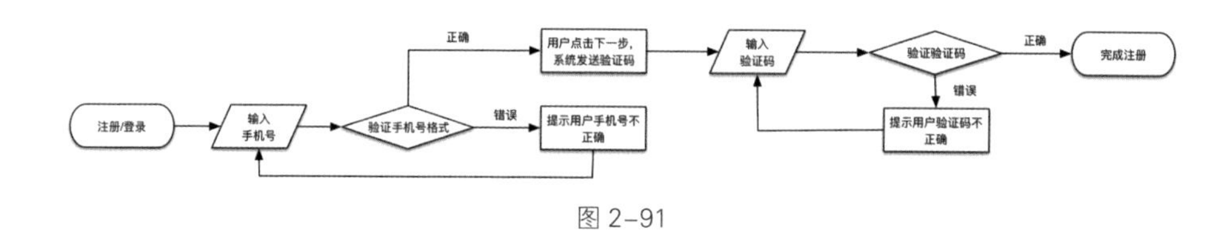

图 2-91

除了上面的流程，其实还有非常多的情况需要考虑，比如下面的这些问题。

第 1 点：假设这是一个已经上线很久的成熟产品，现在只是优化注册登录流程，如果老用户已经有账号和密码，登录界面是否需要保留账号密码输入？

第 2 点：因为某些原因，用户始终无法收到验证码该如何解决？

第 3 点：是否需要考虑成本？因为每一次验证码的发送都涉及成本问题，如果用户量巨大，这个成本也是一笔不小的开销。

……

经过多方面思考，最终决定根据不同的情况走不同的流程。另外，在实际产品使用中，用户的注册登录行为也包括主动行为和被动行为。所谓主动行为就是用户自发地进入注册 / 登录页面选择注册或登录账号；而被动行为就是用户的某一步操作触发注册登录功能，如一个未登录的用户点击购买商品，系统需要获取用户的信息才允许其进入下一步。

最终决定分成以下几种情况。

主动注册 / 登录：输入手机号、验证码，注册 / 登录。

主动登录：输入手机号、密码，登录。

被动注册 / 登录（首次）：输入手机号、验证码，注册 / 登录。

被动登录（二次）：输入手机号、验证码，登录，要求用户设置密码。

被动登录（三次及以上）：输入手机号、密码，登录。

可以发现，在流程中增加了密码这一选项。相对于验证码，虽然密码被认为是更为麻烦的一种注册登录方式，但是对于企业来说，用户使用密码登录是零成本，而用户使用验证码登录是需要成本的。假设一款产品每天使用注册登录功能的用户有 300 万人，每条短信验证码的发送成本是 4 分钱，那么企业每天仅注册登录的成本就高于 12 万元。

但是，企业又不能因为出于成本考虑就强制用户使用密码注册，更何况要获取用户的手机号，所以短信验证这一步是不能省略的。由此最终决定等用户第二次需要登录时，提示用户设置密码，而后续的登录中，要求用户使用密码进行登录。当然这一步并不会强制用户只能用密码进行登录，在软件设计时也需要考虑两种登录方式的切换入口。

实际上对于移动产品，很少有用户不停地登录、退出、再登录，因此上面的思考算是一种对于低频需求的深入思考。如果每一个细节功能都能做到如此深入的思考，产品的体验又怎么会不好呢？另外，上面只提到了多次被动登录的情况，实际上多次主动登录的情况也同样适用。

4. 原型设计

一切准备工作做好后就可以开始原型设计了。因为篇幅限制，这里只进行两个界面最核心的原型设计，大家可以自行完善后续的界面内容。两个界面如图 2-92 所示。

图 2-92

可能很多朋友会有疑问，前面不是讲过为了避免给 UI 设计师造成干扰，原型设计最好是单色的，但是这里为什么会有颜色呢？主要有两个原因：一个原因是如果这个产品已经有确定的产品主色，使用该颜色是可行的；另一个更重要的原因是，这里使用颜色是为了便于讲解后面关于交互状态的内容。

下面为大家讲解如何在 Sketch 中设计出这两个界面。

（1）新建一个 Sketch 文档，并按command+S组合键将其保存。然后根据思维导图中的分类，单击左上角 Pages（页面）右侧的“+”添加多个页面，并根据分类进行命名，如图 2-93 所示。

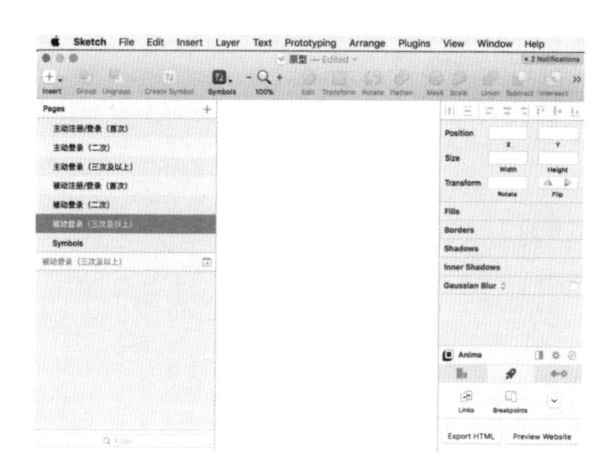

图 2-93

（2）选择需要进行设计的页面，然后按快捷键 A 在画布中创建一个 iPhone 8 屏幕尺寸大小的画板，并对其重命名。接着激活 Symbols（符号）工具，并选择软件内置的 iOS 组件，添加一个顶部的标题栏和状态栏到画布中，如图 2-94 所示。

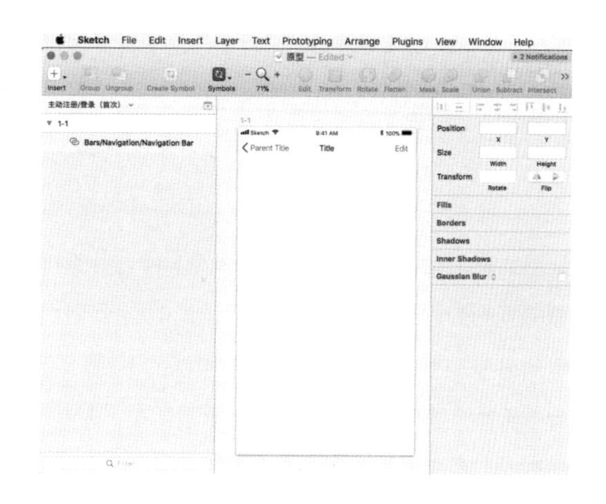

图 2-94

提示

一般情况下原型是由多个界面组成的，为了不产生困扰最好有一个命名规范，比如采用 A-B 的方式进行命名，其中 A 表示步骤，B 表示 A 步骤中的第几种情况。1-1 表示第 1 步中的第 1 种情况，1-2 表示第 1 步中的第 2 种情况，2-1 表示第 2 步中的第 1 种情况。

（3）单击图层列表中的符号图层，然后在右侧的检查器中可以直接替换符号中的文本。将状态栏中的 Sketch 文本替换为“全栈设计”，将标题栏左侧的文本用空格替代，将右侧的 Edit 变更为“密码登录”，将标题 Title 替换为“手机号验证登录”，如图 2-95 所示。

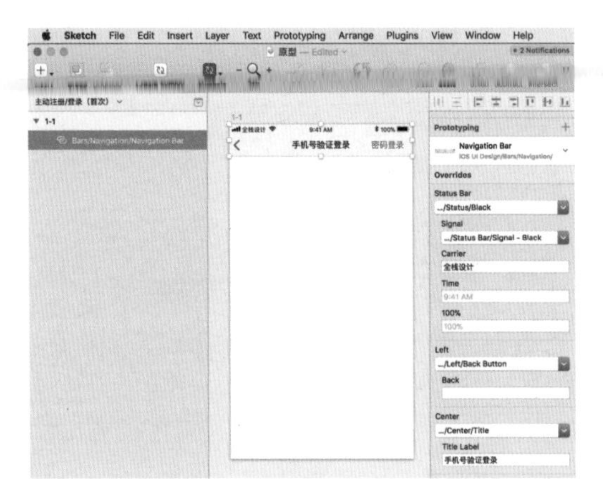

图 2-95

提示

如果对符号的样式和颜色不满意，可以不断地在画布中双击符号图层修改样式。因为本案例是原型设计，所以如非必要可以不做调整。

（4）接下来是图标的设置。对于原型中的图标，建议直接从图标网站上下载使用即可，推荐大家使用阿里巴巴矢量图标库 Iconfont 网站中的图标。打开该网站，在搜索框中搜索所需图标的关键词，如“短信”，这时候会出现大量的图标，在所需的图标上悬停鼠标指针后，单击第 3 个下载图标会弹出对应图标的下载对话框，选择所需的图标格式按钮，即可把图标下载下来。为了便于大家后期的调整和修改，建议大家选择“SVG 下载”获取 SVG 格式的图标，如图 2-96 所示。

图 2-96

（5）将下载的图标拖入 Sketch 画板中，然后单击顶部的 Scale（缩放）工具调整图标的尺寸，如图 2-97 所示。

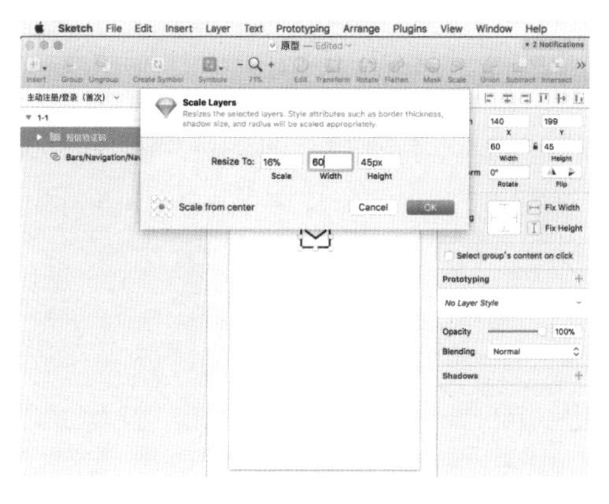

图 2-97

提示

在 Sketch 中所有的属性输入框都可以进行简单的加减乘除运算。之所以使用缩放工具没有直接调整其尺寸是因为使用缩放工具时，图标的线条粗细和圆角半径都会等比缩放，这样更符合视觉需求。

（6）可以看到 SVG 格式的图标导入后会默认为图层组，按住 command 键并在画布中单击图标可以直接选取画板上的图层，选中图层后单击右侧检查器的“Fill（填充）”色块，即可修改填充颜色，如图 2-98 所示。

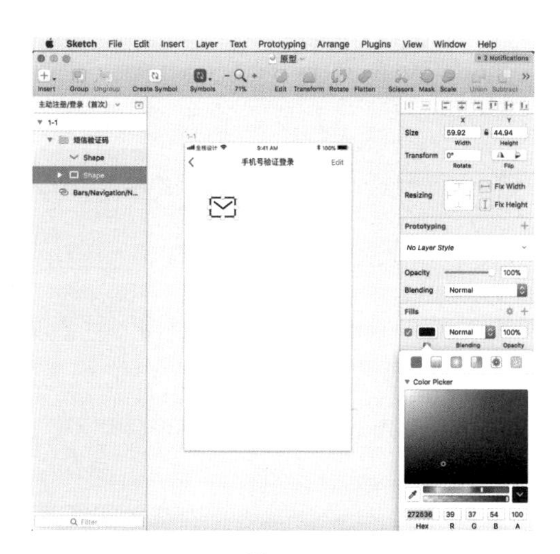

图 2-98

接下来使用快捷键 T 可以创建文本，使用快捷键 R 可以创建圆角矩形，使用快捷键 L 可以创建线条，使用快捷键 O 可以创建椭圆等。其他形状可以通过单击工具栏中的 Insert（插入）工具添加。在 Sketch 中大家可以看到，基本的操作流程就是创建图层和调整图层。要调整图层只需要选中图层，然后在右侧的检查器中进行属性的设置即可，因篇幅限制，不展开讲述。

大家可以根据所学的方法完成后续的原型界面设计，本节主要是希望通过这个案例为大家提供思路：在进行原型设计的时候，可以尽可能多地参考和利用现有的设计规范，并利用软件的特性来提升自己的设计效率。

5. 交互原型

下面是一个静态原型的设计，用于展示界面上的内容。原型除了有讲清楚每个页面中有什么内容的作用，还有另一个作用就是展示各种情况下的效果，如图 2-99 所示。

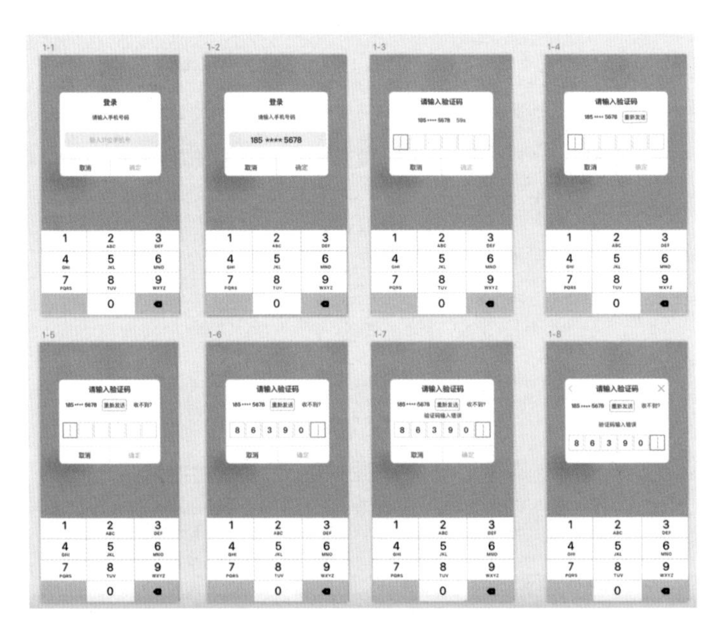

图 2-99

图 2-99 中的原型都是基于第 1 个界面衍生的，虽然第 1 个界面展示了登录框需要弹出的内容，但是并没有展示出更多的细节，这样的一个界面需要后面 7 个界面甚至更多界面才能说明交互逻辑。上述的逻辑通过后面几个界面的展示就很清楚地展现了以下内容。

第 1 个界面：用户未输入手机号码时的默认提示。

第 2 个界面：用户输入手机号码时，输入框文字的加重效果和按钮状态的变化。

第 3 个界面：点击确定后进入验证码输入界面。

第 4 个界面：未收到验证码的按钮放置位置。

第 5 个界面：多次未收到验证码出现“收不到？”的提示。

第 6 个界面：用户输入验证码后的效果。

第 7 个界面：验证码错误时的效果。

有读者可能会对上图中的第 8 个界面有疑问，其实这个界面是故意放在这里的。仔细观察可以发现，第 8 个界面与第 7 个界面上的内容基本相同，区别在于弹窗下方是否有按钮。

在前面讲到好的用户体验应该尽量缩短用户的点击次数，第 8 个界面中没有按钮，这意味着当用户输入完验证码后，系统会自动执行确定行为，可以减少用户的一次点击。要做到这一点，要求验证码的位数是固定的，比如所有的验证码都是 6 位数的数字。虽然这样做很好，但是还需要思考这样一个问题：当用户输入的验证码错误时，错误的验证码是全部清除还是保留？其实，这并没有唯一的答案，而是取决于设计师的决定以及用户的习惯。

另外，上面的原型也还有非常多的缺失页面，比如是否需要对手机号进行判断？当用户输入的手机号码位数不正确时，确定按钮是否可以点击？对于手机号错误的情况，输入框是否需要红色提醒？这些都是需要考虑的。对于每一个界面，是否给用户明确的返回退出提示？是否考虑了产品的容错性？还有里面文字的细节处理，比如手机号是直接显示 ××××××××××× 还是显示成 ×××-××××-××××？这些问题同样也没有唯一的答案，需要大家根据产品的实际情况进行思考后才能得出，并且应该是多次尝试后得出来的。

如果交互原型是一个流程中的页面，可以用箭头将其连接起来，界面下方也可以使用文字进行说明。例如，手机验证码多久可以重新发送，多少次重新发送后出现“收不到？”的提示等。

总之，希望大家通过对本节内容的学习，能理解到原型设计最重要的是思维，这样的思维需要无数的练习，并且是在解决各种问题的过程中慢慢培养起来的。在实际产品的研发流程中，不要把原型设计当成很简单的事情忽略掉，也同样不要把原型设计想得太难而不敢去尝试。

在设计原型的过程中，把自己当成最专业的人士去思考；而在检验原型的过程中，把自己当成最普通的用户去体验。

2.6 交互设计的其他补充内容

交互设计是相对偏思维的一门学科，前面介绍了交互设计的基本概念、用户调研、信息架构、流程图和原型等内容。本节将对前面没有提到的一些内容进行补充，希望能帮大家完善整个思维框架。

2.6.1 用户行为与用户心理

对用户行为和用户心理的研究和把控，是交互设计师非常重要的技能之一。有关用户行为和用户心理的研究，能深入的内容实在太多，本节将以最简单的方式讲述相关内容，如果大家有兴趣可以进行深入研究。

1. 目的

首先需要明白的是，用户的任何行为都是有目的的，那么设计也应该是有目的的。

设计师在进行任何产品设计的时候，其实都要思考两个目的：一是设计师的目的（或公司层面的目的），二是用户的目的。这两个目的很多时候并不是一致的，而高水平的交互设计师却能很容易地让两个目的达成一致。

这是什么意思呢？图 2-100 所示的 3 个电商产品界面，从左到右分别是天猫、网易严选和小米有品。深入研究这些产品的流程会发现，几乎所有的电商产品的主流程都是一致的：从商品列表进入商品详情，然后点击购买、填写收货信息、付款、查看订单状态、发货、确认收货和完成等。

图 2-100

用户的目的就是能以最快、最简单的方式买到自己想要的产品，他们希望所有同类产品的流程都完全相同，这样他们就没有任何的学习成本。但对于交互设计师或者整个研发团队来说，如果把产品做得跟竞品完全一样，可能就无法体现出自己的价值以及该产品本身的特性。上述3个产品还是很容易让人分辨出他们之间的区别，这就是交互的价值所在。交互设计师需要清楚产品的运作逻辑，选择用户学习成本最低的方式实现用户的目的，同时平衡自己的目的。

2. 交互方式

互联网产品用户主要通过两种方式进行交互——鼠标和手指。这两种交互方式有着非常大的不同，针对这两种方式设计出来的产品界面也会完全不同，如图 2-101 所示。

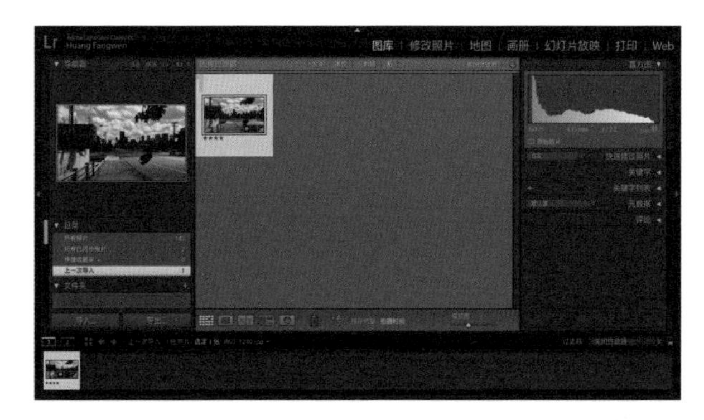

图 2-101

同样是 Lightroom 这款软件，图 2-101 左侧是针对鼠标操作设计的界面，右侧是针对手指操作设计的界面，两者之间有差别并不仅仅是因为屏幕大小不同，还因为鼠标和手指的交互方式不同，主要从 5 个方面对比，如表 2-3 所示。

表 2-3

对比项	鼠标	手指
精确度	高	低
状态	默认、悬浮、单击、单击后	默认、点击、点击后
多状态	快捷菜单	不同手势可以有不同功能
显示	有图标	无图标
设置	需要设置	无须设置

精确度对比

因为使用鼠标可以很精准地单击界面上的内容，所以软件界面上会有很多的菜单，并且不用担心这些菜单之间相互干扰。虽然 Word 桌面版的界面上菜单和选项非常密集，但是很少有用户反馈菜单太密集而导致选错，相反，菜单都集中在一起更能提升工作效率，如图 2-102 所示。

图 2-102

而手指操作的准确度是非常有限的，UI 设计领域提出了 40px（pixel，像素）最小尺寸概念，即每一个可点击区域都不要小于 40px，否则就可能让用户难以点击到。如果直接将 Word 桌面版的菜单布局移植到移动版上，会产生非常严重的后果。实际上在 iOS 和安卓系统出来之前，Windows Mobile 系统曾占据了移动智能系统很大的市场份额，在图 2-103 中可以看到，界面中所有的选项都非常密集，用户需要使用触控笔才能点击到，体验非常糟糕。虽然现在触控笔又在一些设备上重新出现了，但这是针对专业人士研发的，如绘画、记笔记等，这与所有操作都需要使用触控笔来进行有着本质区别。

图 2-103

同样是 Word 应用，移动版的整个菜单都针对手指操作进行了优化，如图 2-104 所示。

图 2–104

状态对比

相对于用手指操作，用鼠标操作会多一种悬停状态，在设计使用鼠标操作的界面时，需要思考鼠标指针悬停的效果，如图 2–105 所示。

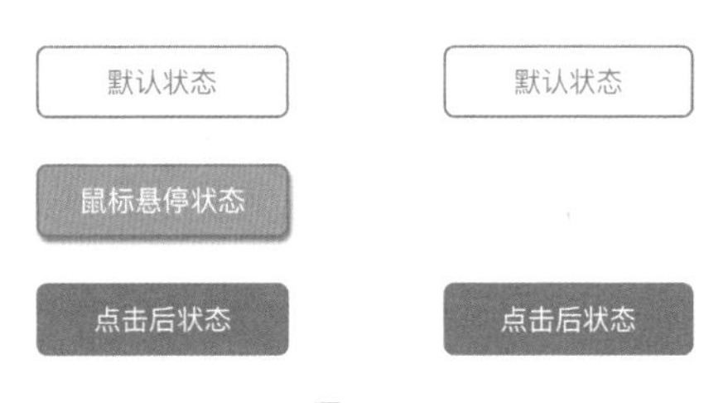

图 2–105

多状态对比

除了简单的单击和双击，使用鼠标还可以进行右击，一般会把一些快捷菜单或者一些隐藏菜单通过右击的方式调出，如图 2–106 所示。如果有相关需求，可以考虑右击的交互方式。

图 2–106

手指操作则有多种手势，如图 2-107 所示。需要注意的是，有一些手势是约定俗成的，不要轻易地改变这些手势所代表的功能，比如下拉刷新、滑动删除等。同时，最好不要和系统默认的手势产生功能上的冲突，还要注意每增加一种手势，对新用户的引导。

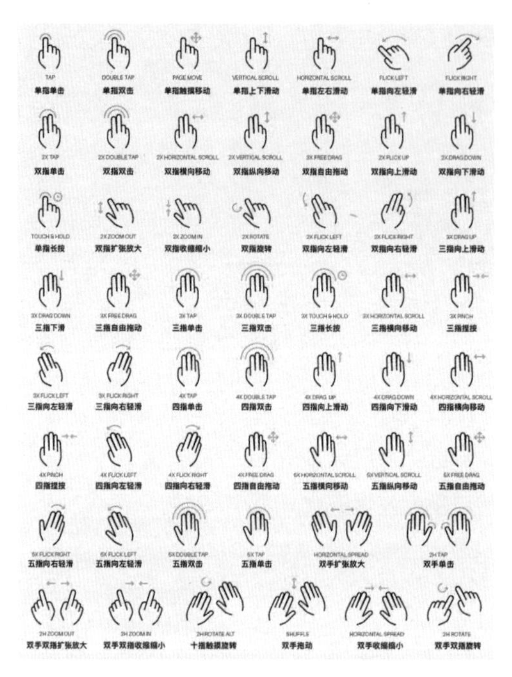

图 2-107

显示对比

鼠标都是有指针的，并且鼠标指针在不同的状态下有不同的形状，如图 2-108 所示。如果设计的产品是使用鼠标进行操作，可以充分考虑指针的不同状态，这样能很好地提升用户体验。

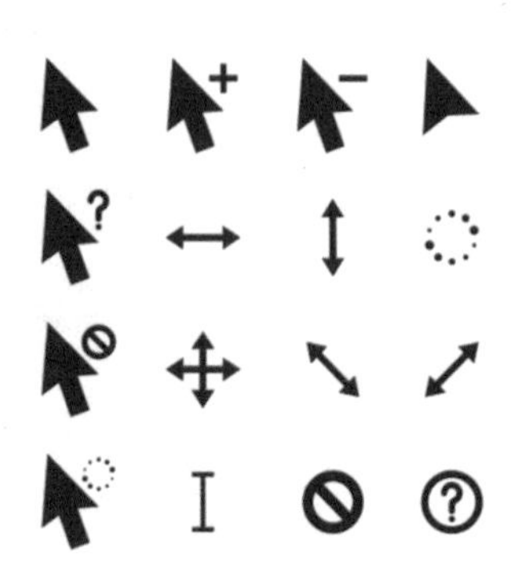

图 2-108

设置对比

鼠标的操作是间接的，这意味着每个人能适应的速度和反应都不太相同。一般系统会提供鼠标设置功能。如果设计的产品是沉浸式的，如全屏游戏等，最好能对用手指操作提供相应的设置功能，以便让所有的用户都能在最好的体验下使用产品，如图 2-109 所示。

图 2-109

3. 反馈和机制

反馈是交互设计中非常重要的内容，需要重点考虑。产品对用户的任何行为都应该给予反馈，无论是点击按钮、滑动界面，还是删除某个内容等，产品都应该给予反馈。

图 2-110 所示是不同产品在面对用户行为时给予的反馈，这已经超出了简单地点击按钮后按钮状态的变化等反馈，而是用户摇晃手机和截图后的反馈。前面已经讲过，用户的任何行为都是有目的的，当产品对用户的某个行为没有对应的处理方式的时候，为用户进行一些问题的预判，将会提升用户体验。

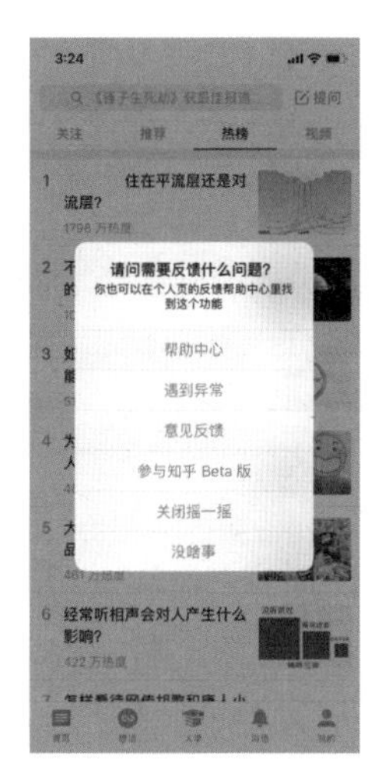

图 2-110

除了视觉方面的反馈，还有两个不可忽视的地方就是震动（触觉）和声音（听觉）的反馈。比如大家非常熟悉的微信“摇一摇”功能，当用户摇晃手机的时候，会出现特定的声音提示，当匹配到用户的时候，会有震动提示，如图 2-111 所示。

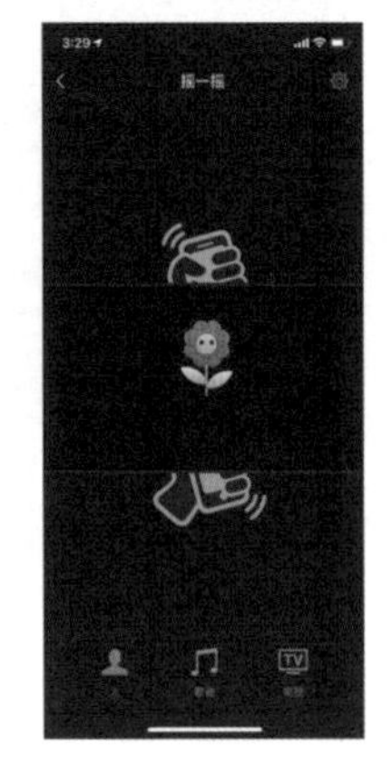

图 2-111

机制同样也是产品设计中需要认真考虑的事情，尤其是在促进用户某种行为时，比如促进用户的分享、购买等行为。产品经常会通过推送、弹窗和分享奖励等方式刺激用户产生某些行为，而推送的内容、弹窗的设计以及分享机制等都是值得花心思认真设计的内容，如图 2-112 所示。

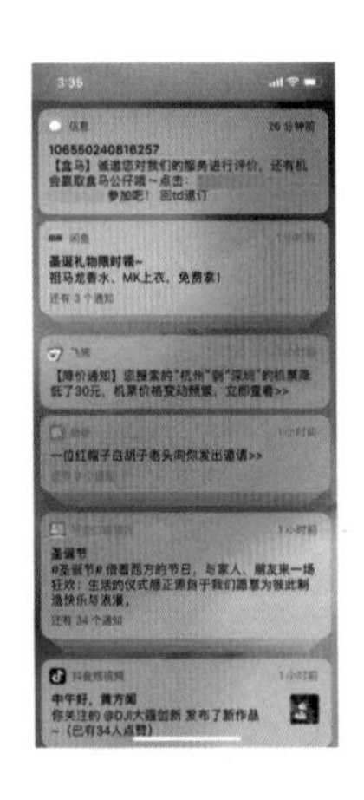

图 2-112

相信未来在提升用户黏性上，会有越来越多的产品通过技术的方式做到“千人千面”。例如，每个用户进入淘宝时看到的 banner（横幅广告）都是他曾经搜索过的产品图片，知乎和抖音等产品会随着用户使用产品的时间越来越长，推送越能匹配用户兴趣的内容等，而要做到这些就需要各部门一起合作。

2.6.2 尼尔森十大可用性原则

另外一个需要补充的内容是交互界知名的“尼尔森十大可用性原则”，或者称之为“尼尔森十大交互原则”。这是尼尔森（Jakob Nielsen）博士于 1995 年提出的非常经典的十大准则，虽然距今已经有 20 多年，但是依然十分具有参考价值。

1. 系统状态可见原则

“系统应该让用户知道发生了什么，并在适当的时间内做出适当的反馈。”

简而言之就是用户在产品上的任何操作，系统都应该给予实时的反馈。比如在产品中，无论是用户的选择操作，还是传输的进度，或者是连接的状态等，都应该实时做出反馈，如图 2-113 所示。

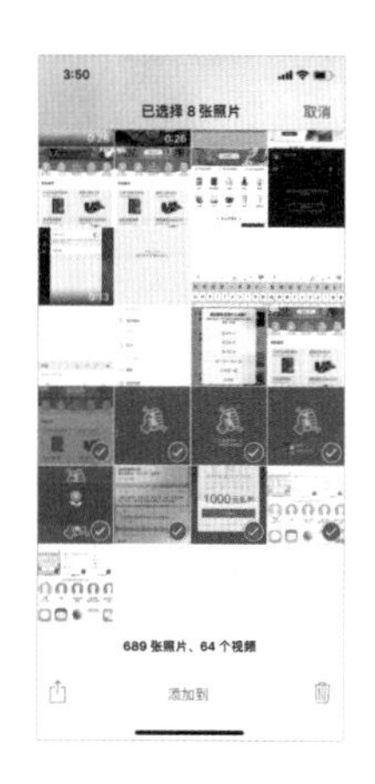

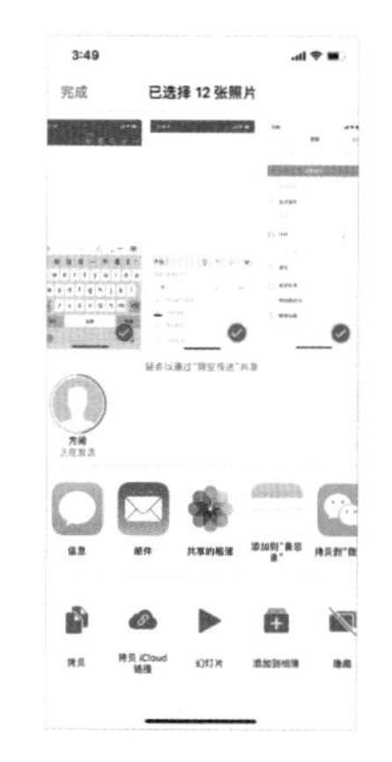

图 2-113

2. 匹配系统与真实世界（环境贴切）原则

“系统语言应使用用户熟悉的语言和概念，尽量避免使用系统术语，并且还要遵循真实世界的使用习惯。”

简而言之就是要使用目标用户看得懂和听得懂的图标、语言等，同时产品的使用流程应该和真实世界（线下）的流程相符。

iOS 系统中的图标都是模拟的真实物体的形状，天气界面的背景也是模拟的真实自然天气，计算器和指南针图标也都和用户使用的真实物品相似，如图 2-114 所示。

图 2-114

环境贴切原则不仅适用于界面的视觉效果，还适用于目标用户的行为习惯。很多国外产品在进入中国市场后，都针对中国用户的行为习惯进行了“本地化”，而非简单地将系统菜单翻译成中文。国内的很多产品在走向国际市场时，也针对当地的用户行为习惯进行了优化。

3. 用户自由可控原则

“用户经常会在使用功能的时候发生误操作，需要明确告知用户如何从误操作中退出来，同时要支持用户进行撤销和重做”。

这个原则比较容易理解，目前大部分软件都有着较好的回退机制和允许用户进行撤销或重做的操作，如图 2-115 所示。

图 2-115

4. 一致性原则

“同一产品内，产品的信息架构、功能名称、视觉呈现、交互方式等应保持一致，遵循通用的平台惯例”。

一致性原则是交互设计中很基础的一个原则，这里的一致包括产品内部的一致，即让用户感受到这个产品中每个界面都隶属于这个产品，有着相同的视觉规范、交互逻辑，相同的功能有着完全相同的命名方式和图标等。另外，一致还包括产品与所在系统的一致。例如，在 iOS 系统上运行的 App 应符合《iOS 人机交互指南》规范。

在图 2-116 中，相同 App 在不同的产品详情界面中功能按钮和界面结构保持一致，App 中的设置功能开关与 iOS 系统本身的功能开关交互方式和视觉效果一致等。

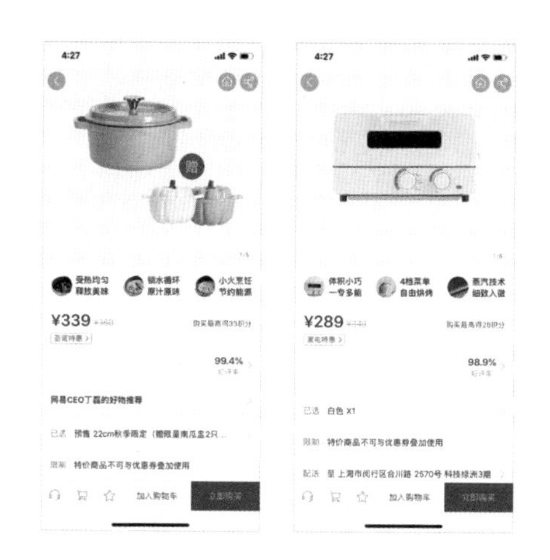

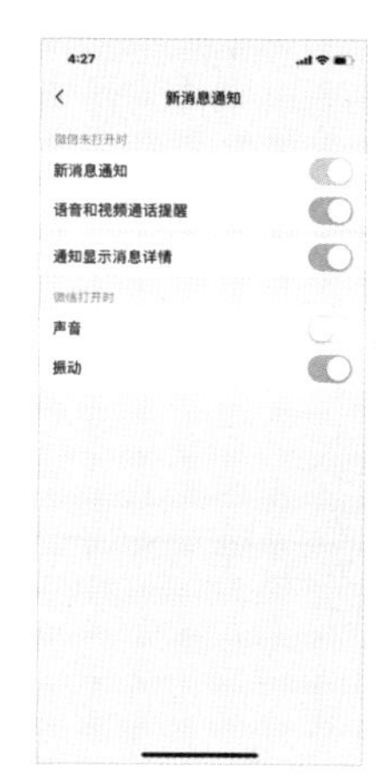

图 2-116

5. 防错原则

“比出现错误信息提示更好的是更用心的设计，防止这类问题发生。”

防错能力的高低，往往是一个交互设计师水平高低的体现。例如，当用户想要删除某个 App 时，弹出确认对话框防止用户误删；当用户发送微博时，在输入内容前发送按钮为灰色不可点击，防止用户发出空白信息等，如图 2-117 所示。

图 2-117

6. 易取原则

“降低用户的记忆负担，在适合的时机给用户需要获取的信息。”

很多时候，产品需要多个步骤才能完成某个流程，可能这些步骤不会在一个界面上完成。这时应尽量避免让用户记住他之前做过什么，如果有必要，可以直接显示在当前的界面上。

例如，当用户发送朋友圈时，直接显示他选中的图片内容，而非简单地显示选择了几张图；当用户搜索的时候显示历史搜索记录；当用户需要支付购票费用的时候，显示用户订购车票的信息帮助用户确认等，如图 2-118 所示。

图 2-118

7. 灵活高效原则

“系统需要满足新老用户，中级用户的数量远高于初级和高级用户数量，为大多数用户设计，不要低估和轻视用户的学习能力，保持产品的灵活高效。”

从产品的整个生命周期看，中级用户应该是占大多数的，产品设计需要考虑绝大部分用户的使用习惯，保持产品的灵活高效。在图 2-119 中可以看到，对于一些提醒，允许用户选择是否再次提示；允许用户自行定义常用的应用；允许用户执行批量操作等。

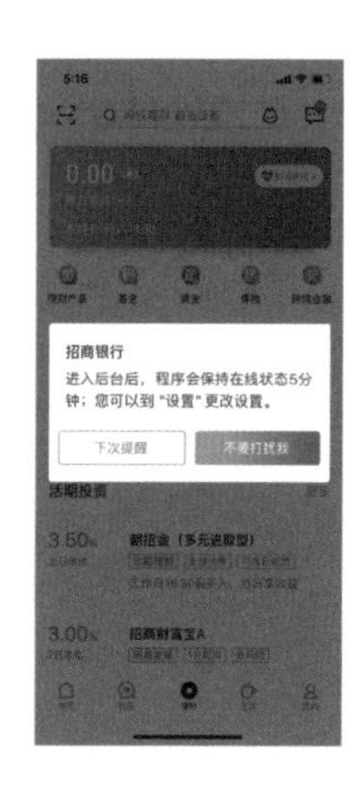

图 2-119

8. 优美且简约（易扫）原则

“突出界面中的重点信息，弱化和剔除无关信息。”

互联网产品的绝大部分用户，尤其是中级及以上的互联网用户，每天浏览信息时一般都是“扫读”，这意味着他们不会很认真地看每一个字，因此界面设计应该清晰明了地显示信息，同时尽量减少其他内容的干扰。

例如，目前有越来越多的产品开始使用“大标题”设计风格，用户能很清晰地看到这个界面中的关键词；有的产品开始使用浅色调设计，尽量减少对内容的视觉干扰；越来越多的产品注意文字和图片的排版和匹配，让用户拥有高效的阅读体验等，如图 2-120 所示。

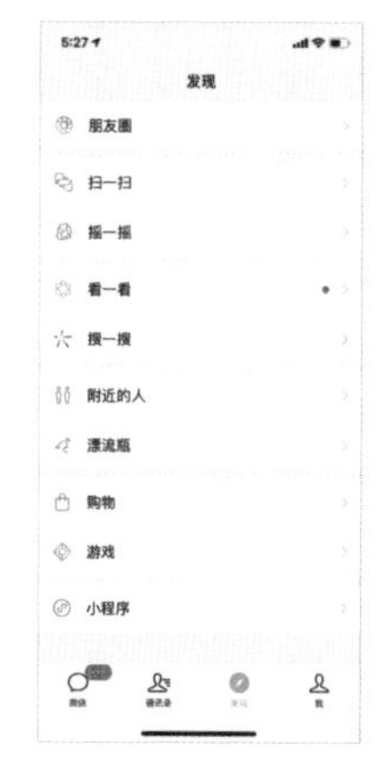

图 2-120

9. 帮助用户识别、诊断并从错误中恢复（容错）原则

“帮助用户从错误中恢复，将损失降到最低，如果无法自动恢复，则提供详尽的说明文字和指导方向，而非简单的代码。”

简单来说就是可以实时反馈，避免用户操作错误，同时对于已经出现的错误，告知用户该如何处理。

例如，当用户的计算机没有接入网络而访问网站时，Chrome 浏览器会提示用户并告知解决办法，如图 2-121 所示。

未连接到互联网
请试试以下办法：
• 检查网线、调制解调器和路由器
• 重新连接到 Wi-Fi 网络
ERR_INTERNET_DISCONNECTED

图 2-121

10. 提供帮助文档原则

“如果不需要提供帮助文档是最好的，但在必要情况下还是需要提供，并且内容应该便于检索。”

这就是说针对新用户，最好的体验就是无须新手引导，用户能直接上手。在必要情况下先是一次性提示，然后是常驻性提示，最后才是帮助文档。需要注意的是，并不是说帮助文档是不好的，也并不是说帮助文档是任何产品都必需的，而是要在必要的时候提供帮助文档。

一些工具型产品往往需要提供帮助文档，并且提供的帮助文档应该方便搜索。图 2-122 所示是 Word 提供的帮助界面，默认会有常见问题的解答，同时还提供搜索功能允许用户直接通过搜索关键词快速获取帮助。

图 2-122

以上便是对交互设计所做的一些补充。大家可以发现，交互设计始终围绕着效率、用户、体验、流程、同理心等角度展开。在实际工作中，设计师可能会面临各种各样的问题和各种完全不同的用户，要做好交互设计，笔者一直以来的观点是从心出发，用爱打造极致的产品。深入理解行业、需求、用户，带着爱去设计，然后创造微笑价值，这样自然会做出十分优秀的交互设计。

03

第 3 章 带着思想去做好视觉设计

3.1 为当下做 UI 设计

扁平风格设计自从 iOS 7 推出以来开始变得非常流行，并且同样是扁平风格，每年也在发生变化。与此同时手机屏幕也在不断变大，且屏幕与屏幕的长宽比种类也在不断变多。UI 设计师在设计界面的时候再也不能想着对每个屏幕尺寸都设计一版界面出来，而是需要考虑界面的自适应问题。

相对于过去的完全扁平设计，最近的扁平设计风格中又融入了更多的细节，比如渐变、投影等。当下的 UI 设计中，是否有一个设计的基准可供参考？如何判断当前的设计趋势？如何选择产品的设计风格？这些是本节重点讨论的问题。

3.1.1 UI 设计风格的变化

2018 年 6 月 4 日，苹果公司在全球开发者大会上发布了 iOS 12，在 iOS 12 中可以看到 FaceTime 支持群组聊天，群视频聊天的界面如图 3-1 所示。

图 3-1

对于这样的界面，可能很多设计师第一眼看到比较难以接受，这看上去分明就跟没有设计过一样，或者是缺乏所谓的“设计感”。笔者个人将这样的界面定义为“无界面设计”的界面。

实际上，这个界面很好地体现了苹果公司对于 UI 设计趋势的态度：更加推崇“内容为王”的设计风格，即内容本身就是界面。与此同时内容也更加智能和自动化，比如在图 3-1 所示的界面中，正在说话的人的头像会自动放大。

微信在之前也做了一个较大的改版，将朋友圈上方的标题栏变为透明的，当用户点击链接进入某个页面时，顶部的标题栏会变成浅灰色，并且当用户滑动屏幕的时候标题栏还会缩至最小。这样的改变可以让界面内容更加纯净，进一步减少视觉干扰，如图 3-2 所示。

图 3-2

iOS 系统上视觉风格相对比较具有代表性的版本是 iOS 6、iOS 7 和 iOS 11，分别应用在 iPhone 4s、iPhone 5 和 iPhone 8/8Plus/X 上面。图 3-3 所示是苹果公司官网上 3 个机型的屏幕尺寸对比（iPhone 5 的屏幕尺寸和 iPhone SE 相同，iPhone 4s 已经停产，信息无法列出，iPhone 4s 的屏幕尺寸为 640 px × 960 px）。

iPhone X	iPhone 8 Plus	iPhone SE
超视网膜高清显示屏	视网膜高清显示屏	视网膜显示屏
5.8 英寸 (对角线) OLED 全面屏 多点触控显示屏[2]	5.5 英寸 (对角线) LCD 宽屏 多点触控显示屏，采用 IPS 技术	4 英寸 (对角线) LCD 宽屏 多点触控显示屏，采用 IPS 技术
HDR 显示	—	—
2436 x 1125 像素分辨率，458 ppi	1920 x 1080 像素分辨率，401 ppi	1136 x 640 像素分辨率，326 ppi
1,000,000:1 对比度 (标准)	1300:1 对比度 (标准)	800:1 对比度 (标准)
原彩显示	原彩显示	—
广色域显示 (P3)	广色域显示 (P3)	全 sRGB 标准
三维触控	三维触控	—
625 cd/m2 最大亮度 (标准)	625 cd/m2 最大亮度 (标准)	500 cd/m2 最大亮度 (标准)

图 3-3

这意味着硬件本身也对设计风格产生了一定的影响。因此，设计师在思考设计风格为什么在变的时候，只需要问一个问题：把过去的设计放在当前是否习惯？答案基本上都是不习惯。

设计风格会变，并非视觉美丑的问题，而是设计需要符合当下的环境。

3.1.2 大标题设计风格

从 iOS 11 以后，iOS 系统的 UI 设计风格与其说是“大标题”设计，笔者更愿意称之为回归初心的设计。现在移动设备的 UI 设计，不再像以前的 UI 设计那样讲究“寸土寸金”，大标题设计无处不在，并且这样的设计最开始并不局限于移动 UI 本身，而是移动端、平板甚至是桌面网站等都开始采用类似的设计风格，如图 3-4 所示。

图 3-4

更大的标题，更注重图文的排版，通过文字的对比来表现内容的分组和轻重层级等，现在的 UI 设计越来越像是为一本精美的杂志进行排版，这一点在 iPad 的应用里体现得淋漓尽致。图 3-5 所示是苹果公司官方的新闻应用界面。

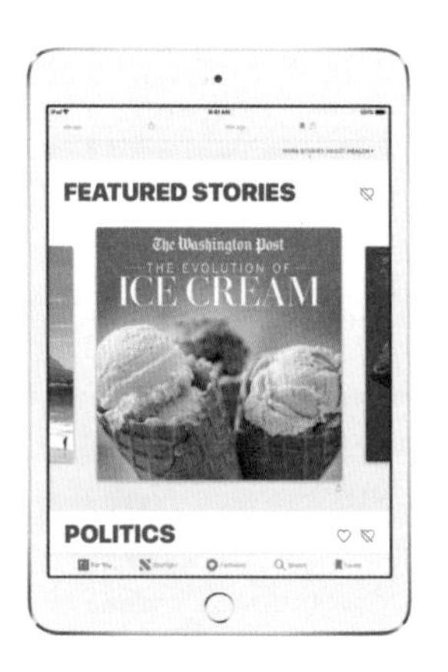

图 3-5

采用大标题设计风格，一方面是硬件发展的需要，比如现在的手机屏幕越来越大，可展示内容的区域也越来越多；另外一方面是为了更好地提升页面的可读性，产品的用户可能涵盖各个年龄层，要让这些用户都能清晰阅读产品中的内容就显得格外重要。

3.1.3 卡片设计风格

早期手机屏幕比较小，并不适合使用卡片设计风格。因为卡片本身是有尺寸的，使用卡片设计风格会进一步压缩手机屏幕的可视区域。随着屏幕的增大和屏幕尺寸种类的增多，卡片设计风格的优势逐渐被体现出来，在响应式设计上的体现尤为突出。

卡片设计风格的作用是可以很容易地把阅读者的目光聚焦在某一内容上，并且内容与内容之间的区分非常明确。卡片设计风格和列表设计风格一样，正在被越来越多地应用到各个设计内容上，并已经成为一种非常基础且经典的设计风格。

相对于列表设计，卡片设计本身也可以更方便地通过一些效果来体现当前的状态，如选中的卡片可以在视觉上进行放大，通过投影的改变在视觉上显示不同卡片之间的高度和层级等。圆角矩形卡片设计给人平易近人的感觉，矩形卡片设计给人更加锐利清晰的感觉，如图 3-6 所示。此外，卡片配合背景的模糊设计，还可以让用户对内容更加聚焦。

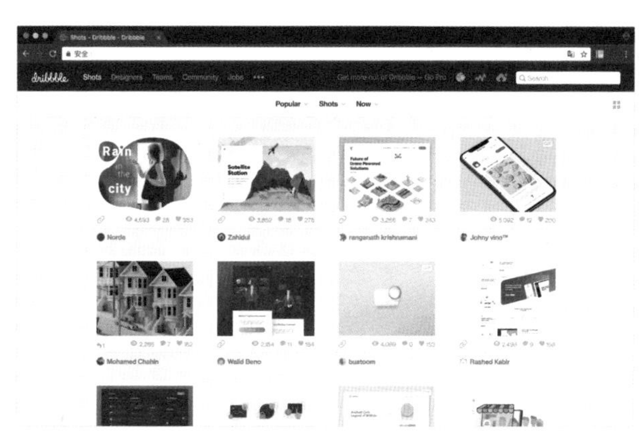

图 3-6

3.1.4 三大核心设计理念

从 iOS 7 推出以来，虽然《iOS 人机交互设计指南》的内容一直在发生变化，但是其三大核心设计理念一直没有变过，并且不断被强调。这三大核心设计理念是清晰（Clarity）、遵从（Deference）和纵深（Depth）。下面通过一些实例帮助大家理解这三大设计理念。

需要注意的是，虽然这三大核心设计理念是在《iOS 人机交互设计指南》中提出的，但实际上适用于任何平台的设计。

1. 清晰（Clarity）

苹果公司对于“清晰”的表述，将其简单翻译成中文如下：“在整个系统（应用）中，所有尺寸大小的文字都应该清晰可见，图标也应该清晰传达出明确的含义，而其他设计元素应细腻且恰当，并且应对重点功能进行突出设计。此外，内容间隔、界面颜色、字体、图像和界面元素应巧妙地突出重要内容并传达出交互性。”

对于这段话可以通过以下内容的讲解进一步理解。

确保文字的可读性

① 标题和正文应区分明显，行高合适，如图 3-7 所示。

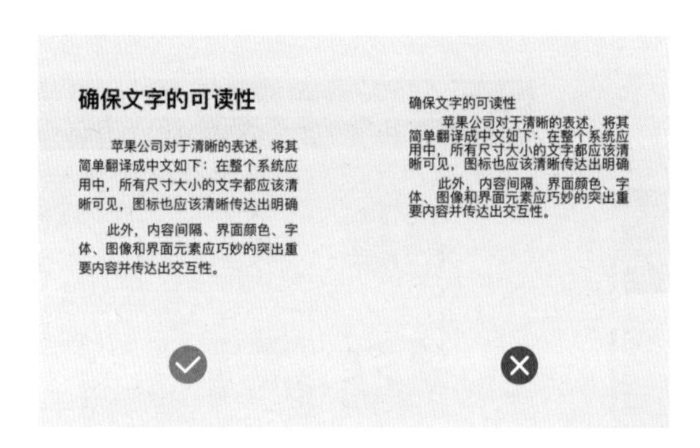

图 3-7

② 标题应言简意赅，每行文本不应过长，避免阅读疲劳，如图 3-8 所示。

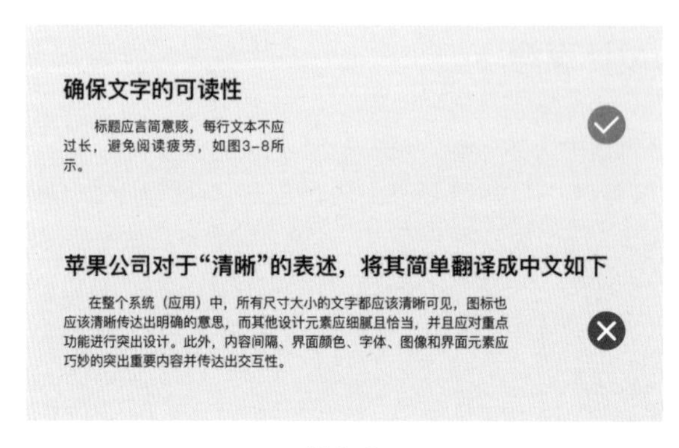

图 3-8

③ 字体的最小尺寸应为 11pt，且正文字体尽量在 15pt 以上，这样才便于阅读，如图 3-9 所示。

Dynamic Type Table　　iOS 12

Fonts sizes are in points. Use SF Pro Text for sizes below 20pt. Use SF Pro Display for sizes 20pt or greater.
L=Light, R=Regular, SB=Semibold | L=Leading, B=Suggested Baseline | Short subtracts 2 pts of leading, tall adds 2 pts of leading.

	xSmall	Small	Medium	Large (Default)	xLarge	xxLarge	xxxLarge
Large Title	R31, 38L	R32, 39L	R33, 40L	R34, 41L	R36, 43L	R38, 46L	R40, 48L
Title 1	R25, 31L	R26, 32L	R27, 33L	R28, 34L, 32B	R30, 37L	R32, 39L	R34, 41L
Title 2	R19, 24L	R20, 25L	R21, 26L	R22, 28L, 28B	R24, 30L	R26, 32L	R28, 34L
Title 3	R17, 22L	R18, 23L	R19, 24L	R20, 25L, 28B	R22, 28L	R24, 30L	R26, 32L
Headline	SB14, 19L	SB15, 20L	SB16, 21L	SB17, 22L, 20B	SB19, 24L	SB21, 26L	SB23, 29L
Body	R14, 19L	R15, 20L	R16, 21L	R17, 22L, 20B	R19, 24L	R21, 26L	R23, 29L
Callout	R13, 18L	R14, 19L	R15, 20L	R16, 21L, 20B	R18, 23L	R20, 25L	R22, 28L
Subhead	R12, 16L	R13, 18L	R14, 19L	R15, 20L, 20B	R17, 22L	R19, 24L	R21, 26L
Footnote	R12, 16L	R12, 16L	R12, 16L	R13, 18L, 20B	R15, 20L	R17, 22L	R19, 24L
Caption 1	R11, 13L	R11, 13L	R11, 13L	R12, 16L, 20B	R14, 19L	R16, 21L	R18, 23L
Caption 2	R11, 13L	R11, 13L	R11, 13L	R11, 13L, 20B	R13, 18L	R15, 20L	R17, 22L

图 3-9

④ 保证高对比度，如在浅色背景上使用深色文字，在深色背景上使用浅色文字，如图 3-10 所示。

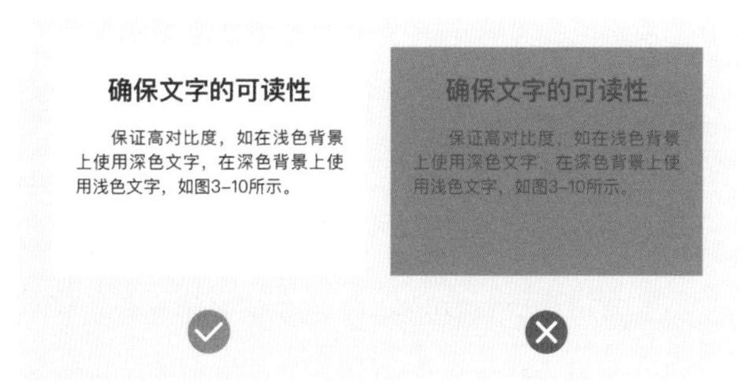

图 3-10

图标应清晰传达意图

① 图标表达的意思应明确，对于大家约定俗成的图标，尤其是系统的图标复用时，不要改变该图标代表的功能。如心形图标一般表示关注、收藏等，不要把这类图标另作他用，如图 3-11 所示。

图 3-11

② 除非图标意思非常明确，否则图标最好伴随文字一起出现，如图 3-12 所示。

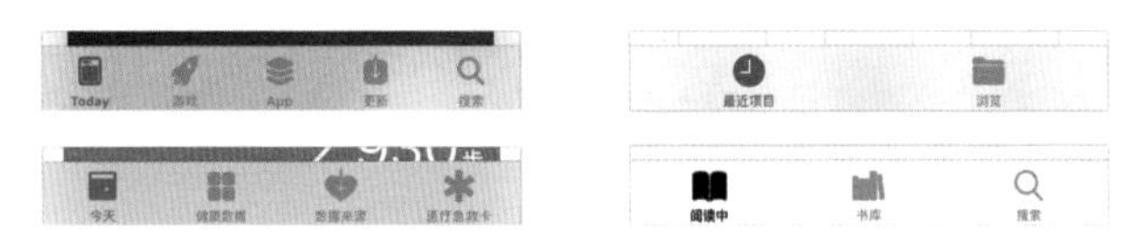

图 3-12

③ 一个图标对应一个功能，尽量避免相似的图标在同一产品内出现，如图 3-13 所示。

图 3-13

④ 导出图标时应导出多个尺寸，以保证图标在所有的设备上都能十分清晰地显示，如图 3-14 所示。

图 3-14

注重交互性

① 对于可交互的地方应有清晰指示，可以通过明确的按钮以及带有颜色的文字或者下划线表示。对于文字的颜色也应该慎重考虑，每个颜色都有其代表的意义，不要使用让用户产生困扰的颜色，比如在删除按钮上使用绿色，如图 3-15 所示。

图 3-15

② 如果是为触控设备设计的界面，应考虑触控区域的大小，防止区域过小产生误触。一般情况下要想避免误触的出现，触控区域应不小于 44pt，如图 3-16 所示。如果有时候视觉需要无法留出这么大的区域，那么触控区域可大于视觉内容区域。

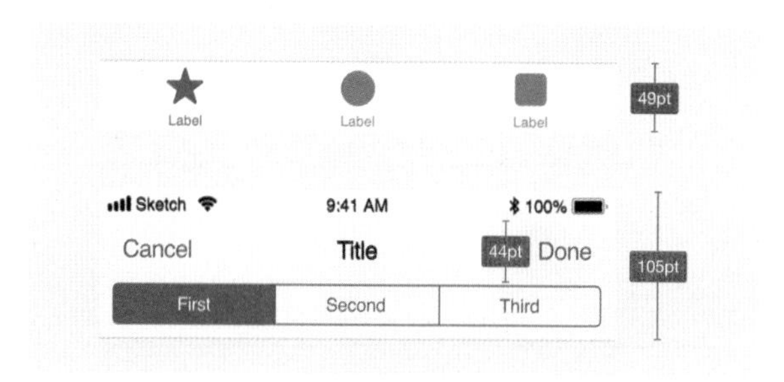

图 3-16

③ 如果产品有横屏状态，应该考虑界面在横屏模式下的布局。在横屏模式下，最明显的就是顶部的标题栏和底部的 Tab 菜单栏高度会缩小，并且底部 Tab 菜单栏图标和文字不是上下排列而是左右排列，如图 3-17 所示。

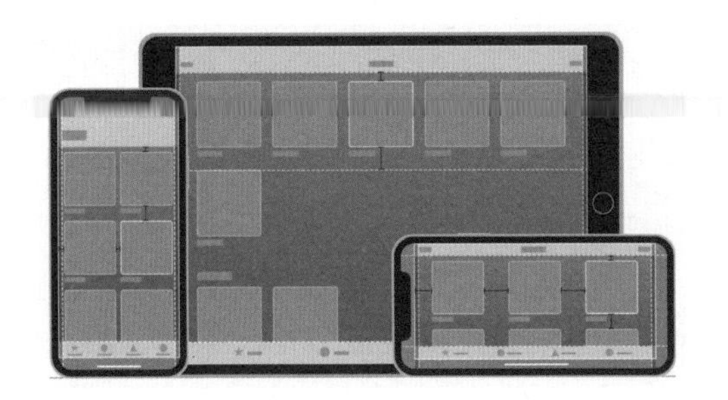

图 3-17

2. 遵从（Deference）

关于“遵从”的含义，苹果公司认为：“流畅的交互动效和清晰美观的界面将有助于用户理解内容并明白其交互逻辑。通常内容应充满整个屏幕，并使用半透明和模糊效果提示用户有更多的内容。使用合适的边距、渐变和投影效果，可以让界面清爽并有‘呼吸’空间，但要确保‘内容为王’。”

对于这段话可以通过以下内容的讲解进一步理解。

“内容为王”的设计风格

这是该设计理念中最为重要的一点。界面设计的核心应该是思考如何更好地展示内容，关于“内容为王”有以下几点需要注意。

① 保持界面简洁，尽量少添加视觉干扰元素，应把注意力更多地放在界面的排版上，如图 3-18 所示。当然，游戏设计除外。减少视觉元素干扰也并非只是简单地在界面中留白。比如天气界面（图 3-18 中）可以把相关的视觉元素放在界面上，增加沉浸感；又比如健康应用界面（图 3-18 右），可以通过不同的颜色对内容进行区分。

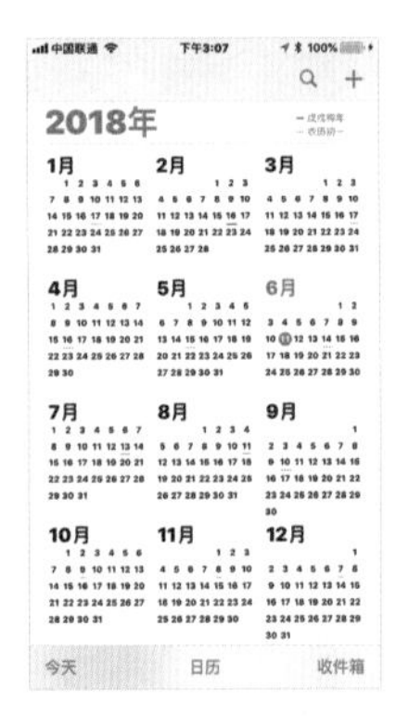

图 3-18

② 最大化内容展示区域。如果一屏无法展示完整的内容，用户滑动时内容最好铺满屏幕，而不是让内容只在某个区域内展示，如图 3-19 所示。

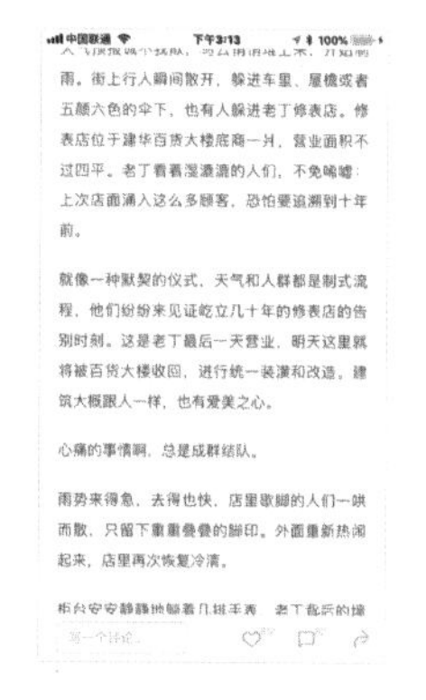

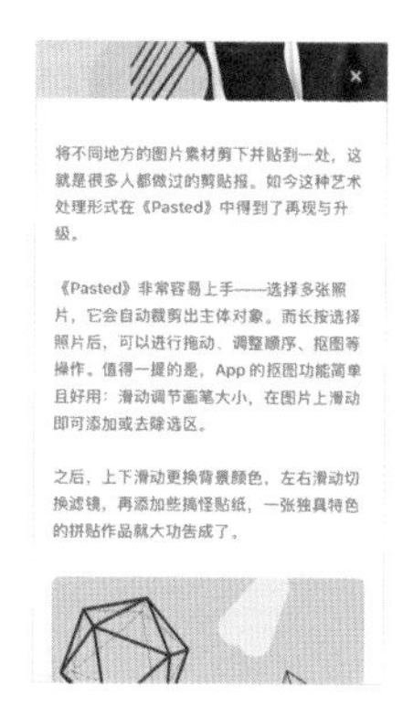

图 3-19

合理使用半透明和模糊效果

从 iOS 7 以后毛玻璃（即半透明和模糊）效果已经非常普及，这实际上是为了更好地突出当前的内容而产生的一种设计风格。在摄影的时候会把焦点放在需要突出的主体上，这时主体是清晰的，而周围非焦点区域则是模糊的，这在人像摄影中尤为明显。

同样，通过半透明和模糊效果可以更好地突出内容本身，因此这一效果往往作为背景效果使用，如图 3-20 所示。

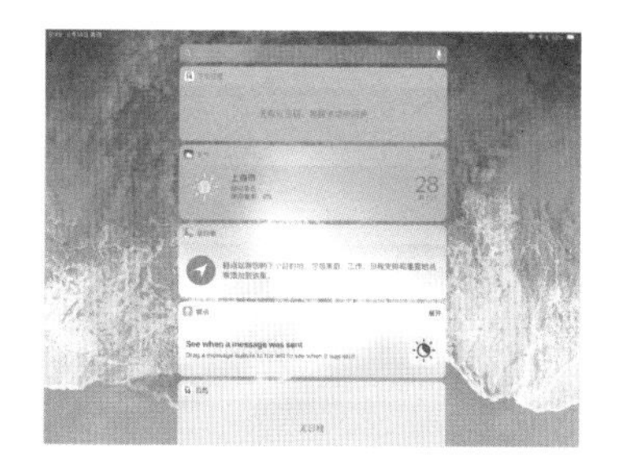

图 3-20

合理的边距设置

虽然强调“内容为王”，建议最大化展示内容，但是合理的边距设计能更好地帮助用户把目光聚焦在内容上。一般会在屏幕左右两侧留出 8pt~16pt 的边距，而内容与内容之间的边距也不应低于 8pt。注意，用户看到得越少往往会更注意所看到的内容，因此合理的留白和边距设置是非常重要的，且随着屏幕和分辨率的不断变大，这将变得越来越重要，如图 3-21 所示。

图 3-21

3. 纵深（Depth）

纵深的设计理念是现代界面设计中非常重要的内容。纵深是指界面内容的层次感，独特合理的页面跳转动效传达出内容的层次结构，使得界面活泼生动、便于理解，并且当用户点击跳转时动效还能加深用户的印象，提供更加沉浸的体验。

纵深是界面设计中的难点，需要结合动效理解，如果把这三大核心设计理念比作幻灯片的制作，前面的两个核心设计理念是关于幻灯片的展示，而这一设计理念则是关于幻灯片的转场，如图 3-22 所示。

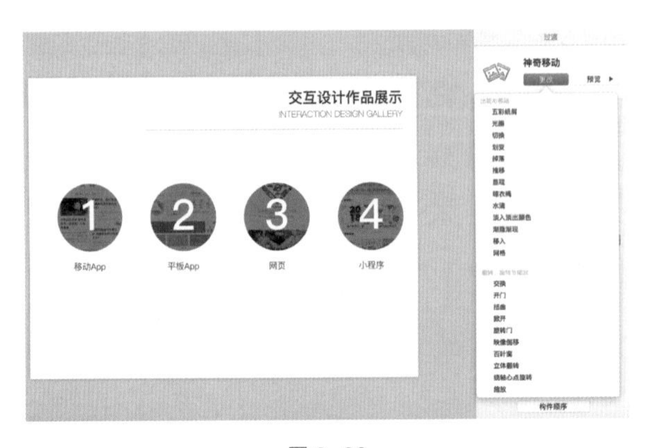

图 3-22

合理的页面跳转动效

注意，这里有两个关键词：合理和跳转。以 iOS 系统中自带的“日历”App 为例，在年、月、日进行切换时使用了缩放动效，可以让用户清晰了解彼此的层级关系，同时这样的动效也很符合逻辑，如图 3-23 所示。动效在应用中的使用不应过多，一定要明白使用动效的两个核心目的：一是为用户提供引导，二是减少加载过程中的等待感。

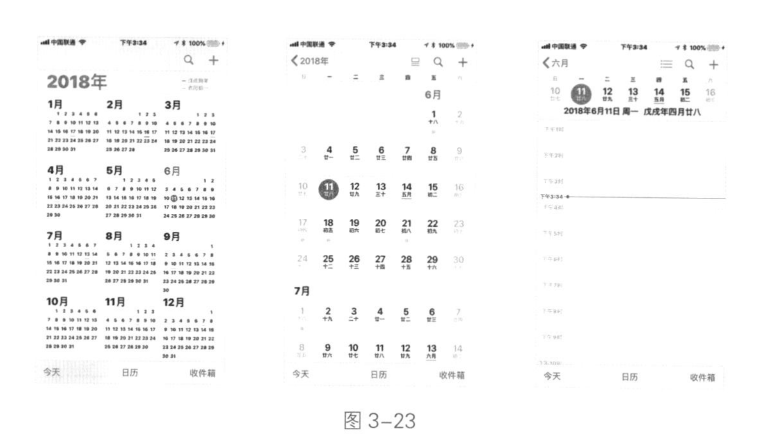

图 3-23

清晰的模态界面

可以把模态界面简单理解为弹框，但又不局限于弹框，凡是在当前页面中弹出的内容都可以理解为模态内容。

在当前页面中弹出内容时，希望用户的注意力集中在弹出的内容上，这时候应该突出弹出的内容，比如可以在页面上增加一层遮罩，如图 3-24 所示，或者是使用背景模糊等效果。

图 3-24

合理地利用新技术

每次硬件的更新往往都会带来一些新技术，在进行界面设计时也应该考虑到这些内容。比如合理地使用指纹识别来加强页面的统一性，使用 3D Touch 技术快捷显示内容等，如图 3-25 所示。需要注意的是，使用新技术的时候，也一定要考虑到不支持该技术的设备的操作方式。

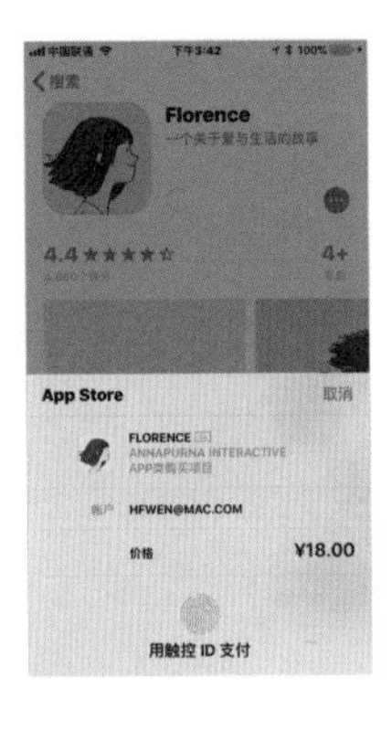

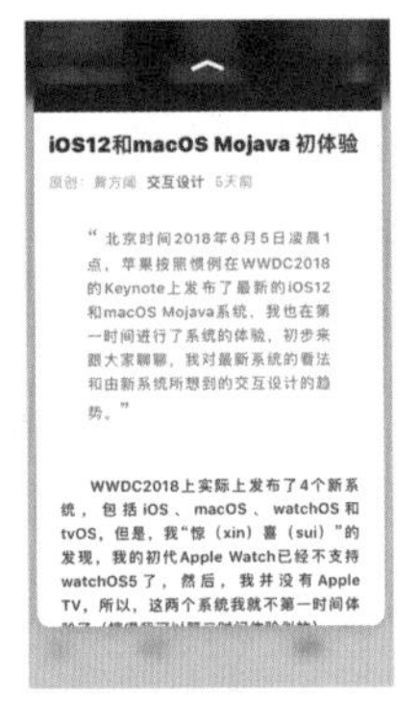

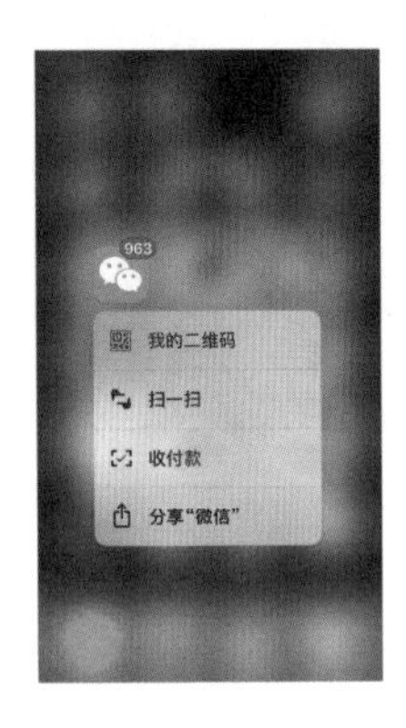

图 3-25

以上便是当下 UI 设计中的三大核心设计理念。需要大家注意的是，理念往往是比技能更重要的知识，希望大家在成为设计师的道路上，看到某个设计时脑海里首先想到的不是用什么软件做的，而是为什么会这样设计。

当下，是一个动态却又相对静态的词，虽然过去十年 UI 设计风格有了翻天覆地的变化，但是有些本质性的东西却一直没变，比如设计是为了更好地把内容传达给用户。

要做好当下的设计，最重要的是掌握当下的设计理念并将其和自己所负责的产品相结合，打造出能最大程度提升产品价值的界面。

3.2 UI 设计中的基础设计知识

虽然 UI 设计更偏向于理性层面的设计，但是在进行 UI 设计之前掌握一些基础的设计知识，将有助于 UI 设计师设计出更优秀的界面。

本节不会深入讲解设计的技巧和方法，如合成、图片处理和字体设计等，而是会介绍在 UI 设计中用到的基础知识，如颜色搭配、文字处理和排版设计等，同时也会对最近推出的“黑暗模式”设计知识进行一些探讨。

3.2.1 颜色入门

UI 设计不同于平面设计，界面上的颜色不会太多，也很少出现大片颜色覆盖的区域。因为界面中使用颜色的区域少，所以使用颜色的内容往往会让用户第一时间注意到，由此，颜色会对一个界面设计的好坏会产生非常关键的影响。图 3-26 所示的都是旅游类产品，可以很容易看出不同的产品主颜色也各不相同，比如“穷游”的主颜色是绿色，“马蜂窝”的主颜色是黄色，“携程”的主颜色是蓝色，“爱彼迎”的主颜色是红色。

图 3-26

每一款产品界面的颜色都不是随便选择的，每种颜色都有意义，并且颜色和颜色之间的搭配也有很多可以深入探究的地方。

1. 系统颜色

任何一个成熟的系统，都有其标准的颜色，这个往往在对应的设计规范中的颜色相关部分可以找到。

例如，苹果公司的 iOS 系统设计风格、谷歌公司 Android 系统的 Material Design 设计风格和微软公司的 Fluent Design 设计风格。图 3-27 至图 3-29 所示分别是这三大系统的标准颜色。

图 3-27

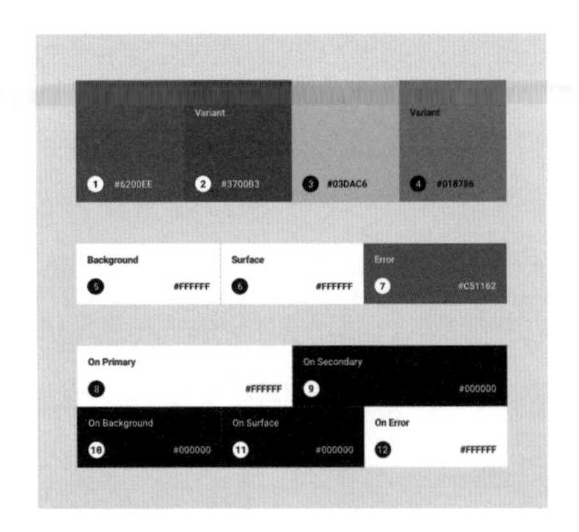

图 3-28

图 3-29

如果设计师把控颜色的能力较差，公司又没有 VI（Visual Identity，视觉设计系统），那么使用系统的标准色就可以尽量避免犯错，虽然这些颜色并不是很特别，但是至少不会让用户产生不舒服的感觉。如果想从这些颜色中衍生出新的颜色，就会涉及颜色的色相、饱和度和明度等内容。

2. 色相、饱和度和明度

色相（Hue）、饱和度（Saturation）和明度（Brightness）是学习颜色知识的重要概念。在显示屏上可以通过两种方式来表示颜色，一种是编程时使用较多的 RGB 模式，另外一种就是设计时常用的 HSB 模式。

RGB 是红色（Red）、绿色（Green）和蓝色（Blue）的英文首字母，通过这 3 种颜色通道的叠加可以得到各种不同的颜色。在研发中一般习惯采用 16 进制的方式来表示 RGB 数值，如 #FFDE38，其中 FF 表示红色通道，DE 表示绿色通道，38 表示蓝色通道。在设计中为了更加直观，设计师一般会使用 HSB 的颜色模式，即通过色相（Hue）、饱和度（Saturation）和明度（Brightness）选择颜色。

设计软件的调色盘界面往往会把两种色彩模式放在一起。图 3-30 所示分别是 Sketch（左图）和 Adobe XD（右图）的调色盘面板，面板中五颜六色的色条用于设置颜色的色相，最大的方形区域从左到右用于设置颜色的饱和度，从上到下用于设置颜色的明度。

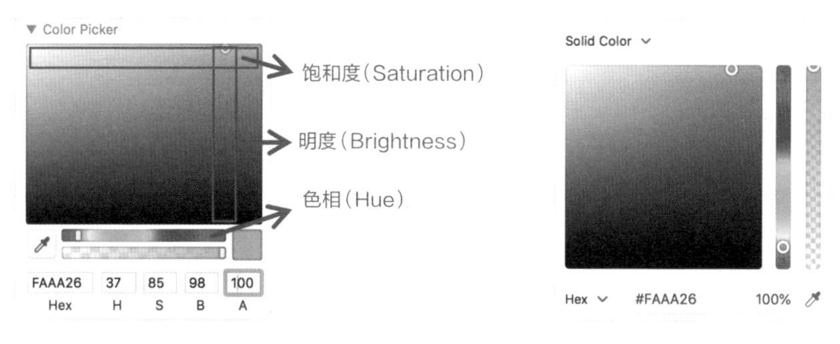

图 3-30

通过改变颜色的色相（Hue）、饱和度（Saturation）和明度（Brightness），可以根据某一颜色衍生出非常多且合理的颜色。

单色系

对于不擅长搭配颜色的设计师来说，使用单色系进行 UI 设计是非常保险的做法。所谓的单色系颜色是指，在选定一个主颜色后，通过改变该颜色的饱和度或明度创造出与之匹配的新颜色，从而组成一个色系。

要创造单色系颜色，需要先在调色盘中选择主颜色，然后在确保主颜色色相不变的前提下，调整颜色的饱和度和明度，如图 3-31 所示。

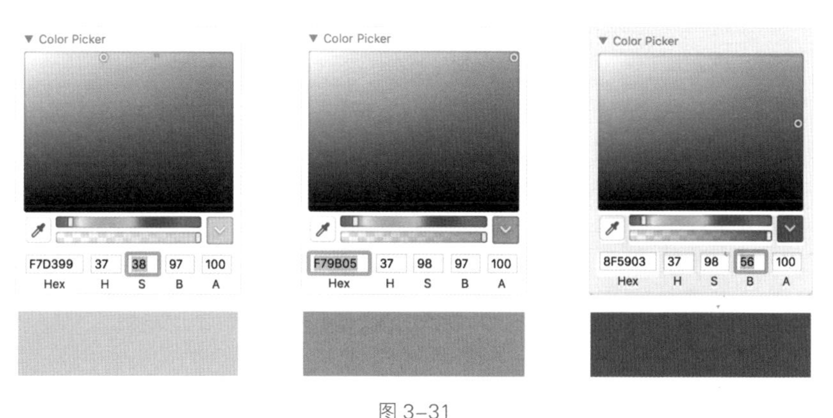

图 3-31

近似色系

使用单色系往往会有两个弊端，一个是色彩相对来说会比较单调，另一个是降低颜色明度后会有脏的感觉。因此使用近似色进行 UI 设计也是非常好的选择。

关于近似色的选择以 Sketch 的色相条为例进行讲解。这是一条从红色到红色由多种颜色组成的矩形条，任何一种颜色的左右两边都有不同的颜色。那么要找到一种颜色的近似色，只需要在色相条上左右移动，调整色相（H）的数值即可得到近似色。调整的范围为正负 20~50，如图 3-32 所示。

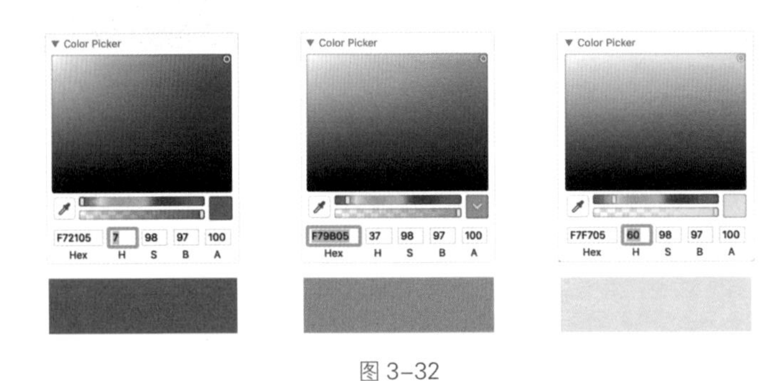

图 3-32

对比色系

对比色具有强烈的对比性，在 UI 设计中合理地使用对比色能非常有效地调动用户的情绪。但是对比色的使用非常难以把控，需要慎重选择。毕竟在 UI 设计中，所需考虑的是 80% 以上用户的感受，相对于大胆用色，保证正确使用颜色更为重要。

要找到主颜色的对比色，同样也只需调整主颜色的色相。在 Sketch 中，近似色是调整色相到相邻位置，而对比色需要调整色相到整个色相条的一半左右，如图 3-33 所示。改变主颜色（中间）的 HSB 中的色相（H）数值正负 120~180 即可得到对比色。

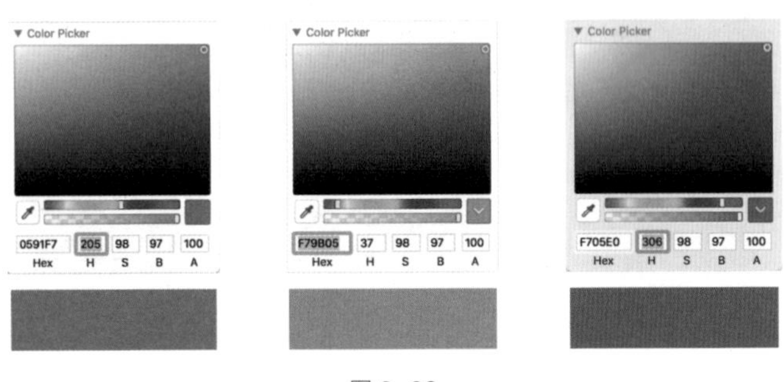

图 3-33

3.UI 设计中颜色使用注意事项

当选择了一系列的颜色后，在 UI 设计时有几个地方是需要注意的。

注意颜色的含义

在 UI 设计中有些颜色所代表的含义是约定俗成的：红色代表警告；绿色代表通过；蓝色代表安全，并在很多情况下用于文字链接；灰色往往表示不可点击等。在涉及这些颜色的使用时，应尽量避免用这些颜色表示完全相反的操作，即便该颜色是产品的主题色也不可以，如图 3-34 所示。

图 3-34

注意颜色的协调

一款产品一定会有一个主题色，绝大部分情况下企业的 VI 色会成为产品的主题色，与主题色所搭配的次要颜色和第三颜色等应协调一致。当采用单色系、近似色系以及对比色系中的某一种色系后，应避免使用其他色系，否则会因为颜色过多让用户产生困扰。以图标为例，当把很多种颜色的图标放在一个页面上时，往往会缺乏重点且颜色之间可能存在冲突，如图 3-35 所示。

图 3-35

考虑颜色与交互行为的对应

一般可交互的内容是需要用颜色表示的，并且一款产品中代表相同交互行为的颜色应保持一致。比如不同页面的两个按钮都表示提交，那么按钮的颜色应是相同的，应避免在 A 界面中使用一种颜色，在 B 界面中使用另一种颜色，这同样会让用户产生困扰。对于高频交互的内容，可以考虑使用主题色来突出，如图 3-36 所示。

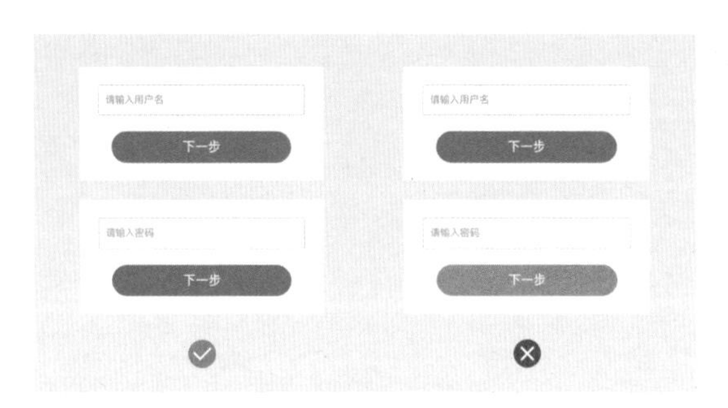

图 3-36

避免将相同的颜色作用于可交互内容和非可交互内容

对于可交互的内容，一般会用某个颜色进行视觉提示；如果对于非可交互的内容也使用该颜色，会让用户产生困扰，不知道哪里是可交互的。另外，对于可交互的内容应避免使用灰色，这样会使按钮看起来像是不可点击的，如图 3-37 所示。除非这是按钮的中间状态，在满足某类条件后才可点击，比如必须填写完信息后才可点击按钮。

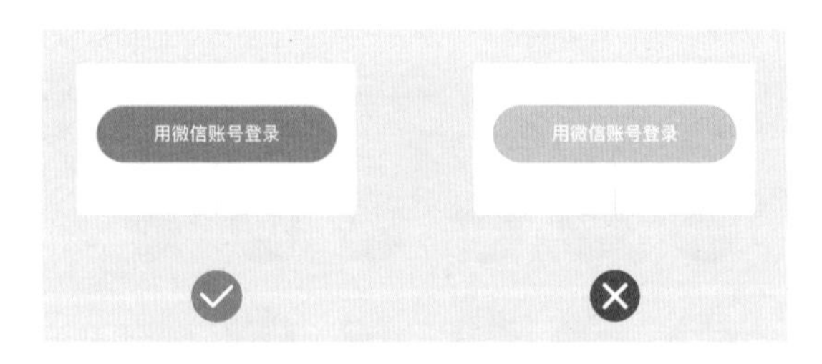

图 3-37

慎重使用纯黑色和纯灰色

不可否认，随着大标题设计风格的出现，很多标题已经开始使用纯黑色（#000000）了。但是对于正文来说，还是应尽量避免使用纯黑色，因为纯黑色会吸收其他元素的光线，让界面看上去缺少细节。对于文本内容，经常用 #333333 来表示最重要的内容，如标题；用 #666666 来表示次级重要的内容或正文；用 #999999 来表示不怎么重要的内容，如 ××× 人已读等。

设计师对于投影等设计应慎重使用纯灰色。一般情况下投影是带有颜色倾向的，并非纯粹的灰色，而是会略微倾向于主题色，这在深色主题的 App 中尤为突出，如图 3-38 所示。

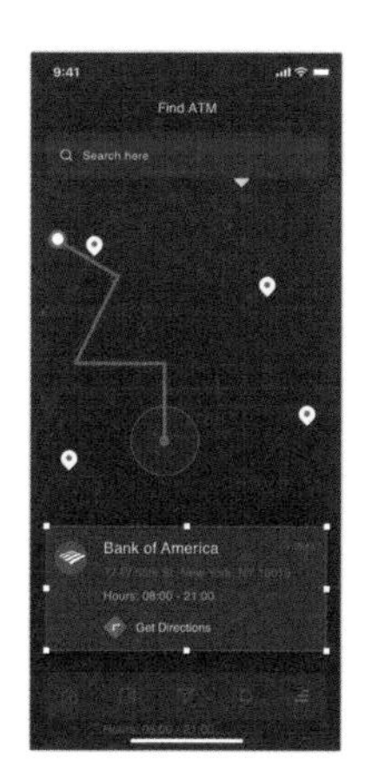

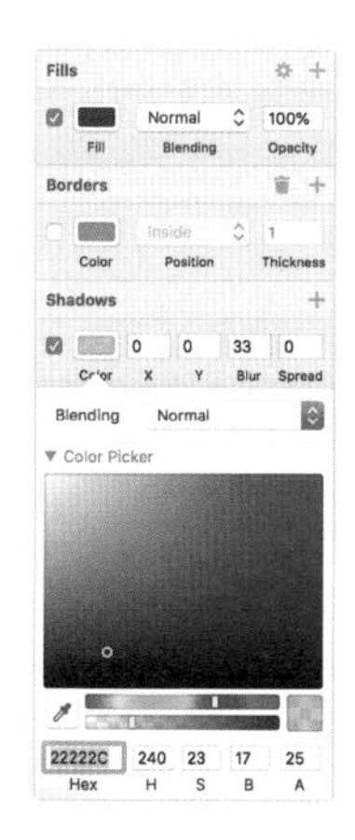

图 3-38

4. 提升对颜色的把控能力

在设计中，颜色是非常难把控的，但是对颜色的驾驭能力是可以通过训练得以提升的。而一切技能水平的提升，均来自大量的认知与实践。

颜色来源于自然，在自然界中可以看到色彩丰富的风景，如青山绿水、蓝天白云、金山夕照、银装素裹等。因此对于设计师来讲，要提升对色彩的把控能力，需要让自己变成一个热爱生活、善于欣赏大自然风景的人，养成习惯后可以自然而然地提升对色彩的把控能力。

刚入门的设计师可能很难把握一款产品的配色，这时候最好是从收集作品开始，把优秀的配色作品和配色表收集起来，好的配色作品看得多了，自己的配色水平自然也会得到提升。

推荐大家前往 Dribbble 收集优秀的配色作品，每天可以花 30 分钟看一下 Dribbble 上最新的作品，把优秀的作品收藏起来。在 Dribbble 上点击查看任何一个作品，都可以看到对应的配色表，如图 3-39 所示。

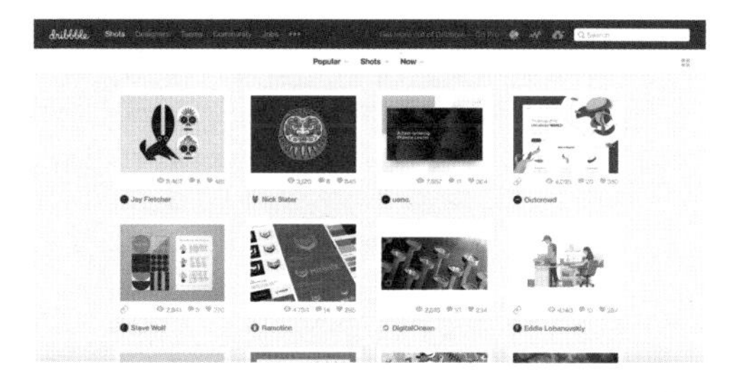

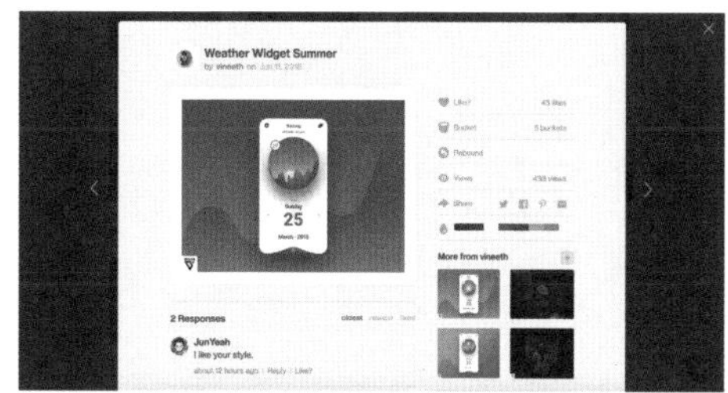

图 3-39

除此之外，还可以把那些配色非常优秀的产品收集起来，并分析这些产品的配色。要学会找出这些产品的主题色、次要颜色、第三颜色等，比如“爱彼迎”这款产品的配色分析如图 3-40 所示。

图 3-40

另外，在真正开始进行 UI 设计时还可以借助一些配色工具寻找颜色参考，推荐大家使用 Adobe Color CC，这是 Adobe 公司研发的一款免费在线配色工具，可以在里面随意调整颜色，该工具会自动生成与之匹配的配色表，如图 3-41 所示。

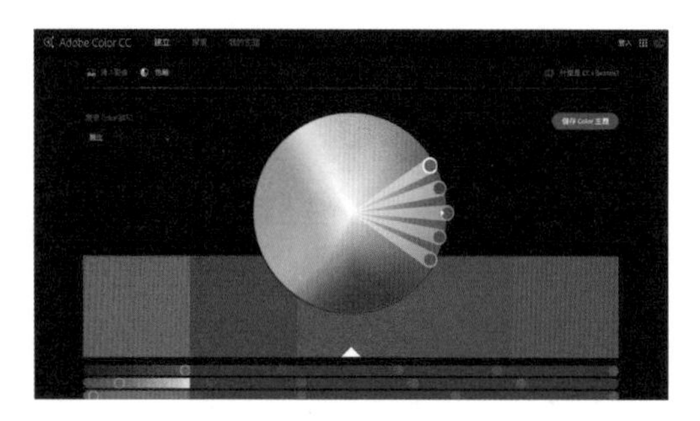

图 3-41

总之，设计师要提升配色能力需要长期训练，多看、多练习、多请教，持续学习后一定能在配色能力方面有非常大的提升。

3.2.2 文字设计

在绝大部分应用类产品中，文字占据了大部分的内容，因此在 UI 设计中考虑界面上的文字设计非常重要。

在 UI 设计中文字设计的标准只有一条：让内容清晰并可读。

1. 文字的基础知识

要掌握好文字设计知识，首先需要了解与文字相关的几个概念。

比如在 Sketch 中输入“设计 Design”，将其放大并添加辅助线后观察发现，在相同的字号下，中文和英文高度和宽度都不一样。在视觉上感觉汉字要比英文大一点，汉字顶端比英文的顶端高，而英文的底端比汉字的底端低，如图 3-42 所示。

图 3-42

首先分析英文字体。在英文单词上拉出 4 条辅助线，从上往下第 1 条辅助线称为顶线，第 3 条辅助线称为基线，第 4 条辅助线称为底线，第 2 条和第 3 条辅助线之间的距离就是 x-height（x 字高）。通过辅助线可以看到，虽然英文字母有高低和大小写之分，但是仍然会按照一定的规律排列。此外，字母与字母之间是有间隔的，D、e、s、i、g、n 这几个字母的间距并不相同，这就意味着字符本身也有宽度，字符宽度的不同造成了字符间隔的不同，比如字母 s 很明显比字母 i 要宽，如图 3-43 所示。

图 3-43

接下来分析汉字字体。在 Photoshop 中输入汉字并拖动汉字时，顶线、基线和底线这 3 条辅助线会自动出现，如图 3-44 所示。不同于英文字母，汉字都是正方形的，并且这 3 条辅助线的规律并没有那么明显。

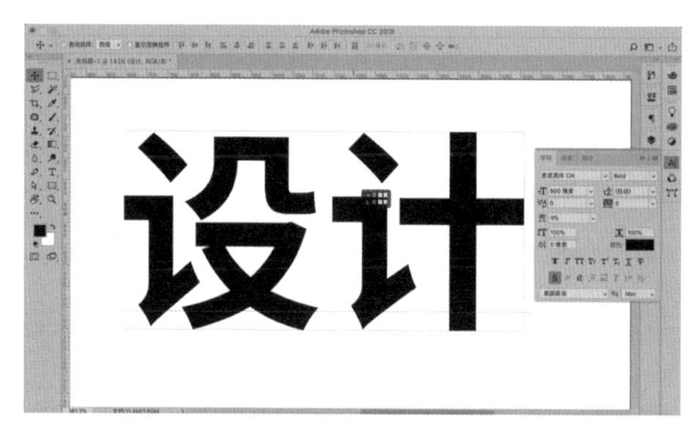

图 3-44

汉字有结构、重心、字重、中宫、字怀、字面、笔画等概念，有兴趣的读者可以自行深入研究这些知识，在此不做展开。

了解这些概念有助于更好地理解 UI 设计中，对于文字设计非常重要的 3 个属性：字体大小、行高和字符间距，这 3 个属性对于用户的可读性有着非常重要的影响。除此之外，UI 设计还涉及字体的选择，并且不同的字体可能会提供多种字重属性。接下来对字体的有关属性进行讲解。

2. 字体种类

不同于平面设计，在 UI 设计中对字体的选择首先要保证内容清晰，因此应选择大众接受度较高的字体，推荐选用系统字体。

在 iOS 系统中，苹果公司为英文字体创造了名为 San Francisco 的字体，其对应的中文名为“苹方”，如图 3-45 所示。

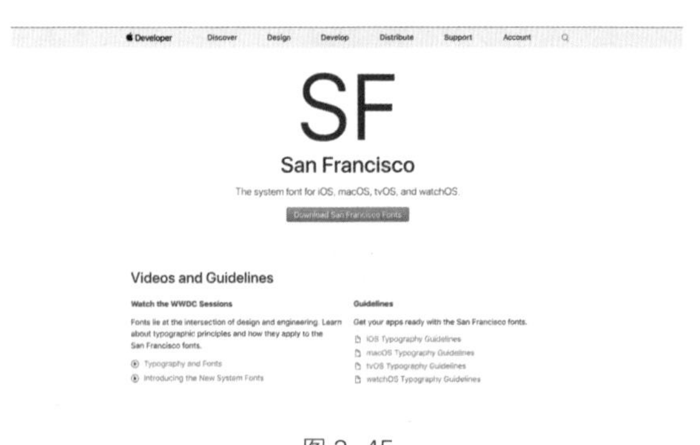

图 3-45

一般情况下建议大家直接使用系统字体进行 UI 设计即可。需要注意，不同的系统默认的系统字体也不同，一款系统使用何种默认字体，在该系统对应的设计指南中的文字部分会进行深入讲解。

如在 Android 系统中，默认的英文字体为 Roboto，默认的中文字体为“思源黑体”；在微软的 Fluent Design 中，默认的英文字体为 Segoe UI 字体，默认的中文字体为“微软雅黑”，如图 3-46 所示。

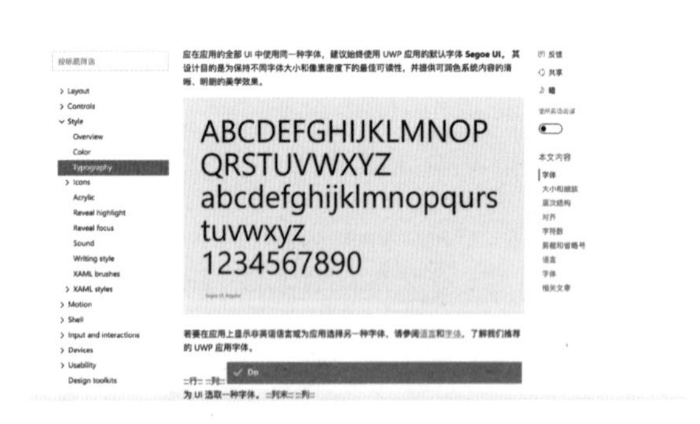

图 3-46

至于其他的字体，在 UI 设计中应慎重使用，尤其是中文字体。

一方面，使用第三方字体可能需要把字体文件内置到应用的安装包中，增加了用户下载的成本和安装包的大小；另一方面，使用第三方字体可能面临购买字体版权的问题，增加了研发成本。当然，最重要的是第三方字体的可读性可能没有系统默认的字体好，如图 3-47 所示。

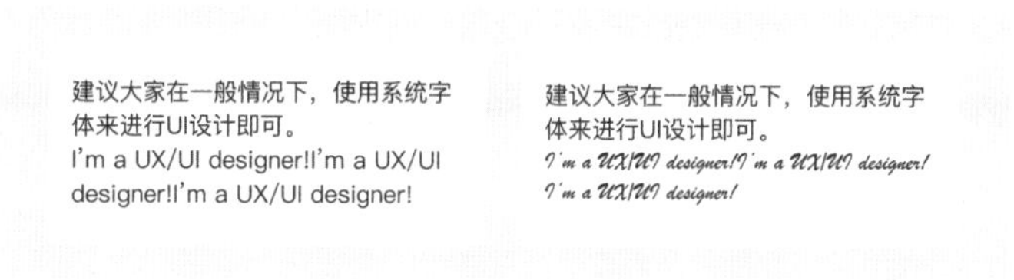

建议大家在一般情况下，使用系统字体来进行UI设计即可。
I'm a UX/UI designer!I'm a UX/UI designer!I'm a UX/UI designer!
建议大家在一般情况下，使用系统字体来进行UI设计即可。
I'm a UX/UI designer!I'm a UX/UI designer!
I'm a UX/UI designer!

图 3-47

并不是说一定不能用第三方字体，而是应该具体情况具体分析，比如一些漫画类应用中，就会大量使用漫画风格的字体增加用户的沉浸感等。

3. 字重

现在大部分系统字体，以及一些第三方字体，对于同一种字体都可以选择不同的字重。以苹方字体为例，可以看到提供了 Regular、Ultralight、Thin、Light、Medium 和 Semibold 6 种字重，如图 3-48 所示。

Typeface
PingFang SC
Weight
✓ Regular
Ultralight
Thin
Light
Medium
Semibold
Alignment

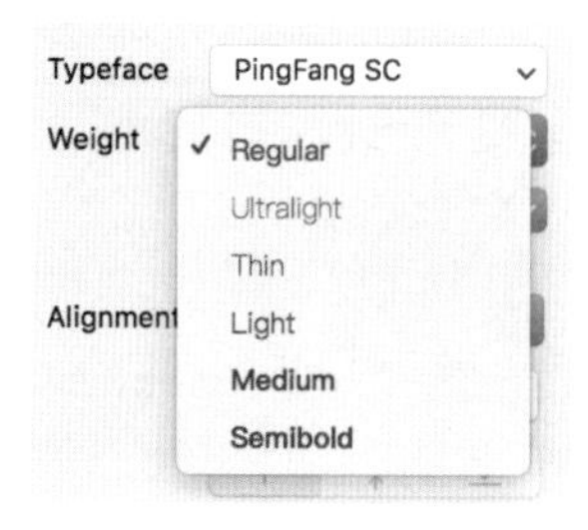

图 3-48

字重简单来说就是字体的粗细，字重与加粗不同。在 Photoshop 的文字面板中可以加粗文字，但是在 Sketch 的文字面板中，并没有加粗的选项。这是因为单纯加粗字体在 UI 设计中其实并不可取，这可能会导致文字看起来不够锐利。

在通常情况下，选择 Regular 字重即可，如果需要突出某个内容就可以选择 Medium，如果是用于大标题设计可以选择 Semibold。

字重的选择并没有唯一的标准，需要大家根据实际情况判断。

4. 字体大小

字体大小的设置在上一节中已经有讲到，字体的最小尺寸应为 11pt，且正文字体尽量在 15pt 以上，这样才便于阅读。但需要注意的是这里的 11pt 是针对移动端的，即在 1 倍尺寸下文字不要小于 11px，在 2 倍尺寸下文字不要小于 22px，所以在 Web 端字体尺寸最好不要小于 22px。

设计师在设计时，要养成在设备上查看设计效果的习惯，很多时候在计算机上设计时感觉文字已经足够大了，但是放到手机上看，文字实际上是非常小的，如图 3-49 所示。

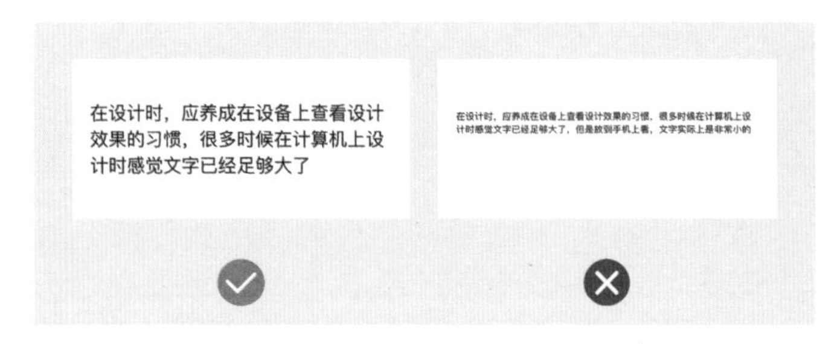

图 3-49

5. 行高

行高也是 UI 设计中需要重点注意的地方。一般行高应该是字体大小的 120%~150%，比如文字的字体大小为 30px，那么行高可以设置在 36px~45px。过小的行高会加重阅读负担，让内容显得很挤；而过大的行高会让内容显得很空且浪费空间，如图 3-50 所示。

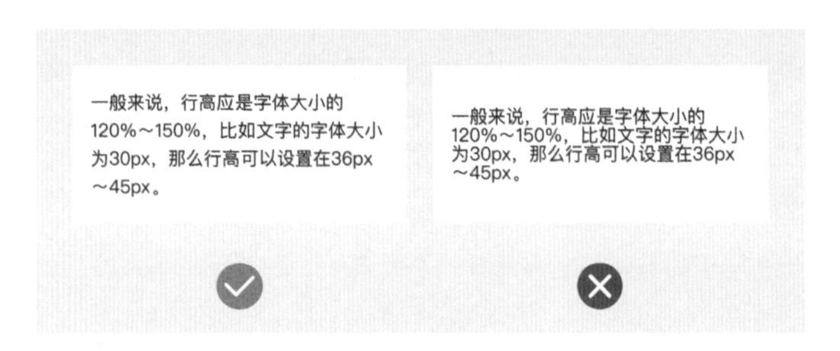

图 3-50

6. 字符间距

字符间距也是 UI 设计中需要关注的地方。现在很多系统字体可以自动根据字体大小进行字符间距的调整。当字体较大时，间距会自动变宽；当字体较小时，间距会自动变小。在 Sketch 中，当把字符间距设置为 0 时，系统就会根据字号自动调整字符间距。因此一般情况下，让字符间距保持为“auto（自动）”即可，如图 3-51 所示。

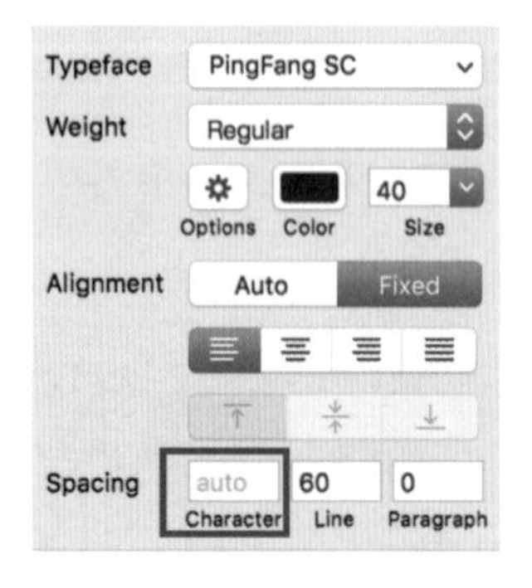

图 3-51

7. 字体的运用

文字设计需要建立在排版的基础上，脱离排版谈文字设计实际上是很空洞的。关于排版的知识本节后面的内容会详细介绍。

在实际工作中，除去排版还需要考虑文字的使用场景，比如在进行价格设计时，往往会重点突出现价，并把原价放在旁边作为对比，让用户清楚看到优惠了多少。原价的文字不仅要比现价的文字小、轻，还应该加一条横线表示删除；又或者对于可点击的文字，最好增加一条下划线提示用户此处是可以点击的，如图 3-52 所示。

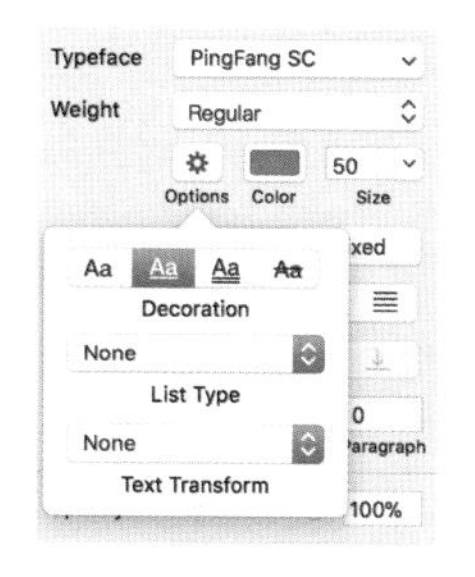

图 3-52

3.2.3 图标设计

图标在 UI 设计中的重要程度毋庸置疑，好的图标会增加用户对产品的好感度，并且还能降低用户的学习门槛，而不好的图标则会起反作用。

UI 设计中的图标有两种：一种是放在如 App Store 中用来表示这个应用的图标，这种图标对于一款产品来说是唯一的；而另一种图标则是界面中用于表示功能的图标，称之为“功能型图标”。接下来对这两种图标设计的注意事项进行讲解。

1.App 图标

App 图标就如同一家公司的 Logo，代表了公司品牌，也是用户在使用产品时第一眼所看到的内容。

以 iOS 系统为例，相同的图标会以不同尺寸的形态在 App Store、手机主屏幕、设置菜单和搜索结果页展示，如图 3-53 所示。

   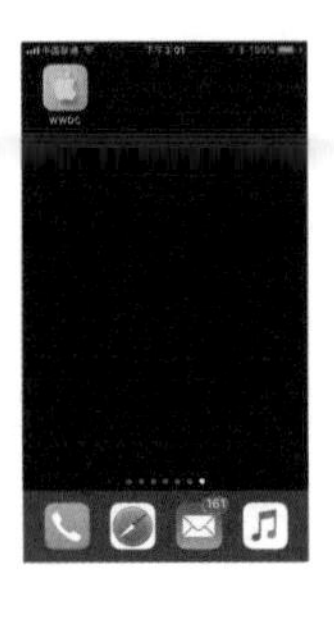 

图 3-53

不同系统对于 App 图标的尺寸要求都不相同，一般情况下设计师只需要按照最大的尺寸进行设计即可。另外需要注意的是，App 图标都是以正方形进行设计的，对应的系统会根据系统风格对图标形状进行裁切。

Sketch 内置了 iOS 和 Android 系统的 App 图标设计规范。以 iOS 系统为例，虽然图标的形状被称为“超椭圆（Super-Ellipse）”，但实际上并不需要设计出这样形状的图标，只需设计出正方形图标，然后让系统自动进行裁切即可，并且多种不同尺寸的图标内容完全相同，只是尺寸不同，如图 3-54 所示。

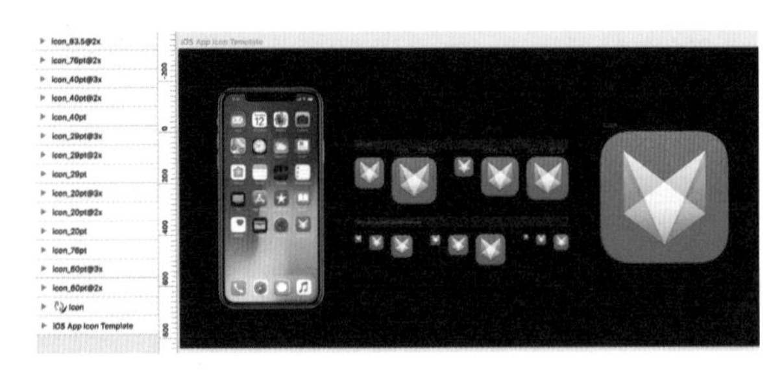

图 3-54

正因为如此，在进行 App 图标设计的时候，需要注意以下 3 点。

第 1 点：App 图标是产品品牌形象的体现，需要注意图标的识别度。

第 2 点：图标在不同尺寸情况下都应该非常清晰可见且特征明确，因此图标内容不宜过于复杂。

第 3 点：因为图标会被系统裁切，所以 4 个角或 4 条边附近最好不要设计内容，以免被裁切。

2. 功能型图标

一款产品的功能型图标往往会有多个，在进行这类图标设计时，需要注意以下两点。

注意同一个产品中整套图标的视觉统一性

在同一个产品中要保持设计语言的一致性就体现在图标中，也就是说在进行功能型图标设计时，需要注意图标视觉风格的统一性以及线条粗细的统一性，单独把图标提取出来后要能给用户一种这是一套图标的感觉，如图 3-55 所示。

图 3-55

注意同一个图标的不同状态

功能型图标往往需要有两种状态：选中状态和默认状态，尤其是位于 Tab 栏的图标。在进行图标设计时，需要把有多种状态的图标都设计出来，一般会用颜色或者剪影进行区分，如图 3-56 所示。

图 3-56

除了上面这两点外，设计图标时还需要记住上一节中所讲到的，图标应清晰传达意图，这里就不再重复。

要注意，功能型图标设计是为功能服务的，在设计时希望设计出令人眼前一亮的图标是好事，但前提是不要让用户产生误解，否则还不如使用那些不会令人疑惑的图标。

3.2.4 排版设计

说到排版，强烈推荐大家阅读由罗宾 · 威廉姆斯 (Robin Williams) 所著的《写给大家看的设计书》一书。任何涉及排版的知识，不外乎都是该书中提到的平面设计四大基本原则：亲密性、对齐、重复和对比。下面对这四大原则进行简单介绍。

1. 亲密性

人们很容易把物理空间在一起的内容当成是一组，因为这部分内容相对于其他内容靠得更近、更为亲密。

在进行 UI 设计时，可以把相关联的内容的间距设计得小一些，而把不相关联的内容的间距设计得大一些，根据内容的关联性有意识地调整彼此的间距，而不是把所有内容的间距都设计得一样，如图 3-57 所示。

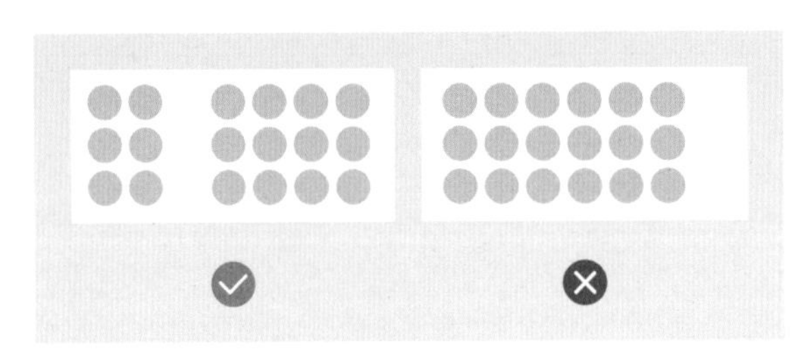

图 3-57

2. 对齐

对齐是一个界面是否有设计感的基础，对齐有 4 种基本形式：左对齐、右对齐、居中对齐和两端对齐，如图 3-58 所示。

图 3-58

在使用对齐时需要考虑界面整体的平衡性。很多人在刚开始设计时会习惯性地使用居中对齐，实际上要慎用这种对齐方式，因为这可能会导致每一行都参差不齐。在选择段落文本对齐方式时也尽量不要使用右对齐，因为这不太符合大众的阅读习惯。

同一个页面可以有多种对齐方式，但并不推荐这么做。如果使用了多种对齐方式，那么每种对齐方式都应该有自身的逻辑。例如，段落文本和标题左对齐，图片和图片说明文字居中对齐，如图 3-59 所示。

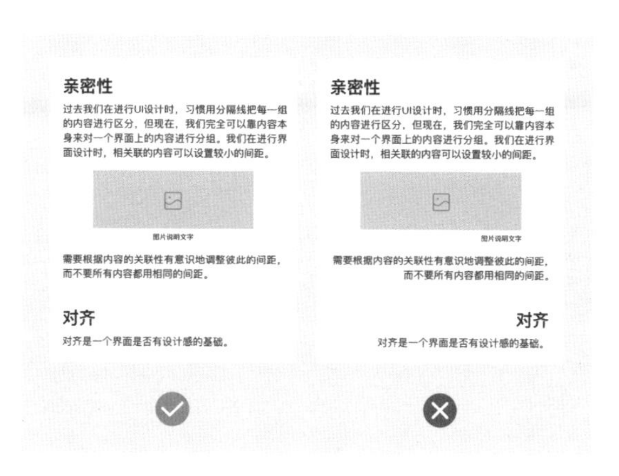

图 3-59

3. 重复

重复是 UI 设计中非常常见的现象，任何一款产品的任何一个页面，都能找到非常多使用重复设计原则的例子。比如在图 3-60 所示的界面列表中，所有标题都采用了相同的字体、字号和颜色，所有的图片尺寸都遵守了相应的规律。

图 3-60

在进行 UI 设计时，一定要善于运用重复设计原则。一个界面上重复的元素越多，用户越容易把这些元素当成一类；同时，页面上重复元素多了之后，整个页面也会显得更加工整和有条理。

需要注意的是，重复是指样式的重复，而非内容本身的重复。当然有的内容本身也可以是重复的，比如图 3-60 中间的界面，每个列表的右上角都有相同的“关注”按钮。

4. 对比

对比意味着内容有轻重之分。试想一下，如果在一个界面内，看到满屏都是大致相同的内容，就没有主次之分了。

在 UI 设计中对比有很多种，比如字体大小的对比、文本粗细的对比、内容颜色的对比等，和重复一样，在任何界面中也都能找到对比现象的存在。

在 iOS 11 以后，iOS 系统的对比变得更加强烈，比如大标题的出现就是一种对比的加强，如图 3-61 所示。

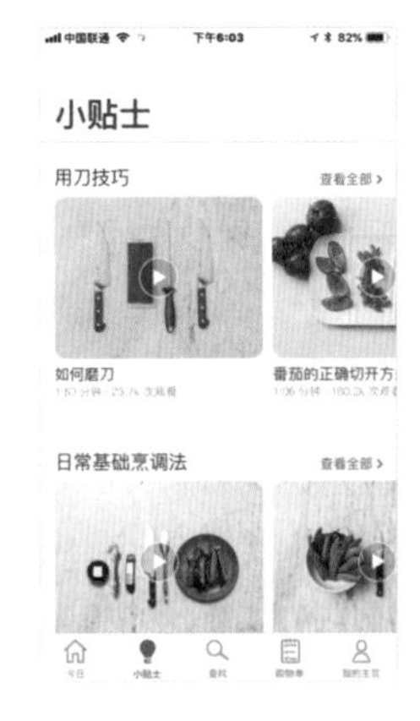

图 3-61

用户第一眼看到一个页面，首先会被醒目的内容吸引，这个醒目的内容可能是某个色块、某个巨大的文字等。运用对比可以让那些加强的元素引导用户以最快的时间明白页面上有哪些内容，或者展示界面上最重要的内容，比如在数据列表中用最大的字号显示描述数据的文本。

需要注意的是，页面上的对比也需要有一定的逻辑，比如将标题分成一级标题、二级标题，那么二级标题占据的视觉比例就不应该比一级标题大；其次，对比也需要重复，如果一个界面内所有的元素都有对比，那么也就没有了对比。

以上是对排版四大基本原则的讲解，除此之外，排版中还会涉及元素间内容的合理间距把控、元素彼此尺寸的把控、字间距与行高的设置等。设计师排版能力的提升也需要不断欣赏和收集优秀作品，并且不断练习。

3.2.5 黑暗模式下的界面设计

在苹果全球开发者大会上，苹果公司发布了 macOS Mojave 系统，其中很大的特色就是正式提供了黑暗模式（Dark Mode）的功能，在该模式下应用程序界面以深色呈现。实际上黑暗模式相对于普通模式，纯粹只是有视觉上的差异，软件的功能和布局都完全和普通模式下相同，并且两种模式可以随时切换，如图 3-62 所示。

图 3-62

既然黑暗模式纯粹只有视觉上的差异，更准确地说，只有 UI 界面配色的区别，那么设计师在设计这种模式时就应该把所有的注意力都放在配色上。

另外需要强调的是，可以简单把黑暗模式理解为软件的一种主题。如果一开始就是以深色调设计软件，可以参考黑暗模式的配色指南，但也要明白这并不是软件的黑暗模式。还需要知道，用户之所以选择黑暗模式，更多的原因是希望能更专注地工作。因为在黑暗模式下，所有的 UI 控件都是深色的，这样会让设计内容更加突出。

所以，黑暗模式配色的核心准则是突出内容。

因为黑暗模式只是用户的一种选择，所以产品需要让用户随时可以在普通模式和黑暗模式下进行切换，并且无论哪种模式，产品的界面都必须清晰简洁，如图 3-63 所示。

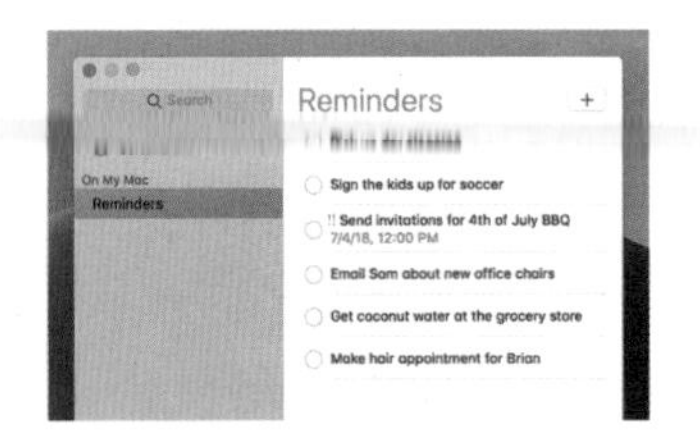

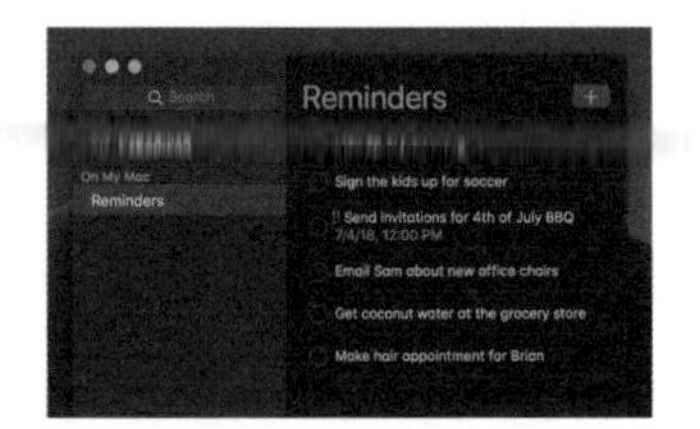

图 3-63

明白了上述原则后，接下来为大家讲解黑暗模式的配色知识。

首先，黑暗模式下的配色分成两部分：背景和内容。根据上述分析，在黑暗模式下应该尽可能让背景变暗，让内容突出。背景的颜色应该选择明度较低的颜色，如深蓝色、深灰色等。另外需要注意的是，在黑暗模式下背景不应该出现纯白色，如果有浅色的需求，也应该尽量使用灰色；还需要注意尽量避免使用纯黑色，因为纯黑色具有较高的对比度，反而会强调背景。内容的颜色则应尽可能地使用高亮度、高饱和度和高对比度的颜色，需要与背景颜色形成非常强的对比，如图 3-64 所示。

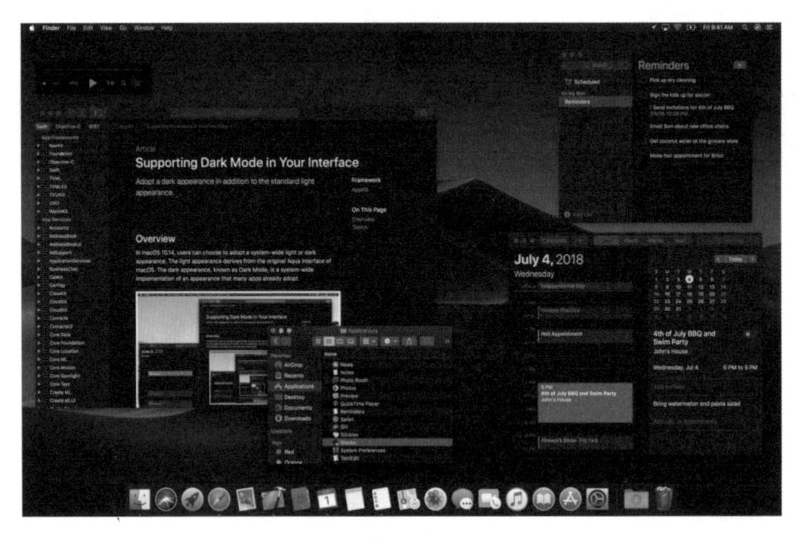

图 3-64

总之，黑暗模式是一个刚推出不久的模式，并且是建立在普通模式的 UI 设计之上的，这对于一款产品来说是锦上添花的内容。

以上是 UI 设计师需要了解的基础知识和基本的设计思维。本节中所讲的所有内容并不是孤立存在的，在实际工作中，设计师要善于把这些知识和思维综合运用；同时，大家在分析和临摹一些界面时，也可以试着把本节中讲到的内容融入进去一起思考，慢慢地由纯粹的临摹转变为有想法的借鉴。

3.3 多平台的 UI 设计概述

通过对前面知识的学习相信大家已经具备了基本的 UI 设计思维，这一节将讲解如何为不同的设备进行 UI 设计。

随着行业的发展，硬件的更新日新月异，UI 设计也不再像多年以前可以为每个设备设计一款界面。设计师需要考虑自动适配的问题，但是自动适配也是有一定范围的，比如一款移动产品的 UI 设计就不太可能直接用于 PC 端的软件。

如果说一个 5 英寸（1 英寸约为 2.54 厘米）的移动设备和一个 6 英寸的移动设备之间更多的是屏幕尺寸的差别，那么一个 5 英寸的移动设备和一个 13 英寸的设备之间的差距就不应该只是屏幕尺寸的差别了，这已经是两个不同平台之间的差别了。要让用户有最好的体验，设计师需要针对不同的平台进行不同的 UI 设计。

按照行业习惯，一般会把硬件平台分成 4 类：以手机为代表的移动平台、以 iPad 为代表的平板电脑平台、以 Apple Watch 为代表的穿戴设备平台以及计算机等桌面平台。每一款平台都有其各自的特点，本书将介绍前 3 类平台以及网页设计的相关内容。希望通过本节的学习，大家能了解这些平台的差异，做出适合相应平台的 UI 设计。

3.3.1 以 iPhone X 为代表的移动平台的 UI 设计

提起 iPhone X，很多设计师都会想到“刘海屏”造型，在 iPhone X 刚发布的时候，很多 UI 设计师就犯难了，这个应该怎么设计？毕竟界面上方有一块是硬件区域，在进行界面设计时如何避免内容被这块区域遮挡?

幸好苹果公司将 iOS 11 系统搭载在 iPhone X 上面，并且提出了“大标题”设计风格，这让 iPhone X 的界面显得无比和谐。“大标题”设计风格并不仅针对 iPhone X，在正常的屏幕上也同样有着非常好的视觉效果。

其实在 iPhone X 面市之前，Android 系统的移动设备已经出现了一些“奇怪”的屏幕，如以三星 S7 Edge 为代表的曲面屏以及以小米 MIX 为代表的全面屏。可能有些设计师会问，全面屏有什么奇怪的？如果大家仔细观察，会发现小米 MIX 屏幕的四个角并非直角，而是弧形角，这意味着如果把内容设计在四个角上，将有可能会被遮挡住，如图 3-65 所示。

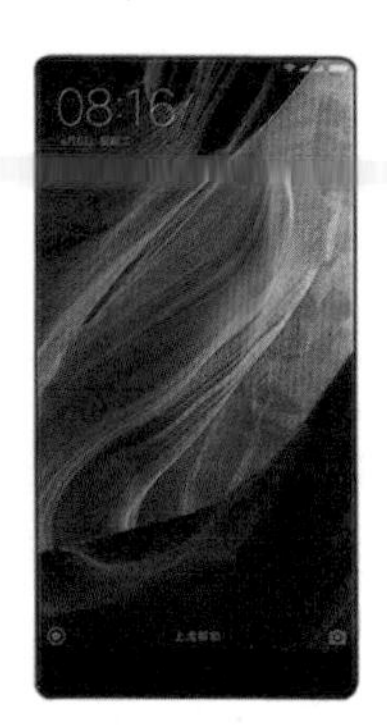

图 3-65

我们可以把这类新出现的屏幕称为“异形屏”，那么“异形屏”的 UI 设计和普通屏幕的 UI 设计有什么区别呢?

本文将以 iPhone X 为例，为大家讲清楚这个问题，希望大家学完后不仅可以为 iPhone X 设计界面，同时也可以为今后出现的不管多么“奇怪”的屏幕进行 UI 设计。万变不离其宗，无论屏幕怎么变化，本质上的设计方法都是一样的。

1. 了解差异

为一款新设备进行 UI 设计之前，首先要做的就是了解这款新设备和现有设备的异同。

把 iPhone X 和 iPhone 8 放在一起对比，可以看到两款设备的宽度相似，但是屏幕长度却有很大的差别。将屏幕的宽度设为一致时，二者高度相差的实际数值如图 3-66 所示。

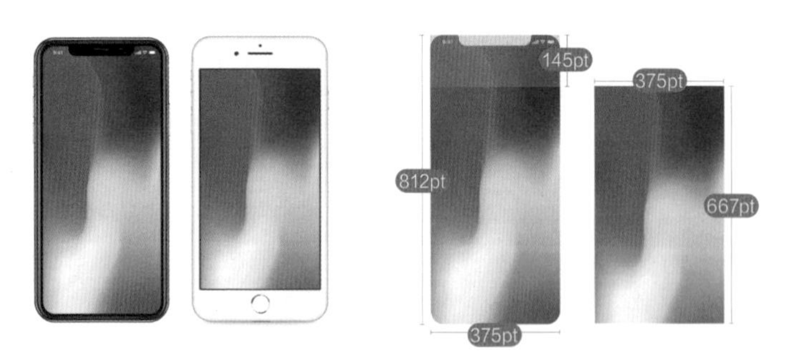

图 3-66

当把二者的屏幕宽度都设置为 375pt 时可以发现，iPhone X 正好比 iPhone 8 的屏幕高了 145pt。假设已经设计好了 iPhone 8 的界面，现在只需要思考如何适配多出来的 145pt 的内容。

2. 分析界面结构

了解了新硬件设备和现有设备的差异后，再来分析一下现有设备界面的结构。

iOS 系统的产品界面从上到下可以简单分成 3 部分：顶部的状态栏和标题栏，中间的内容区域，底部的 Tab 导航栏。顶部的状态栏和标题栏位于屏幕的最上方，底部的 Tab 导航栏位于屏幕的最下方，这意味着在 iPhone X 上，把状态栏和标题栏放置在屏幕上方，Tab 导航栏放置在屏幕下方，多出来的 145pt 根据“内容为王”的设计理念，全部用作内容展示即可。

但是，当阅读官方的 iPhone X 设计指南时，会发现相对于 iPhone 8，iPhone X 的底部有一个横条，官方将此横条称为 Home Indicator（主页指示条），这一部分是占有屏幕高度的。根据官方的设计文档最终可以发现，iPhone 8 和 iPhone X 在界面结构上，可以保持一定的相关性，如图 3-67 所示。

图 3-67

3. 分析细节差异

从整体上分析了界面结构的差异性后，心中已经有大致的概念了，接下来看看 iPhone X 区别于 iPhone 8 最明显的地方——“刘海”。官方将这一部分命名为 Notch，其内置了非常多的传感器，也是 iPhone X 的撒手锏功能 Face ID 得以实现的硬件所在。苹果公司能把这么多的传感器和摄像头等元器件集中在这么小的区域已经很不容易了，但依然不可否认，这是苹果公司为了实现某些功能而在工业设计上所做出的最大妥协。本书因为篇幅有限，就不展开讲述有关 Notch 的更多内容，有兴趣的读者可以自行了解，还是比较鼓励大家去了解跟硬件有关的内容，这有助于大家更好地理解 UI 设计。

对比 iPhone 8 和 iPhone X，可以看到二者顶部的状态栏并不一致。在 iPhone 8（图 3-68 左）的状态栏中，时间显示在屏幕中间，而 iPhone X（图 3-68 右）的顶部因为被 Notch 遮挡，所以时间显示在左侧，其他信息如信号、电池状态等显示在右侧，如图 3-68 所示。

图 3-68

二者状态栏的高度也不相同。分析从官方设计指南中下载的源文件可以发现，iPhone 8 的状态栏高度为 20pt，iPhone X 的状态栏高度达到了 44pt，这意味着之前分析出的 iPhone X 多出来的 145pt 的高度，除了一部分给了 Home Indicator 外，顶部的状态栏还占据了一部分空间。

此处扩展一下：iPhone X 状态栏的高度之所以达到了 44pt，一方面是为了与 Notch 的高度持平，防止内容被遮挡；另一方面则是因为 iPhone X 新增了顶部向下滑动的手势来呼出控制中心——更大的触控区域能有效降低误触概率。

iPhone 8 和 iPhone X 的界面结构对比如图 3-69 所示。另外需要说明的是，在 iOS 系统中顶部状态栏程序会自动根据机型进行适配。

图 3-69

4. 标题栏

很多设计师看到 iOS 11 的大标题设计风格后会产生一个误解，认为大标题设计风格只适合 iPhone X 和 iPhone Xs，并不适合 iPhone 8 及其他设备。但实际上几乎所有 iOS 自带的应用，无论在 iPhone 8 还是在 iPhone X 上都使用了大标题的设计，如图 3-70 所示。

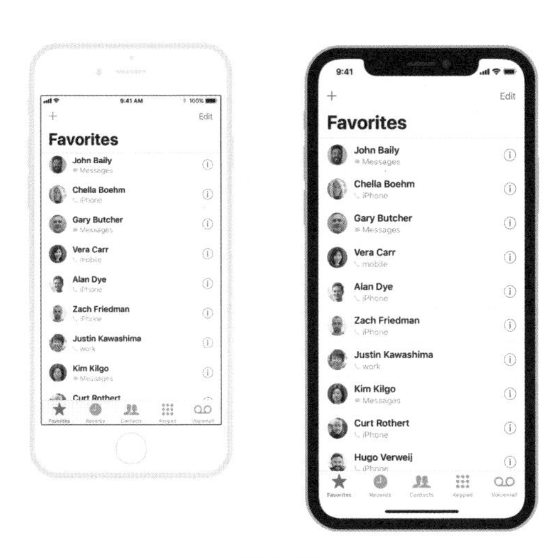

图 3-70

在 iOS 11 和 iOS 12 中，大标题字号一般为 34pt，并且使用了 Semibold 的字重，标题居左。当往上滑动屏幕时，标题栏会很自然地变为 iOS 11 以前的相对较小的标题栏，并且标题居中显示，如图 3-71 所示。

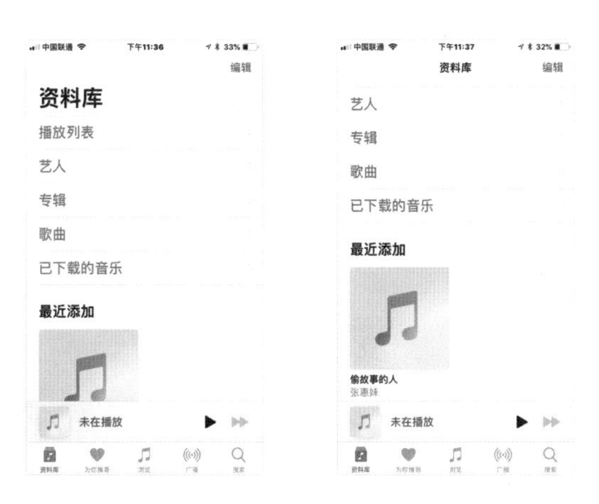

图 3-71

因此在标题栏和大标题风格设计中，无须考虑 iPhone 8 和 iPhone X 的差别，正常进行设计即可。另外，在横屏模式下，无论是 iPhone 8 还是 iPhone X，它们的标题栏和底部的 Tab 栏，所占的空间都非常小，由此可见苹果公司完全是把大标题设计风格当成一种新的风格在推广和使用，而并非针对某一机型的强制要求。是否需要使用大标题设计风格，根据产品的实际情况进行考虑即可，如图 3-72 所示。

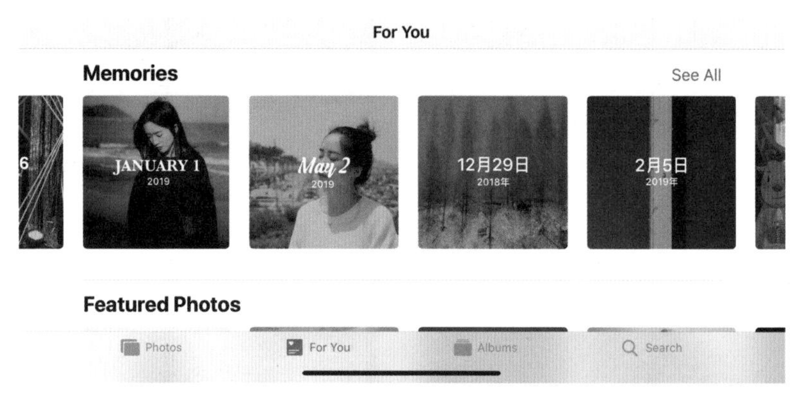

图 3-72

5. 安全区域

安全区域应该是设计师应该为 iPhone X 重点考虑的内容。之所以会出现“安全区域”的概念，是因为 iPhone X 屏幕的 4 个角是弧形的，设计师应该避免在 4 个角上设计内容，以免被遮挡或被裁切。

苹果公司官方对 iPhone X 的安全区域有非常详细的说明，大家可以自行查看。简单来说就是：当屏幕是圆角矩形时，这个圆角矩形中能放置的最大直角矩形就是这个屏幕的安全区域。

图 3-73 清晰地描述了安全区域的概念：矩形的左右两侧都留有一定的间距，这里面也应该尽量不设计内容，一方面是为了和顶部的状态栏保持对齐，使界面更加美观整洁，另一方面是 iOS 系统本身的 UIKit 要求留有一定的边距。

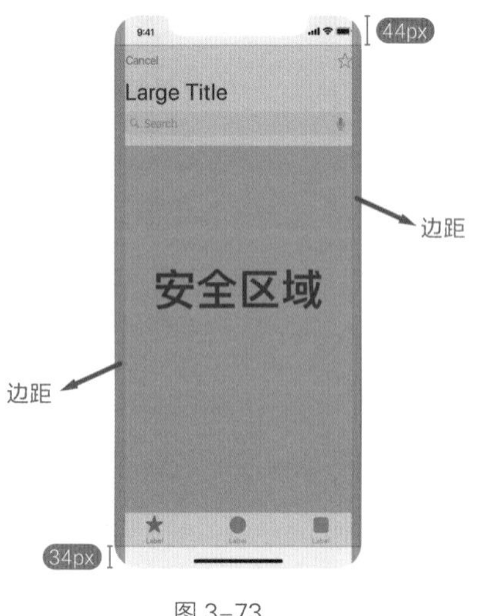

图 3-73

6. 内容的适配

通过前面的分析可以发现，虽然 iPhone X 的状态栏和底部的主页指示条占据了一定的高度，但是屏幕实际可显示的内容区域仍然比 iPhone 8 要大，遵从“内容为王”的设计理念，多出来的高度应全部用来展示内容。

文本和列表等内容的适配就不用多讲了，将之前在 iPhone 8 中因高度不够被遮挡的内容直接显示出来即可，但是对于一些宽高有固定比例内容的适配，就需要多加思考了。例如在全屏状态下图片的适配，如果图片在 iPhone 8 中正好可以铺满屏幕，那么在iPhone X中图片要么被裁切，要么产生黑边或白边，如图 3-74 所示（苹果公司官方的示意图）。

Full-screen 4.7" device image

Cropping on iPhone X

Letterboxing on iPhone X

Full-screen iPhone X image

Cropping on a 4.7" device

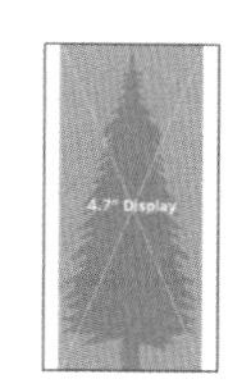

Pillarboxing on a 4.7" device

图 3-74

苹果公司官方并没有强制要求使用哪一种方式，目前行业内采用较多的是让内容等比缩放显示，多出的部分则出现黑边或白边。这也是最安全的一种做法，可以避免内容被裁切。另一种方法就是从中心等比缩放，让内容填满整个屏幕，虽然这可能会导致四周的内容被裁切，但可以得到较好的视觉效果，如果产品内容是可控的，可以考虑采用这种方法。

7. 避免冲突

一款新设备往往会带来新的交互方式，比如之前提到的，在 iPhone X 上呼出控制中心的手势是从屏幕的右上角往下滑。作为交互设计师和 UI 设计师，需要对新设备的一些交互变化也非常了解，这样可以避免在边角区域做相类似的手势或按钮设计时产生冲突。

在 iPhone X 面市之前，可以把按钮以 100% 的宽度放置在界面底部，但是当 iPhone X 面市以后，如果再使用相同的按钮设计，按钮的感觉就不再那么明显，一方面 iPhone X 的屏幕是有弧度的，另一方面 iPhone X 界面最下方是 Home Indicator。因此建议大家把原来 100% 宽度的矩形按钮修改为圆角矩形，并留有一定的边距，如图 3-75 所示。

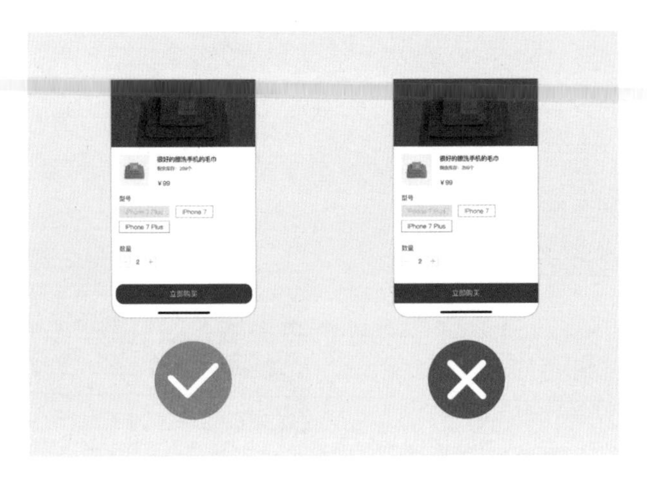

图 3-75

8. 小结

通过上面的分析，大家应该对如何为 iPhone X 进行 UI 设计有了全面的了解，包含的流程有：了解新旧设备的差异、分析界面结构、分析细节差异、考虑内容的适配、避免冲突等。这个流程不仅适用于 iPhone X，还适用于所有的新设备，甚至可以用这个流程分析 iOS 和 Android 应用设计的差异。

另外需要说明的是，如果习惯在 1 倍尺寸的画布上进行设计，当界面设计好后，需要导出 @2x 和 @3x 两种尺寸，分别用于 iPhone 5/5s/6/6s/7/8 以及 iPhone 6 Plus/7 Plus/8 Plus/X。

最后，关于移动设备的 UI 设计细节内容，比如图标、按钮尺寸等，请大家自行下载对应平台的官方 UI 源文件进行分析和模拟。受篇幅限制，此处不再展开讲述。

3.3.2 以 iPad/iPad Pro 为代表的平板电脑平台的 UI 设计

iPad 和 iPad Pro 并不是 iPhone 的简单放大，这是为 iPad 的应用进行 UI 设计时必须牢记在心的一点。

更大的屏幕带来的不仅是视觉范围的增大，还让更多内容的呈现成为可能。设计师在为 iPad 的应用进行设计时，需要把 iPad 看成一款带有触屏功能的计算机，尽量让用户以更高效的方式达到其目标。

实际上从 iOS 11 开始，苹果公司也有意强调 iPad 作为生产工具的特性，在 iPad 中引入了文件 App、程序坞、多任务和拖拽等操作，这些变化使 iPad 的功能更丰富。设计师在进行产品设计时，也需要充分考虑这些系统层级的变化，让产品更具高效性，如图 3-76 所示。

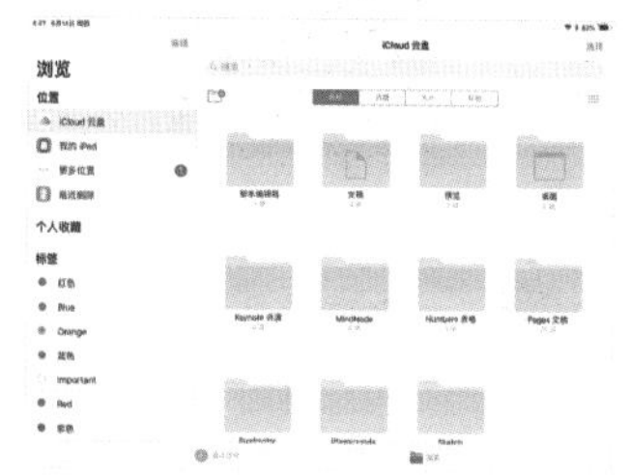

图 3-76

1. 大屏幕下内容的展示

虽然 iPad 可以直接运行 iPhone 的应用，但是用户体验却并不是特别好，如图 3-77 所示。

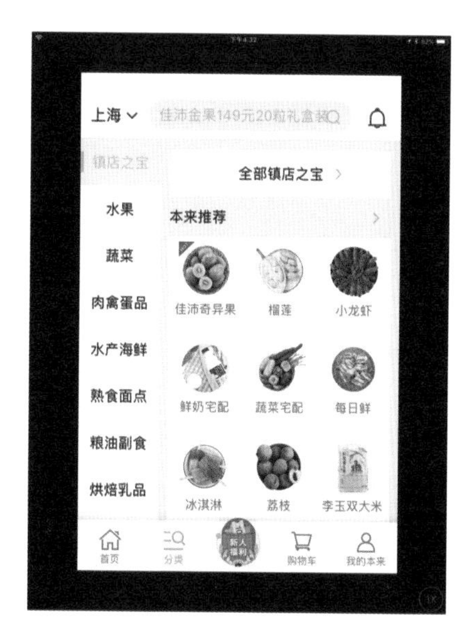

图 3-77

如果是单独为 iPad 研发应用，需要充分考虑内容在屏幕上的展示，关于这一点，可以从以下几个方面进行考虑。

注意在大屏幕下对内容布局的调整

前面已经讲过，iPad 并不是 iPhone 的简单放大，并且 iPad 的屏幕是 Retina 显示屏，这意味着 iPad 的分辨率要比 iPhone 的分辨率高，尤其是 12.9 英寸的 iPad Pro 分辨率达到了 2732px × 2048px。在这么大的分辨率下，如果只是简单地把内容放大，并没有太多意义。

设计师在进行设计时还需要考虑屏幕的物理尺寸，确保内容在更大的设备上以自然、合理的方式呈现，App Store 就是一个很好的参考案例，如图 3-78 所示。

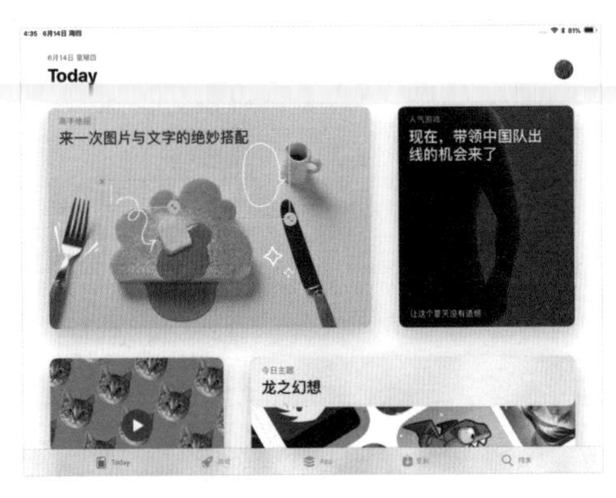

图 3–78

因此，在 iPad 上对内容的布局调整，首先应该把内容合理地放大，再考虑在一行显示更多的内容。

注意每行字数的控制

iPad 屏幕变大后，如果让文字自动进行适配，带来的结果可能是原来在 iPhone 上需要 3~4 行才能显示完的文字，在 iPad 上一行就显示完了，这样可能会导致用户阅读的负担加重，因此在 iPad 上需要人为地对每行的字数进行控制。可以通过分栏或者加大左右边距的做法控制每行的字数，如图 3–79 所示。

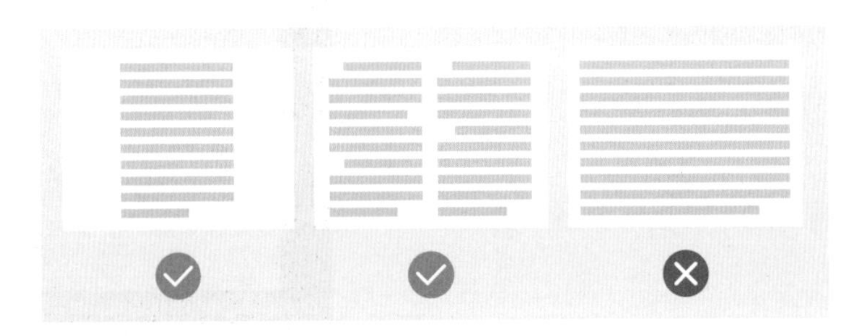

图 3–79

注意某些界面尺寸的控制

虽然在 iPhone 上几乎所有的界面都是全屏的，但是在 iPad 上不一定这样，尤其是一些模态界面。比如 App Store，在 iPhone 上点击内容是全屏显示，在 iPad 上则是控制在一个较小的框中居中显示。另外，对于这些非全屏的界面，需要注意和背景内容进行区分，可以考虑背景模糊或者使用遮罩，如图 3–80 所示。

图 3-80

注意横屏和竖屏界面的切换

在 iPhone 中很多应用只有竖屏模式，这个是没有问题的，但是在 iPad 上最好还是针对横屏和竖屏都做设计，或者把重心更多地放在横屏界面上。因为大家习惯在移动设备上竖屏看内容，在 iPad 上大家更习惯以横屏的方式看内容。

图 3-81 所示是苹果公司官方的应用在 iPad 横、竖屏和 iPhone 客户端的对比。一般在横屏模式下，习惯使用左右分栏的布局，大约比例为 1:2，左侧用来展示内容简介、菜单等概述性内容，而右侧则是主内容的展示。

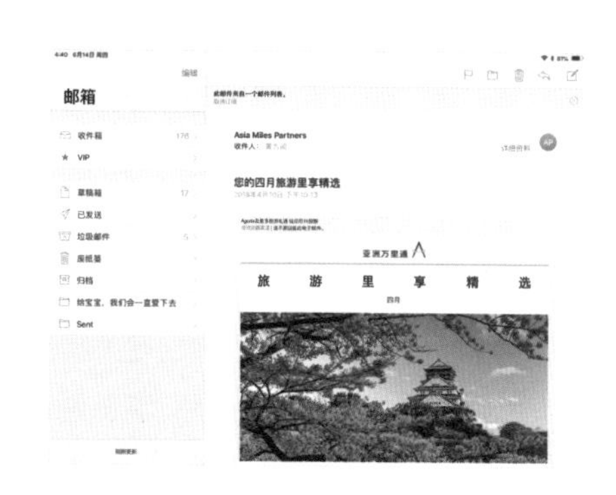

图 3-81

2.iPad 的官方源文件

在 iOS 12 推出后，苹果公司更新了官方源文件，其中源文件内容的重要变化就是新增了大量关于 iPad 的内容。在进行 iPad 应用的 UI 设计之前，建议大家先研究最新的源文件，如图 3-82 所示。

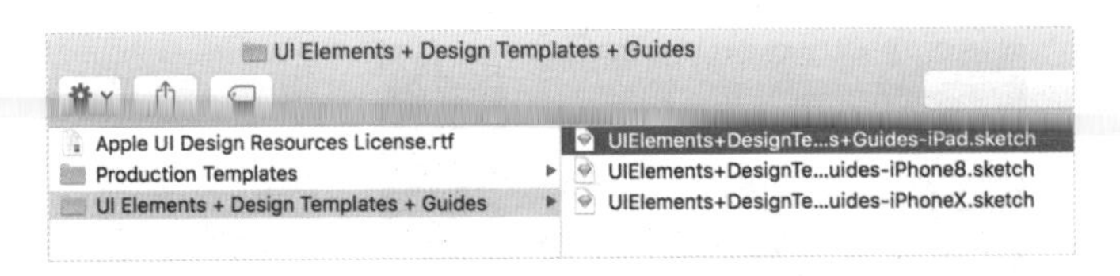

图 3-82

在 Sketch 中打开 iPad 的源文件（部分），可以发现苹果公司还在源文件中添加了界面的跳转，如图 3-83 所示。

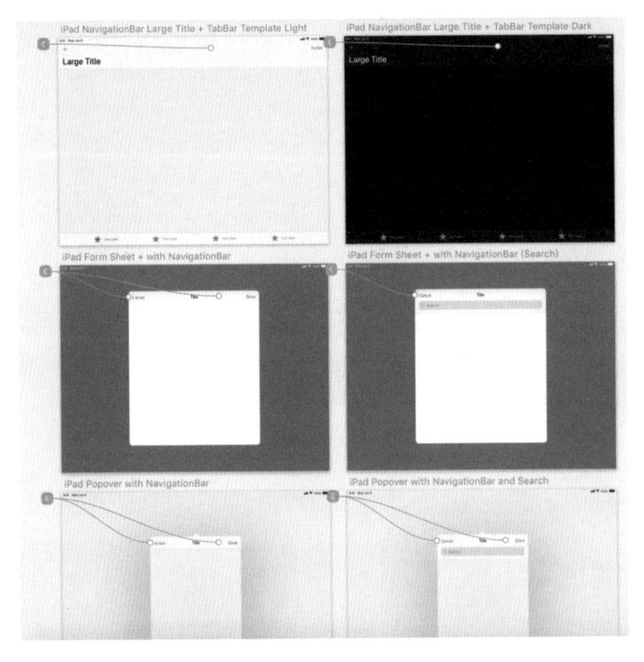

图 3-83

3. 多任务处理

iPad 在 iOS 11 以后开始支持多任务处理，这里的多任务并非像 iPhone 那样简单的后台停滞，而是在同一屏幕上支持两个应用的同时显示并允许用户同时操作。不仅如此，用户还可在两个应用之间进行简单的复制、粘贴和拖拽等操作。这意味着，在 iPad 上应用支持内容的自适应显示和布局必不可少。

在 iPad 上，多任务处理分成两种模式：Slide Over 和 Split View。下面简单对这两种模式进行介绍。

Slide Over

图 3-84 所示是 Slide Over 的效果，实际上这在 iOS 9 中就已经出现，直到 iOS 11 苹果公司才大幅提升了其实用性，让这个功能开始大放异彩。

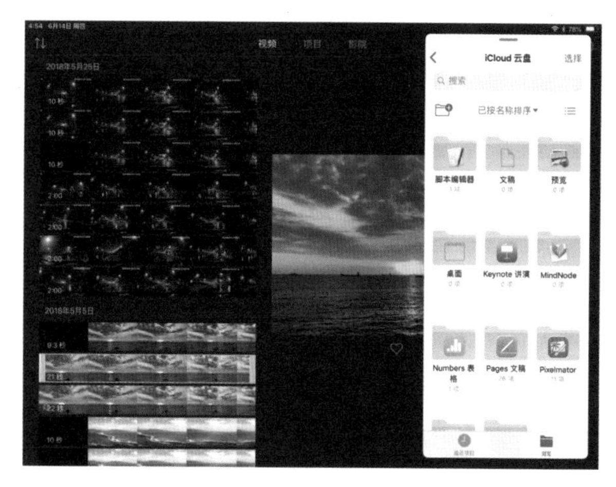

图 3-84

在 Slide Over 界面上，是通过覆盖的方式执行多任务，位于底部的应用界面并未发生改变，这意味着只需要考虑浮动的应用界面即可。该功能通过在 Dock（程序坞）中滑动应用程序得以实现。

浮动的应用程序，在 12.9 英寸的 iPad Pro 上宽度为 375pt，在其他尺寸的 iPad 上宽度均为 320pt，在竖屏状态下宽度保持不变，仍然是 375pt/320pt，如图 3-85 所示。

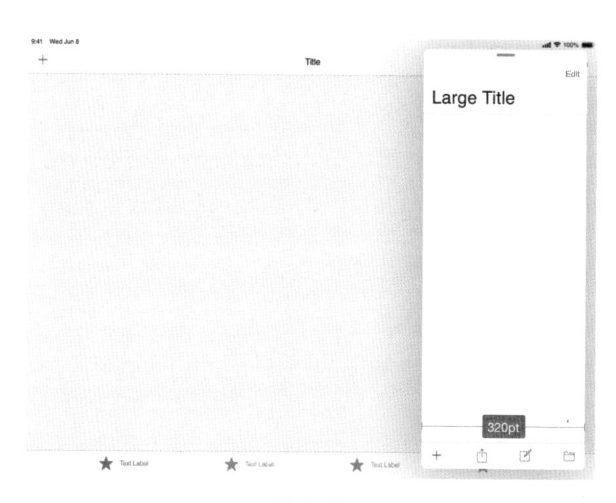

图 3-85

Split View

在Split View状态下，可以同时运行两个应用程序，这两个应用程序将屏幕分成1：2、1：1和2：1这3种状态，如图3-86所示。

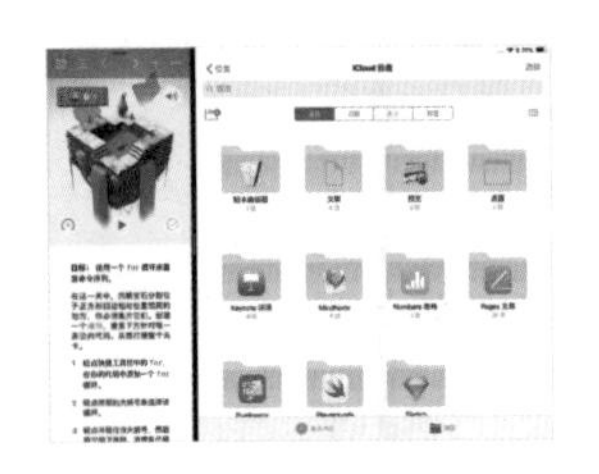

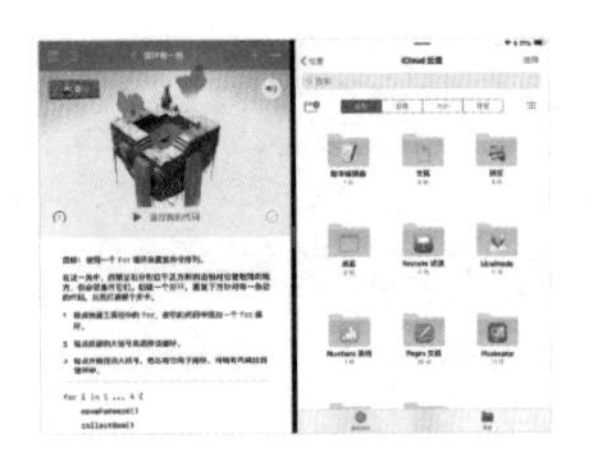

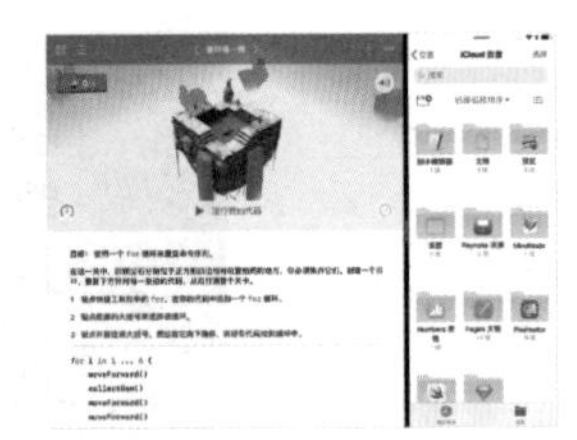

图3-86

在Split View状态下，虽然苹果公司官方将布局定义为1:2、1:1和2:1，但是实际情况却并不是完全按照此比例布局的。设计师在设计时只需要注意较小的界面宽度和Slide Over相似，在12.9英寸的iPad Pro上宽度为375pt，在其他尺寸的iPad上宽度均为320pt，另外扣除中间操控条的10pt就是剩下的界面宽度，如图3-87所示。

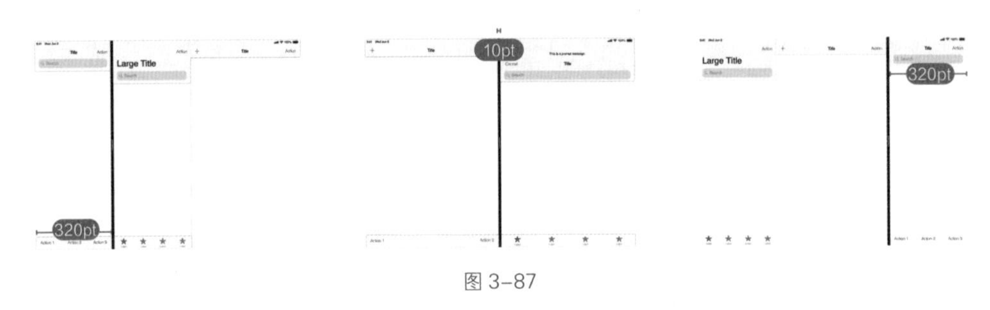

图3-87

实际上，用户在移动操控条的时候，界面也会同步响应变化，这意味着可能App需要适应超过3种宽度，多达16种宽度：320pt、375pt、438pt、504pt、507pt、551pt、639pt、678pt、694pt、768pt、782pt、834pt、981pt、1024pt、1112pt和1366pt。这么多种宽度，不可能针对每种宽度都做一版界面，好在iOS提供了Auto Layout（自动布局）的功能，让一切变得容易。

总之，以iPad为例针对平板电脑进行UI设计时，产品在功能层面的设计思路其实并没有什么差异，更多的是对内容布局的思考以及考虑界面在最小宽度时内容显示的问题。

3.3.3 以 Apple Watch 为代表的穿戴式设备的 UI 设计

对于设计师来讲，Apple Watch 上的应用可供设计的内容不多，笔者所写的《动静之美——Sketch 移动 UI 与交互动效设计详解》一书中也对 Apple Watch 的设计进行了深入的讲解，在这里更多的是和大家讨论，针对穿戴式设备中 UI 设计的一些基本思路。

在对一款设备进行 UI 设计时，首先需要考虑的因素就是这个设备的屏幕尺寸，Apple Watch 的尺寸分成两种，如图 3-88 所示。

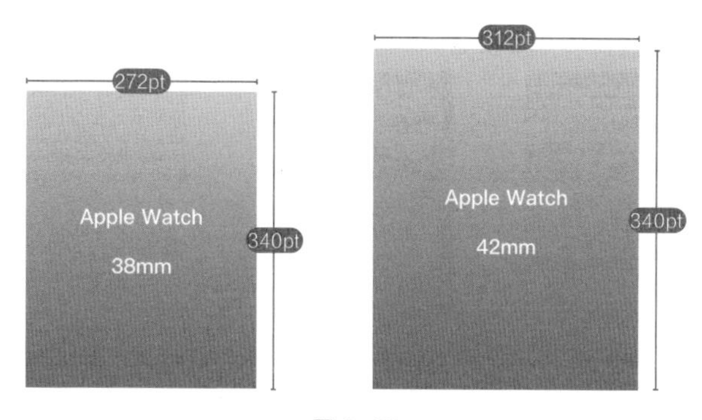

图 3-88

很明显，在这么小的屏幕中并不适合研发一款独立的、具备完整功能的 App，这意味着并非所有的产品都需要进行 Apple Watch 版本的研发，当要研发 Apple Watch 版本的应用时需要注意以下几点。

1. 与个人息息相关

不管产品是否有 Apple Watch 版本的应用，推送到 iPhone 上的所有消息都可以自动推送到 Apple Watch 上面，因此接收推送并不能成为研发 Apple Watch 版本的理由，而加深同用户的关联才是。大部分用户使用 Apple Watch 的场景都是瞬时的、碎片化的，如图 3-89 所示。

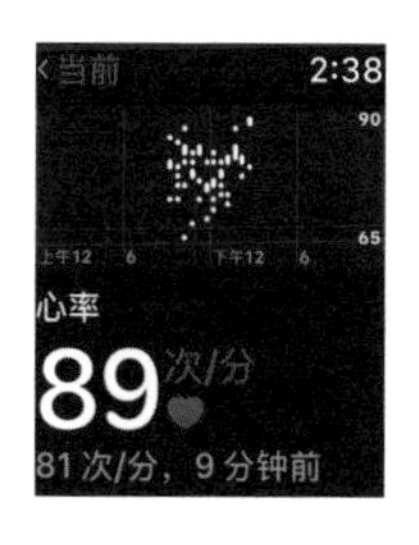

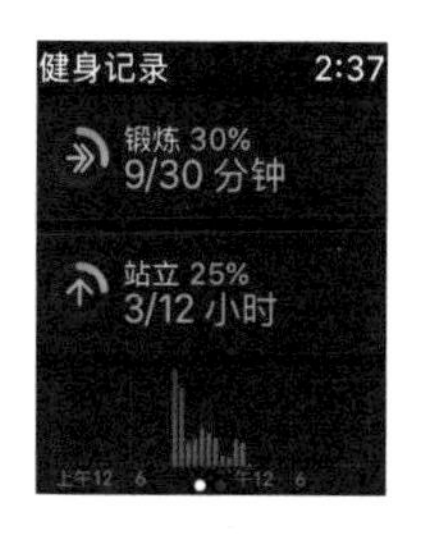

图 3-89

2. 轻量级的软硬结合

这里面包含两个关键词：轻量级和软硬结合。首先，Apple Watch 上面所有的应用软件都是轻量级的。大部分用户不会长时间使用一款 Watch App，更多的使用场景是用来更精准地测量、提醒，以及用在手机无法触及的场景，比如游泳。其次，Apple Watch 的屏幕大小决定了它不会成为一款重度使用的设备，那些具备看完即走特性的工具类应用更适合做成 Watch App。

Apple Watch 提供了 Force Touch 和 Digital Crown 两种全新的交互方式，使用 Force Touch 呼出快捷功能菜单，使用 Digital Crown 进行列表的滑动，如图 3-90 所示。

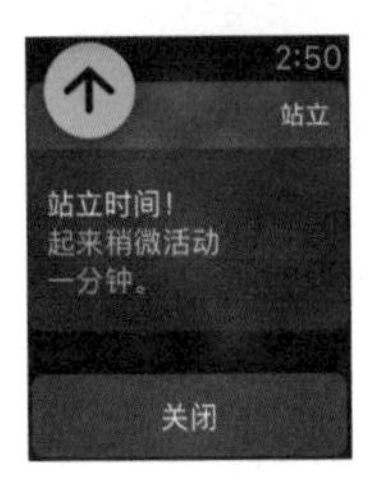

图 3-90

3. 全黑背景下应用的颜色

出于省电的目的，Apple Watch 上所有的界面背景色都是黑色的，这意味着设计师需要考虑应用的配色问题，如何才能在黑色背景上显示出更好的效果。

图 3-91 所示是苹果公司官方在设计指南中所提到的配色建议，大家可以参考。总之，用户在 Apple Watch 上的使用是瞬时的、碎片化的，因此应用的内容应尽量清晰简单。

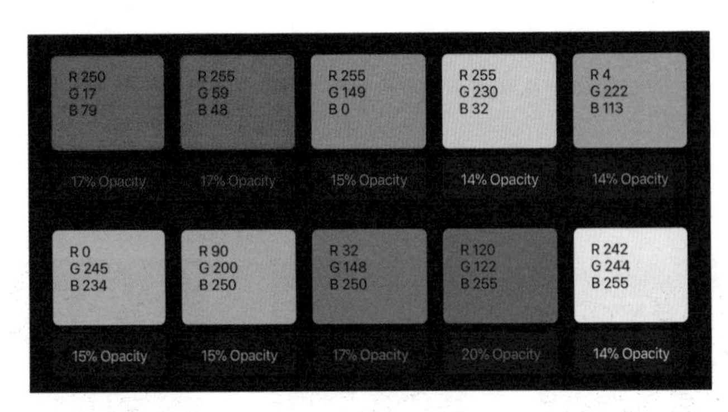

图 3-91

关于 Apple Watch 的设计，就简单介绍到这里。仍然是老方法，在为一个系统进行产品的研发之前，一定要仔细阅读该系统的设计指南并下载对应的源文件进行研究。

3.3.4 网页设计快速入门

从严格意义上来讲，网页设计并不属于 UI 设计的范畴——H5 应用除外，但是 H5 应用实际上和原生应用有着相同的设计思维，这里所指的网页设计就是单纯指一个网站的设计。

设计师在进行网页设计时首先需要明白，网页设计并不像 UI 设计那样有标准的设计规范可供参考，网站可以设计成任何样式，如图 3-92 所示。

图 3-92

虽然网页设计没有标准的规范可供参考，但以下几点是需要特别注意的。

1.Logo 和导航

网页并不像 App 那样会有底部的 Tab 导航或者顶部的选项卡，但导航在网页中必不可少。一般来讲，大家还是会约定俗成地把导航放置在页面的上方或者是屏幕左侧。

除了导航，大部分网页的左上角或者顶部中间会显示这个网站的 Logo，如图 3-93 所示。而对于 App 来说，并不会强制需要在 App 中某个位置展示 Logo（因为每个 App 本身会有一个图标）。

图 3-93

2. 页面滚动

网页常见的滚动方式有 3 种：第 1 种是常规的滚动方式，即将内容直接平铺，用户滚动多少显示多少内容；第 2 种是边滚动边加载，如新浪微博，且往往是在某个区域内滚动而非整个网站一起滚动；第 3 种是一滚动就会切换一屏显示内容，这种方式一般用于产品介绍网站等，对于这种方式页面右侧会有小圆点告知用户当前位于第几页，如图 3-94 所示。

图 3-94

3. 鼠标指针悬停状态

在 App 上按钮只有默认和选中两种状态，而在网页上可以多一种悬停状态。除了按钮外，悬停状态还可以用于导航栏，当鼠标指针悬停在导航上，出现对应的子菜单，如图 3-95 所示。注意，在设计的时候也需要把悬停状态设计出来。

图 3-95

4. 字体

前面讲过，在 App 上最小的字号不应低于 11pt，在网页设计中也有一个类似的标准：16px（注意这里是以 px 为单位）。之所以是 16px，是因为一般情况下 16px=1em，em 是现在前端开发中使用非常广泛的单位，大家可以在 RUNOOB 网站上快速将 px 转化为 em，如图 3-96 所示。

图 3-96

当然，16px 只是浏览器默认的标准字号，在进行网页设计时大家同样可以把最小字号设置为 16px，小于这个字号的字体在浏览器上就比较难看清了。

在 App 中使用了第三方字体后，可以把第三方字体文件内置在安装包中；但是在网页设计中一般不会这么处理，而是会借助一些云字体服务商来显示第三方字体，不过这又会受到网络的影响，因此还需要考虑字体没有加载出来的情况。

5. 网格系统

设计师使用网格系统进行网页设计是一个非常好的习惯，这有助于思考网页在各种屏幕尺寸下的显示效果，并且对开发人员也非常有用，可以让他们更好地理解网页的设计逻辑。

常见的网格系统有 8~16 列，如果不太确定使用哪一种，可以参考 Bootstrap 框架默认的 12 列网格系统，如图 3-97 所示。另外，960px 是普遍使用的总宽度。有关 Bootstrap 的更多信息可以访问其官方网站进行了解。

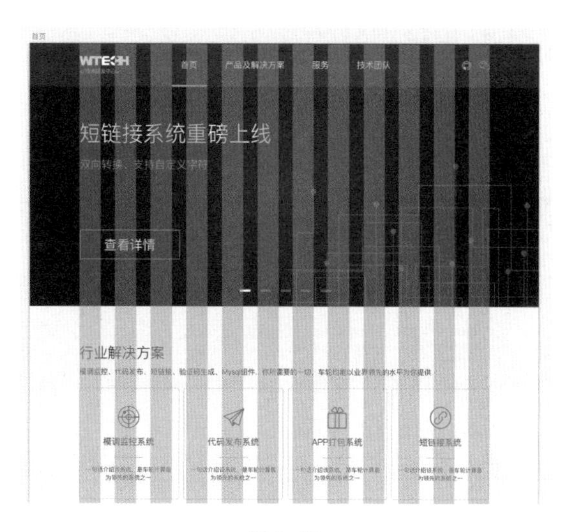

图 3-97

以上是对多平台 UI 设计思维的整理，希望能对大家有所启发。本书并没有对某一个单独的界面进行解说，同样也没有带领大家进行任何界面设计的实操。一方面是因为受篇幅限制，很难用一个或几个界面来代表全部的 UI 设计；另一个更重要的原因是，现在的界面实际上越来越自由，所有的标准只是一个参考和底线，在实际工作中，遇到具体问题应采用具体的方法针对性地解决。

同时，所有的设计归根到底考察的是设计师的思维和审美能力，而非单纯的软件操作能力。大家在平时工作中，一定要养成多看、多收集、多思考和多练习的好习惯，这是成为一名优秀的 UI 设计师必不可少的习惯。

3.4 设计规范

设计规范对于很多设计师来说，是一件既陌生又熟悉的事情。所谓陌生，是不知道这个规范从何而来；所谓熟悉，是或许大家在走上工作岗位的第一天，就收到来自设计团队给出的设计规范，从此所有的 UI 设计都开始根据这个设计规范执行。

笔者发现在实际工作中，很多设计师对于设计规范还是存有很多疑问，另外部分公司的设计规范本身就存在一些问题。希望本节内容可以解答大家的疑问，并帮助大家学会如何创建一套合格的设计规范。

3.4.1 设计规范的意义

这是在创建设计规范之前必须认识清楚的问题，如果没有深入了解设计规范的意义，而是单纯地为了设计规范而创建设计规范就会误入歧途。

回答设计规范的意义之前，请大家思考以下场景。

假设一款产品的研发团队有 100 个人，这个产品一共有 10 个板块，其中每 10 个人组成一个团队负责产品的一个板块，每个团队中都有各自的产品经理、交互设计师和 UI 设计师，而这 10 个团队又没有在一起工作，在这种情况下会出现什么问题？很明显，可能导致的结果是，这个产品会出现 10 种风格，出现非常多不统一的交互，最终会让用户觉得这 10 个板块不像是同一款产品中的。实际上现在很多 App 都存在这种问题，如图 3-98 所示。

图 3-98

假设公司的前端开发人员需要同时开发两个页面，如图 3-99 所示。先抛开美丑和正误不谈，想象一下哪个界面开发起来花费的时间更少？很明显是左边的界面。左边的界面中，每一组都由相同的元素组成，按钮的圆角半径都相同，元素的间距都相同，对齐方式都一致。这样只需要写一段代码，然后复制即可。

图 3-99

假设一位使用了 iOS 设备 3 年以上的用户，现在需要切换到使用 Android 设备，那么从 iOS 11 到 iOS 12 花费的适应时间更长还是从 iOS 11 到 Android 9.0 花费的适应时间更长？很明显，从 iOS 11 到 iOS 12 过渡很自然，并不需要花太多时间适应，但是从 iOS 系统切换到 Android 系统，可能就需要花费几小时甚至几天的时间来适应，因为二者的设计语言和系统的交互逻辑都有着较大的差异性，如图 3-100 所示。

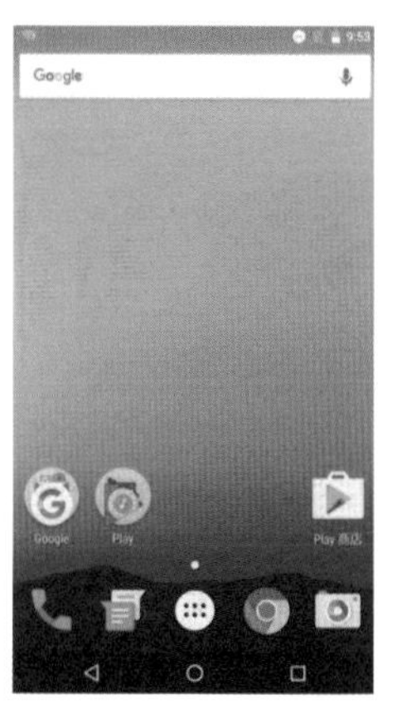

图 3-100

前面 3 个例子分别从设计师、程序员和用户的角度去设想，我们会发现产生这些问题的核心原因是缺乏一套统一的标准帮助大家在执行主观层面的工作时进行客观的评判。那么设计规范的意义就应该包含以下几点。

第 1 点：可以让界面风格统一，提升产品的品牌形象和识别度。

第 2 点：可以将产品元素组件化，提升设计师和程序员的工作效率。

第 3 点：节省研发人员的沟通成本。

第 4 点：避免因设计人员的流动导致设计风格突变。

第 5 点：可以帮助设计人员有针对性地对视觉元素进行优化和迭代。

第 6 点：降低用户的学习门槛，统一产品的用户体验。

以上是有关设计规范的几点意义，这也将成为判断一个设计规范是否合理的标准之一。

很多小公司的工作节奏非常快，可能设计规范都还没做出来，产品已经完全变了一个样子，这就产生了下一个话题：设计规范是否是必要的?

3.4.2 设计规范是否必要

首先，设计规范是一个概括性的文档。以微信的设计规范为例，可以看到有非常多的内容，并考虑到了非常多的情况，如图 3-101 所示。实际上有一些组件在微信的早期版本中并不存在，如图文列表等，而这只是微信设计规范的 1.0 版本。因此在产品早期，以规范文档的形式做设计规范的意义并不是很大。

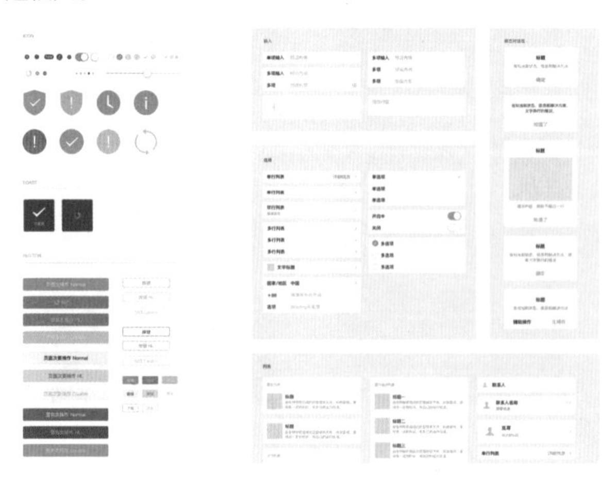

图 3-101

其次，产品是有生命周期的。一款产品在初期的迭代是非常迅速的，并且版本与版本之间可能有着非常大的不同，如果每上线一个不同的版本都制作一版设计规范，会花费大量的时间，并且没有生命长度的设计规范本身也是没有任何意义的。

最后，设计规范并不一定只是给内部研发人员看的，平台型产品的设计规范还需要给外部人员看，比如微信的设计规范，就是在微信推出小程序后才放出来的。

通过前面的分析可以发现，是否有必要制订设计规范，取决于产品是否已经足够稳定和成熟。这里的稳定与成熟并没有一个固定的标准，并不是一定要在产品的 1.0 版或者 2.0 版制订设计规范，而是要看产品的版面在相对较长的时间内是否会发生较大的变化，另外当前的版本是否得到了较多的认可。

另外，设计规范并没有固定的样式，制作设计规范一定要做到功能优先，需要在满足功能性需求的前提下尽量做到精美。当然，不要为了精美而花费过长的时间，因为设计规范本身也是在不断迭代的，首先得保证规范的完整性和正确性。

3.4.3 设计规范的种类

互联网产品的设计规范一般有两种常见的形式：一种是纯设计类的设计规范，一种是和前端人员一起创建出来的设计规范，如图 3-102 所示。

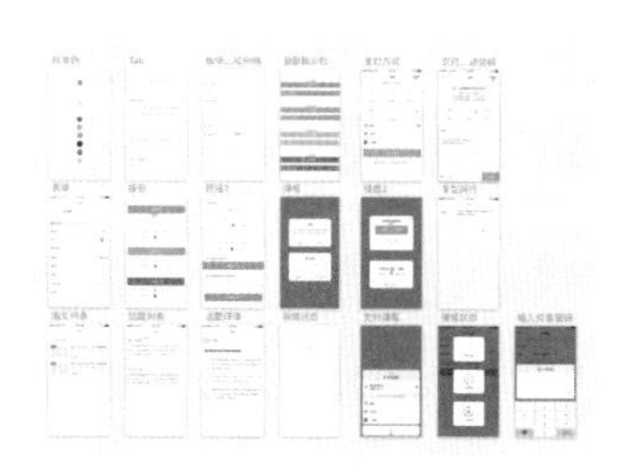

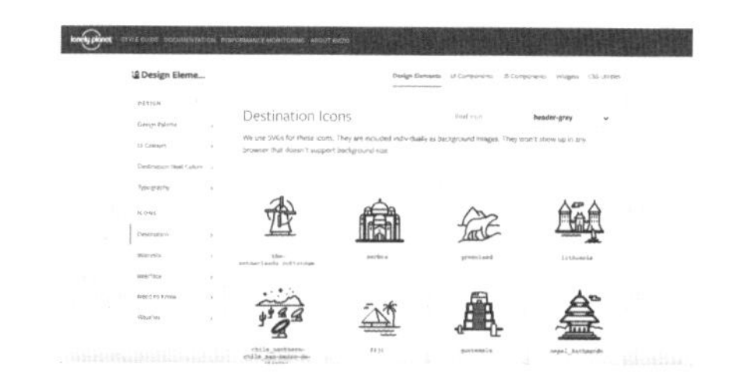

图 3-102

纯设计类的设计规范适合小型团队，由设计人员便可单独完成；前端人员一起参与创建的设计规范适合大型团队，往往需要跨部门合作才能创建完成，会有一个相对较长的创建周期，并且迭代起来不如纯设计类的设计规范灵活，但是这类设计规范一旦创建出来，将能较纯设计类的设计规范更大地提升工作效率，并且这类设计规范往往是可以展示交互效果的，更加全面、完整。

采用何种设计规范，取决于团队当前的实际情况。如果是一个小型团队，且在产品不成熟期间就选择和前端人员一起创建包含前端代码在内的设计规范，这样不仅会浪费大量的时间，还不能起到太大的实际作用。

3.4.4 设计规范的创建

前面已经讲过，设计规范并没有统一的样式，可以做成 PDF 文件，也可以直接使用 Sketch 制作一个源文件，甚至可以直接采用图片的形式，这里主要讲解设计规范中应包含的内容和需要注意的事项。

因为本书的主要读者是设计师，所以这里创建的设计规范以纯视觉的设计规范为主，并不会涉及和前端人员一起创建的设计规范内容。和前端人员一起创建的设计规范也必须以纯视觉的设计规范为基础。

一份完整的设计规范应该包括文字、按钮、图标、间距（布局）、交互控件、颜色等内容，接下来对每个内容进行详细介绍。

1. 文字

在设计规范中，文字可以单独展示，也可以结合 UI 控件一起展示。设计规范中的文字应该包含这个产品内所有的文字格式，包括文字的字体名称、字号、字重、字符间距、行高、字色和使用场景说明等。

在图 3-103 中并没有标明字体的名称，这是因为，如果一款产品所有的文字都采用相同的字体，就没有必要把每一层级都标出来，实际的产品也不会只有 4 层。另外，使用场景用文字描述非常空洞，如果条件允许，最好在旁边配上示意图，文字发生交互时产生的颜色变化也应该写出，比如部分产品已读的文字和未读的文字在字色和字重方面会有不同。

层级	字号	字重	字色	行高	使用场景
一级	34pt	Semibold	#000000	48pt	主标题
二级	26pt	Medium	#333333	37pt	文章标题、用户名
三级	18pt	Regular	#333333	25pt	正文内容
四级	12pt	Regular	#666666	17pt	阅读数、评论数

图 3-103

需要注意的是，一款产品中的文字层级不应过多，同时层级与层级之间应有相对较为明显的字号差异。除此之外，字体的设计规范应该等界面设计好后再确定，不要在一开始就把字体限制住了。

2. 按钮

一款产品中按钮往往有很多种，并且不同的按钮代表着不同的功能，在制订按钮的设计规范之前，一定要全面思考产品中所有的按钮，以及按钮所有可能的状态。

一般同一款产品代表同一类功能的按钮，应该保持按钮尺寸、按钮颜色、按钮文字、按钮圆角半径、按钮交互状态的统一，否则制订设计规范就没有意义了。

如果设计规范是以源文件的样式存在，那么直接把按钮摆在那里即可；同时，按钮上面的文字不要都写成“按钮”两字，而应该写出该按钮所代表的意思，如图 3-104 所示。

图 3-104

特别强调两点：第 1 点就是一定要确保按钮的统一，第 2 点就是在设计规范上一定要有按钮的交互状态。

3. 图标

图标和按钮类似，在设计规范中应列出产品内所有的图标以及图标对应的所有状态样式，如选中状态、未选中状态等。如果图标是以源文件的形式给出，那么直接放在源文件中即可；如果图标是以非源文件的形式给出，那么还需要标注图标的尺寸、颜色等，如图 3-105 所示。

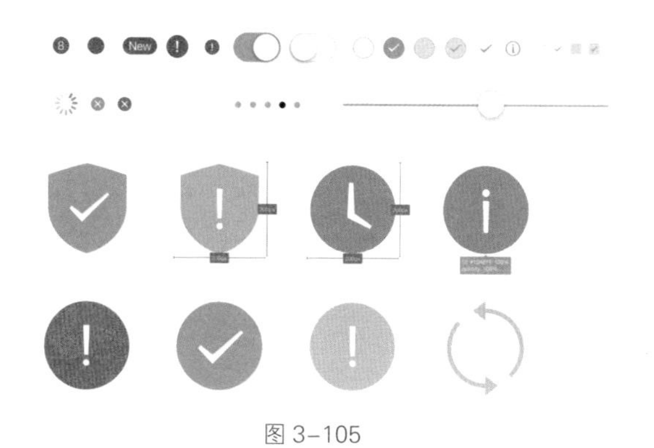

图 3-105

4. 间距（布局）

这里的间距（布局）一般是指对内容设定规范，设计规范展示的应该是单个元素的规范，而非整个页面的规范，这是大家务必要注意的。

一般需要规定间距（布局）的内容包括但不限于列表、文章、卡片等，对于每项内容应该尽可能把所有的情况都列出来，同时还需要考虑限制条件。比如内容为一行时的显示效果，内容为两行时的显示效果，每行最多多少字，最多多少行，超出限制后的显示效果等。

对于文字本身，也应该有统一的规范，同一层级下文字的属性应该是统一的。以列表为例，同一层级的列表中每个内容的标题、正文、备注等文本的属性应该相同。

如果间距的设计规范是源文件，标注就是可有可无的；如果间距的设计规范是非源文件，标注就是必须要有的，如图 3-106 所示。

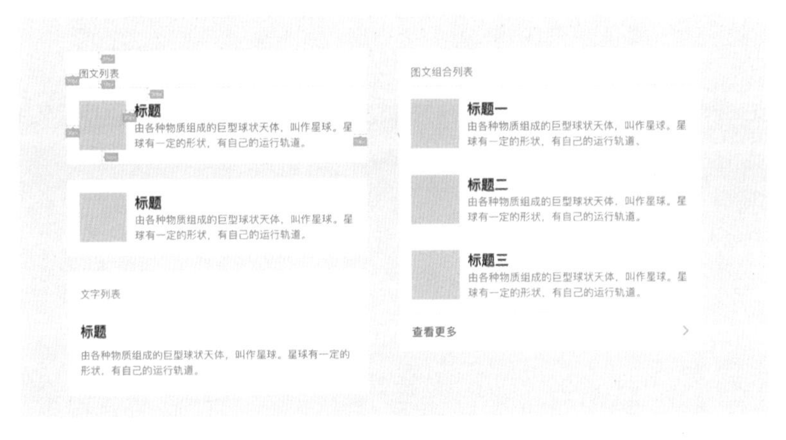

图 3-106

5. 交互控件

前文已经讲过的按钮和部分图标都属于交互控件的一种，这里单独提出来讲的是如弹窗等其他交互控件，用来描述产品所有可能出现的内容。

对于交互控件的规范设置，需要考虑好控件所有可能出现的形态和场景，同时还要规范好每个形态下控件的组成内容，如图 3-107 所示。

图 3–107

6. 颜色

颜色是设计规范中非常重要的一项内容，同时也是最能保证界面风格统一的规范。一般一款产品往往不止一种颜色，设计规范中需要把这些颜色的色值列出来，并且区分出主题色和辅助色，同时需要说明每种颜色的使用场景和代表的含义。

图 3–108 所示就是某产品设计规范中关于颜色的内容，这个规范中最大的问题是没有对每种颜色的使用场景进行说明，这是大家在制订设计规范时需要尽量避免的情况。

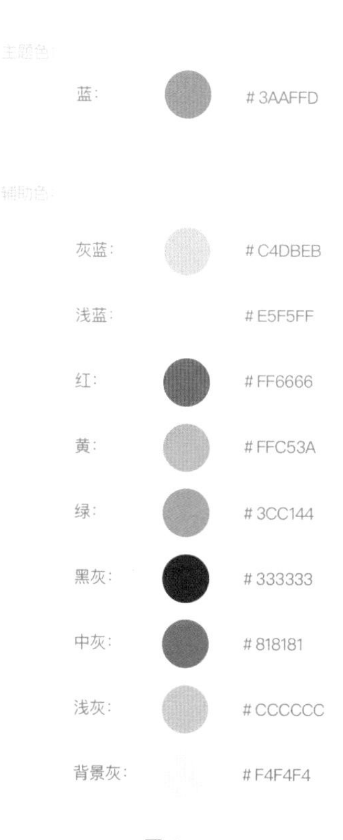

图 3–108

以上是关于设计规范的一些内容介绍。设计规范是以功能性为主的文档，一份设计规范的质量很大程度上还是取决于 UI 设计本身。另外，设计规范应该是有弹性的，在制订设计规范时应避免把所有内容都限定在一个很小的范围内。一套设计规范往往不是一个人单独做出来的，而是整个团队合作的成果，并且设计规范本身和产品一样，也应该是在不断迭代的。

有关视觉设计方面的内容就讲到这里。不同于传统的 UI 教程，本章中并没有针对任何一个具体的界面讲述如何进行设计，实际上 UI 设计是一门非常理性且实用的学科，任何脱离实际需求讲 UI 设计的意义都不是很大。

在本章第一节就已经说到，如今的 UI 设计越来越自由且越来越回归设计本质，当获取一个界面设计的需求时，已经没有必要再去纠结这个字体是用 17pt 还是 18pt，这个间距是 20px 还是 16px 等问题，存在的都是合理的，只要是能用的就是可行的。

本书刻意避开了软件知识，只是单纯地讲思维，希望大家能明白无论是 Photoshop、Sketch 还是 Adobe XD，抑或是其他任何的设计软件其实并没有好坏之分。在高级 UI 设计师手里，使用任何设计软件都能设计出同样优秀的界面，关键在于是否具备了这些思维。

04

第 4 章 设计师的编程思维

4.1 设计师与编程

很多 UI 设计师在学习编程之前会有两个疑惑。一个是：在工作的团队中会有专业的程序员，那么为什么还要学习代码呢？另一个是：学习跨行业的知识需要付出很多时间和精力，是否划算呢？

接下来就为大家解答疑惑，并对编程的基础知识进行介绍。

4.1.1 设计师了解编程的意义

首先需要大家明白的一点就是，这里说的是“了解”而非“学会”，本章的目的不是让大家成为程序员，而是帮助大家从初级设计师进阶到资深设计师，具体表现在以下几个方面。

能更好地和程序员进行沟通，并能提升自己在团队中的认可度。

大家在做设计的时候会发现，如果对方完全不懂设计，双方沟通起来会很吃力，并且如果对方提出一些天马行空的想法，会让设计师很无奈。同样，如果设计师完全不懂编程，在跟程序员沟通时也会出现很多问题。

在图 4-1 中左边的是设计界面，右边的是上线后的效果。如果设计师不懂编程，只能对程序员说，这个阴影太明显了需要浅一点；如果设计师懂编程，可以对程序员说，这个阴影需要调整成水平距离为 0px，垂直距离为 2px，模糊距离为 4px，颜色为 #102349，50% 的不透明度，然后把 box-shadow: 0 2px 4px 0 rgba(16,35,73,0.50) 这段 CSS 代码发给程序员。这样的沟通会更加有效、快速，并且程序员们也会更愿意与这样的设计师共事。

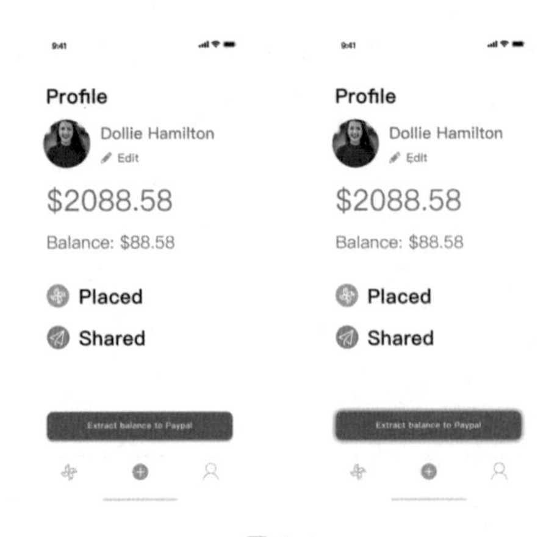

图 4-1

了解设计对于性能的影响以及通过设计来提升产品性能。

在过去会认为性能是程序员需要考虑的问题，但是实际上设计对于产品性能也会有很大的影响，尤其是对于 HTML5 产品。如今使用大图或者视频作为背景的网站越来越多，如图 4-2 所示。而背景的大小决定了加载时间的长短，在优化前和优化后，用户加载相同内容的时间可能相差 10 倍之多。这是本章会重点讲解的内容，也是初级设计师进阶到资深设计师的必备思维。

图 4-2

给自己更多的可能性。

随着行业的发展，现在有越来越多的工具能帮助设计师们以“零编程”的方式实现设计的内容，但实际使用中，不可避免地还是会涉及一些代码问题，比如知名的交互软件 Framer Studio。本书虽然不会介绍如何使用该软件，但是了解基本的编程知识后，大家自行学习和上手将会容易得多。另外，在找工作的时候如果把自己制作的在线网站作为展示作品，将是一个很大的加分项，如图 4-3 所示。

图 4-3

成为一个更好的人。

编程的学习门槛在不断降低，在不久的将来人人都会编程并非不可能。虽然编程对于设计师来说并非职业必备技能，但是在学习编程的过程中，对逻辑思维能力、批判性思维能力和解决问题能力的培养和提升有很大的帮助。图 4-4 所示是苹果公司提出的“人人能编程”的概念，大家可以访问苹果公司官网了解更多信息。

图 4-4

4.1.2 编程的几个基本概念

完全不了解编程的人，有几个基本的概念需要了解。为了便于设计师更容易理解，本书会结合一些实例来讲解这些概念。

1. 前端和后端

以注册 / 登录界面为例，用户所看到的输入框、按钮、文字、图片的样式和摆放的位置，以及所有可交互的点击效果，都需要前端程序员编写代码。用户点击按钮后，输入的内容与服务器进行数据交换和验证等，这就是后端程序员需要处理的内容。

可以这样简单理解：用户可以看到的内容是前端的范畴，包括界面、交互等；用户看不到的数据交换则是后端的范畴，比如数据的访问、读取等。因此，UI 设计师与前端的联系更加紧密，交互设计师与后端的联系更加紧密，毕竟后端的一些逻辑，也是交互设计师必须要考虑的内容。

2. 后端和后台

后端和后台是两个完全不同的概念，并且两者也不是同一层级的内容。简单来说，后台是需要前端和后端一起才能开发出来的，可以把后台理解为一个产品。以微信公众号为例，图 4-5 所示是微信公众号的后台界面，微信公众号运营者可以在这上面对发布的内容进行管理，除此之外微信公众号运营者还能在此管理用户、留言和查看统计数据等，这些操作是关注该公众号的用户看不到的。这个后台界面所呈现的效果则是由前端人员编写出来的；而对内容进行管理，比如发布一篇文章后，内容提交到服务器，服务器再发送给所有关注该公众号的用户，这里面数据的交换和处理则是后端人员的杰作。

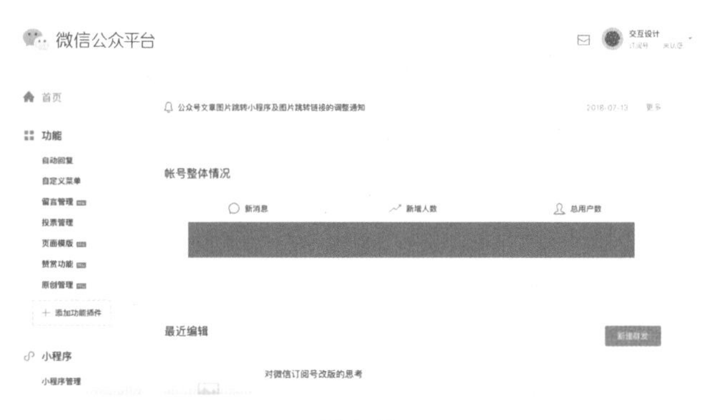

图 4–5

3. 动态页面和静态页面

大家千万不要简单从字面意思上去理解，认为有动效的就是动态页面，没有动效的就是静态页面，这是错误的观念。实际上，这个动与静是指页面是否需要同服务器进行数据交换。一般来说可以简单理解为，这个页面上的信息是否需要随时变动。可以随时变动的就是动态页面，比如新闻网站、博客列表等，网站上面的数据是在不断更新的，往往会通过后台更新页面上的内容。静态页面上的内容是不可变的，如果需要变更内容，则需要把内容修改后重新发布，比如苹果公司官网的产品介绍页面就是静态页面，如图 4–6 所示。

图 4–6

静态页面的开发相对比较简单，并且可以更容易地实现特定的效果；而动态页面涉及数据相关的内容，开发相对比较复杂。一般情况下，当页面上的内容长期稳定时，用静态页面即可，而内容多变时则应用动态页面。另外，现在绝大部分页面中既有动态内容也有静态内容，判断页面是动态还是静态要看页面绝大部分内容是动还是静。

对于同一个页面，既可以制作成动态页面，也可以制作成静态页面，在实际工作中如何选择，得看内容变更的周期。如果将页面制作成静态页面，就需要通过前端把图片、文字全部写在代码里。如果将页面制作成动态页面，前端程序员则需要把这些内容的样式写好，然后由后端人员把对应的接口给到前端，用户在后台上传内容后，内容通过前端指定的样式进行呈现。

4.Native App、Web App、Hybrid App

Native App、Web App 和 Hybrid App 是现在移动端常见的应用程序种类，实际上是根据研发技术和模式的不同进行区分的。

Native App 即常见的原生 App，一般 iOS 系统上的原生 App 使用 Swift 或者 OC 语言进行编写，而 Android 系统上的原生 App 使用 Java 语言进行编写。

Web App 是指使用 Web 技术研发的 App，一般使用 HTML/CSS/JavaScript 等进行编写，如今非常流行的“小程序”其实就是 Web App。Web App 本质上就是一个网站，但相对于普通网站更注重交互和功能。

Hybrid App 则介于原生 App 和 Web App 之间，一般我们对于重交互的界面和功能框架采用原生技术编写，而对于轻交互和信息类页面则使用 Web 技术进行开发，这样可以将原生和 Web 的优势相结合，并弥补其各自的不足。

图 4-7 所示是百度百科中对于三者的对比。

	Web App（网页应用）	Hybrid App（混合应用）	Native App（原生应用）
开发成本	低	中	高
维护更新	简单	简单	复杂
体验	差	优	优
Store或Market认可	不认可	认可	认可
安装	不需要	需要	需要
跨平台	优	优	差

图 4-7

4.1.3 自学编程

受限于本书的篇幅和定位，读者读完本书虽然并不能掌握编程技能，但有可能会对编程开始产生兴趣。笔者在这里给希望深入学习编程的读者一些建议。

第 1 点，选择一门适合的编程语言。对于设计师来说，首选的应该是前端类的编程语言。就目前的环境来说，推荐大家将 JavaScript 或者 Swift/OC 作为第一门编程语言进行学习。具体学习什么语言可以根据当前的工作需要和个人兴趣而定。

第 2 点，编程思维和设计思维有一定的差异。大家不妨先从简单的语言开始学习，培养自己的编程感觉，这也是本书选择 HTML/CSS 带领大家入门的原因，因为这是最接近设计思维的语言，也是相对容易理解的语言。

第 3 点，编程和设计一样，需要在不断实践中学习。当学习了一些新的知识后，一定要亲自动手练习加深理解。在设计中，一个像素的偏差可能会对整体效果产生非常大的影响，在编程中，一个标点的错误可能导致 bug（软件缺陷、错误）的产生，这些细节都需要亲自动手实践才能发现和体会。

第 4 点，要善于思考。编程是一件很理性的事情，遇到问题一定要深入思考，并且不轻言放弃。

4.1.4 Sublime 的快速入门

在学习代码之前，找到一款优秀的代码编写工具非常重要，推荐大家使用 Sublime Text 3，这是目前应用广泛的代码编写工具。

1.Sublime Text 3 的下载与安装

Sublime Text 3 的下载非常简单，只需要去官网下载即可。该软件支持 Windows、macOS 和 Linux 操作系统，如图 4-8 所示。

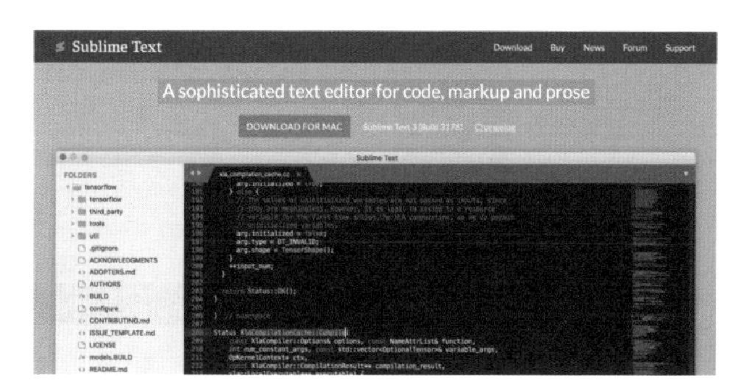

图 4-8

需要注意的是，Sublime Text 3 是一款收费软件，对于未付费的用户，软件右上角会有 UNREGISTERED（未注册）的字样，如图 4-9 所示。

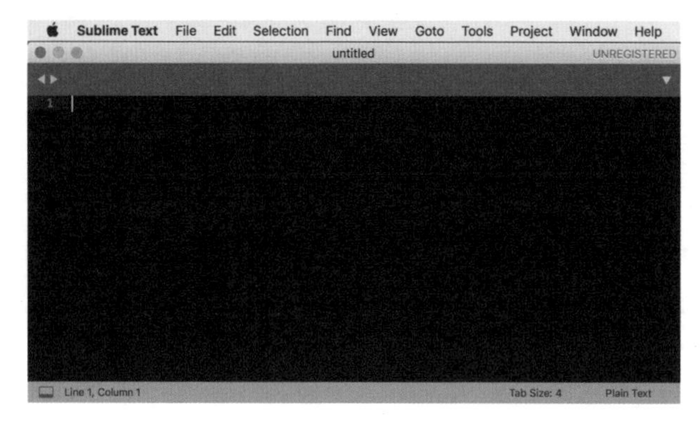

图 4-9

大家如果试用满意可以在 Sublime 的官网进行购买，根据说明得到序列号，将其输入 Sublime Text 3 中进行激活即可。

2.Sublime Text 3 的基础使用

任何代码本质上都是一段文本，因此可以把 Sublime Text 3 理解为一个加强版的文本编辑器，大家可以在上面输入任何文字。

Sublime Text 3 会根据文档的后缀名自动识别当前文档是何种代码，比如打开一个名为 1.html 的文件，Sublime Text 3 会自动识别为 HTML 代码，并遵循 HTML 的语法进行显示。

打开 Sublime Text 3 后，按 command+N 组合键可以新建文档，按 command+S 组合键可以保存文档，保存时需要手动输入后缀名，如图 4-10 所示。

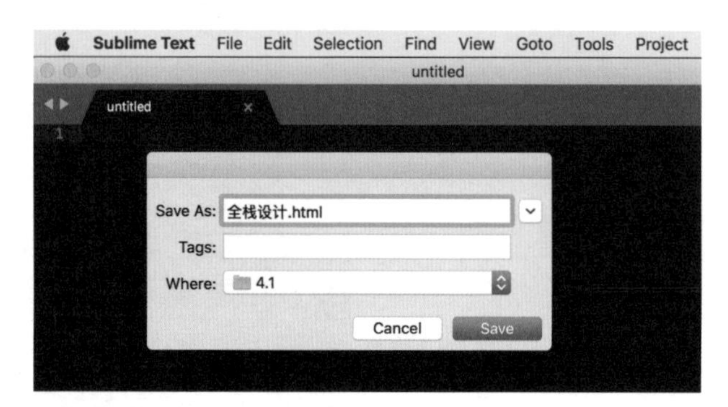

图 4-10

要使用 Sublime Text 3 打开某个代码文件，只需要把该文件拖入 Sublime Text 3 的窗口中即可。

3.Sublime Text 3 的插件

Sublime Text 3 之所以强大，插件功不可没，大家可以在互联网上找到非常多的关于 Sublime Text 3 插件的知识，这里主要介绍一款可以智能补齐代码的插件：Emmet。

Sublime Text 3 的插件是通过代码的形式进行下载和安装的，因此比一般的设计软件的安装要麻烦一些。要安装插件，需要在 Sublime 中安装 Package Control 组件。由于 Sublime Text 3 软件本身更新比较快，可能会导致不同版本安装 Package Control 的方法不同。具体安装方法大家可以通过互联网自行搜索，并了解 Package Control 的详细功能。当 Package Control 组件安装成功后就可以开始安装插件了，具体安装方法如下。

第 1 步：按 command+Shift+P 组合键打开 Package Control 面板。

第 2 步：在面板中输入“install”快速筛选出安装插件命令（Package Control：Install Package），然后选中并按 Enter 键，如图 4-11 所示。

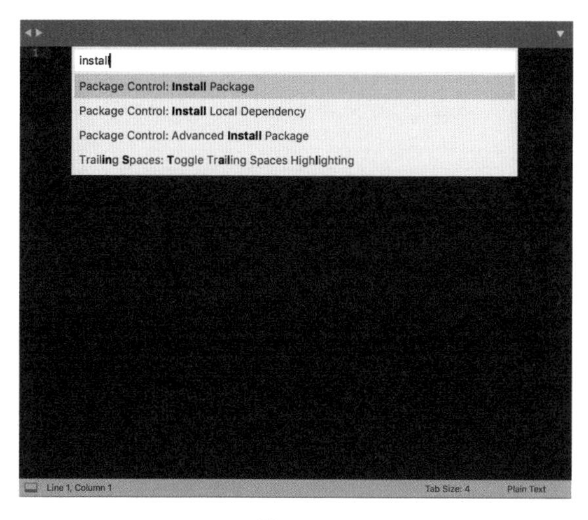

图 4-11

第 3 步：在新的界面中输入“emmet”并按 Enter 键即可下载并安装该插件，该插件的安装速度取决于网络。关于该插件的介绍，大家可以在 Emmet 官网中深入了解。

Sublime Text 3 有着非常多优秀的插件，有兴趣深入学习编程的读者，可以在网上找到相当多的推荐，其安装的方法与 Emmet 插件的安装方法相同。

4.2 认识 HTML 文档

HTML 是一种常见的编程语言，对于设计师来说这是入门编程非常好的选择。虽然从严格意义上来讲，HTML 并不同于通常所说的“编程”，里面并不会涉及任何的“循环、条件判断”等，但是正因如此，设计师能以更接近设计思维的方式走进代码的世界。

4.2.1 HTML、CSS 和 JavaScript 之间的关系

下面以百度首页为例讲述 HTML、CSS 和 JavaScript 之间的关系，如图 4-12 所示。

图 4-12

这是一个非常简单的网页，在这个网页中能看到以下的内容，如图 4-13 所示。

①网站的图标和站点名字。

②导航条和链接。

③网站的 Logo。

④输入框。

⑤按钮。

⑥底部版权等说明。

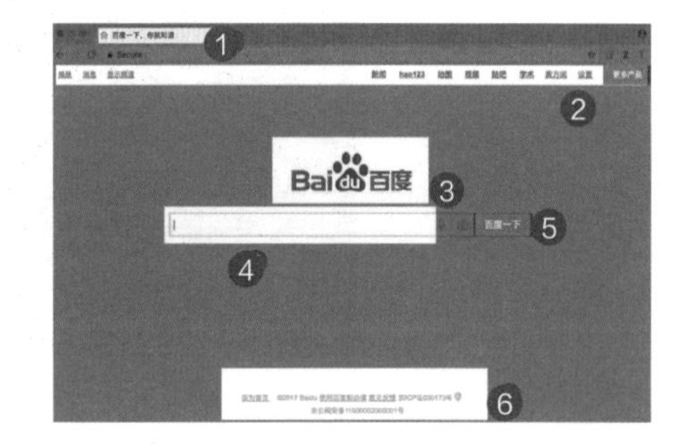

图 4-13

试想一下上述对象是如何设计的?

第 1 步，当获取产品需求文档后，上面会注明需要设计的界面有哪些内容。

第 2 步，根据这些内容设计出好的用户体验界面。

第 3 步，设计界面并思考界面之间的跳转逻辑和跳转效果。（在设计时往往会综合考虑第 2 步和第 3 步。）

HTML 就如同第 1 步，要告诉浏览器这个网页有哪些内容；CSS 就如同第 2 步，要告诉浏览器这个界面内容的样式是什么样的；JavaScript 就如同第 3 步，要告诉浏览器网页上元素的动作行为。

4.2.2 浏览器

要浏览网页必须要通过浏览器。可以把浏览器理解为一个翻译器，作用是把 HTML、CSS 和 JavaScript 等文件翻译后展现在用户面前。

相同的 HTML、CSS 和 JavaScript 等文件用不同的浏览器打开，显示的效果可能会出现差异，在实际开发的时候，往往会以某个浏览器为主进行开发。如果缺少研发精力，会建议用户使用某个浏览器访问以达到最佳的效果；如果有足够的研发精力，程序员会根据主浏览器的效果进行其他浏览器的适配。

目前市面上主流的浏览器有 5 种：Chrome、Safari、IE、Firfox 和 Opera，如图 4-14 所示。这里是根据浏览器的内核进行划分的，浏览器内核的标准名称为 Rendering Engine（渲染引擎），正是浏览器内核的不同导致了网页显示的差异。相同内核的浏览器可以理解为同一类浏览器。

图 4-14

虽然 Chrome 和 Safari 都是使用 WebKit 内核的浏览器，但是它们依然有所不同，有兴趣的读者可以自行搜索相关资料进行了解。

因为 Chrome 浏览器是谷歌公司推出的，所以安卓系统中默认的浏览器也是 Chrome；因为 Safari 是苹果公司推出的，所以 macOS 和 iOS 系统中默认的浏览器是 Safari；因为 IE 是微软公司推出的，所以 Windows 系统和 Windows Phone 中默认的浏览器是 IE。至于 Firfox 和 Opera，因为自身没有研发操作系统，所以并没有作为某操作系统的默认浏览器，但二者也凭借自身的优秀性能，在市场上有一定的占有率。

设计师设计界面时应选择市场占有率高的浏览器进行设计。要了解浏览器的市场占有率，可以通过百度统计数据进行查询。在该网站除了可以查询浏览器的市场份额，还能查询操作系统、分辨率等数据，这些数据也应该成为设计时的参考，如图 4-15 所示。

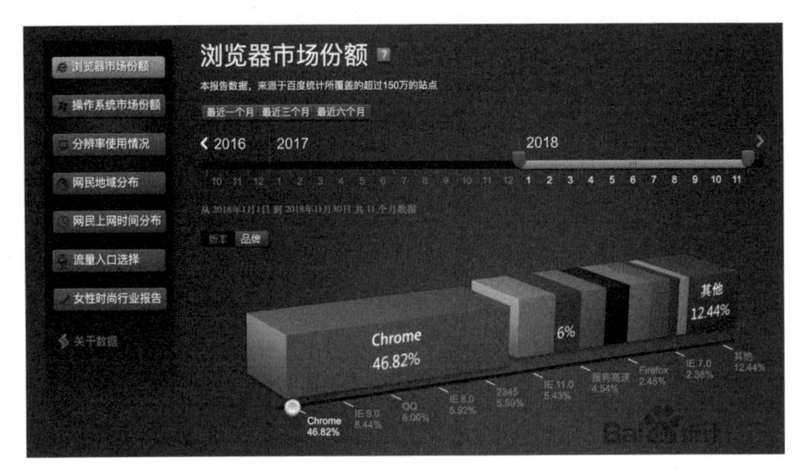

图 4-15

通过数据可以看到 Chrome 浏览器占据了绝对的优势，因此设计师可以考虑优先对 Chrome 浏览器进行研发。本书后面的所有实例也都是以 Chrome 浏览器为例进行讲解。

用户访问网页时，浏览器和服务器会发生数据交互，这个交互的过程相对比较复杂，可以通过图 4-16 进行简单了解。

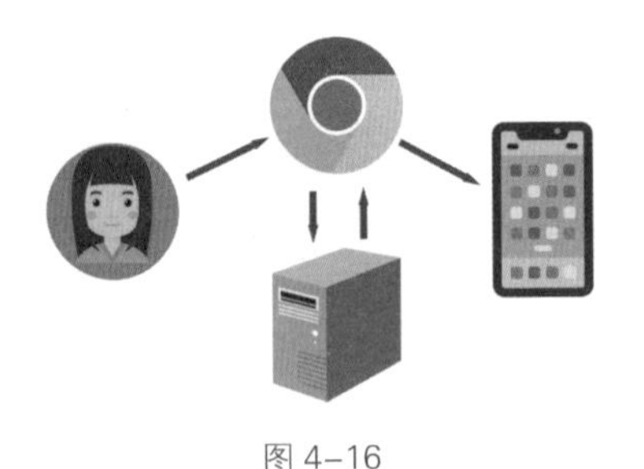

图 4-16

当用户在浏览器地址栏输入网址后，浏览器会根据网址所对应的 IP 找到服务器，然后从服务器中将文件下载到本地，浏览器把文件翻译出来后，以网页的形式呈现在用户面前。

可以把这个过程理解为下载文件然后解析并打开的过程。只要明白了这一点，对后面讲解的性能优化的知识就能很容易理解了。

4.2.3 HTML 的定义

HTML 的全称为 Hyper Text Markup Language，翻译成中文就是超文本标记语言。超文本标记语言很好地描述了 HTML 的特性，它是一种标记语言，而不是编程语言，使用标记标签描述网页。下面以图 4-17 所示为例进一步进行讲解。

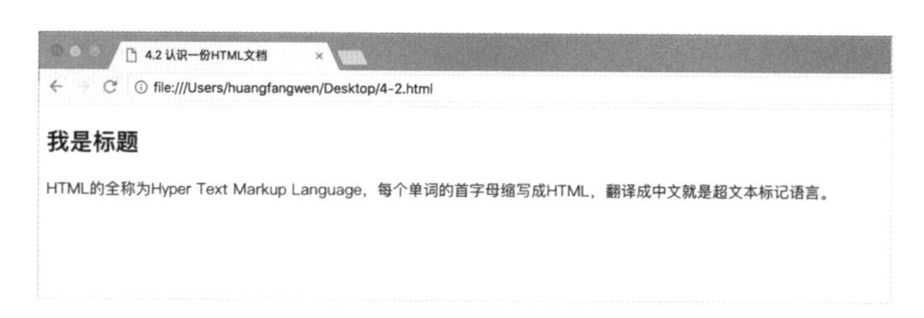

图 4-17

这是一个很简单的网页，代码如下。

```
<!DOCTYPE html>
<html lang="en">
<head>
   <meta charset="UTF-8">
   <title>4.2 认识一份 HTML 文档 </title>
</head>
<body>
   <h2> 我是标题 </h2>
   <p>HTML 的全称为 Hyper Text Markup Language，每个单词的首字母缩写成 HTML，翻译成中文就是超文本标记语言。</p>
</body>
</html>
```

代码与网页的对应如图 4-18 所示。

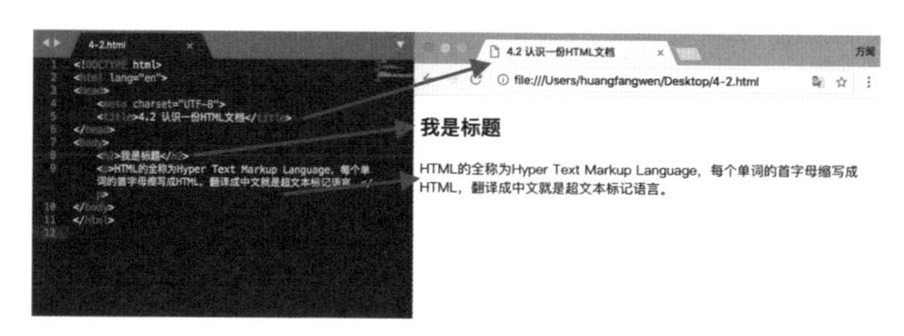

图 4-18

在 <title></title> 中间包含的内容是网站的标题，在 <h2></h2> 之间包含的内容对应的是网页上大号的文字，在 <p></p> 中包含的内容对应的是网站的文本文字。

<title></title>、<h2></h2>、<p></p> 这些内容称为标签，HTML 使用这些标签对文本进行标记。不同的标签有不同的含义，HTML 中标签的数量是有限的，每一个标签都有规定的语法。

由此可以简单理解为，HTML 是描述网页内容的一个文本文档。这些内容可以是标题、段落，可以是图片、视频，也可以是跳转链接等，通过标签区分不同内容的属性，告诉浏览器这个网页有哪些内容。

HTML 是具有语义的，通过对常用标签的学习，就能想象到界面应有的内容以及内容的层级关系。在进行界面设计的时候，实际上也是将界面语义化，通过字体的大小对比，把想要表达的内容呈现出来，这样就很容易区分这个界面的标题和正文，如图 4-19 所示。

假设这是一个网页，程序员看到这个界面设计后，便会把标题写在 <h2></h2> 标签里，把正文写在 <p></p> 标签里，这样做就类似于利用 Sketch 中的模板一样，不仅极大地提升了开发效率，更极大地降低了后续的修改成本。

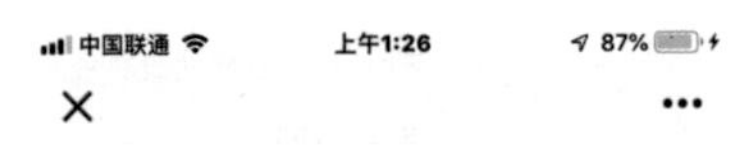

对微信订阅号改版的思考

黄方闻 **交互设计** 6月25日

“6月20日，微信发布6.7.0版本，主要变更内容为：可以直接浏览订阅号的消息。相对于之前的版本更新，这一次的变化似乎影响更为巨大，本文试图分析这一变化，以及对行业可能产生的影响及应对措施。”

2018年，微信到现在，一共发布了4个版本（iOS），1月31日发布6.6.2，可以多账号一键切换；4月2日发布6.6.6，可以保留未编辑完的朋友圈；5月23日发布6.6.7，可以把浏览的文章缩小为浮窗；6月20日发布6.7.0，可以直接浏览订阅号的消息。

图 4-19

4.2.4 HTML 的组成

打开 Sublime Text 3 软件，然后新建一个后缀名为 .html 的文件，接着输入以下代码。

```
html:5
```

按 Tab 键，可以看到 Sublime Text 3 自动生成了一段代码（如果没有自动生成，可能是因为没有安装 Emmet 插件，请查阅上一节相关内容）。

```
<!DOCTYPE html>
<html lang="en">
<head>
   <meta charset="UTF-8">
   <title>Document</title>
</head>
<body>

</body>
</html>
```

在这段代码中可以看到一个 HTML 文件的基本组成部分。

在 Sublime Text 3 中可以看到这段代码以不同的颜色显示，其中红色显示的是标签名称，方便快速判断标签的内容以及书写是否正确，如图 4-20 所示。

图 4-20

下面根据标签分析HTML的组成。每个HTML都由DOCTYPE、html、head和body组成。

1.DOCTYPE

DOCTYPE 是 HTML 的声明，是告知浏览器这个 HTML 页面是使用哪个 HTML 版本进行编写的指令。图 4-20 中的代码是 HTML5 版本，目前大部分网页都使用了 HTML5，只有少量网页使用 HTML4。

2.html

相信细心的读者已经注意到了，在这个基本结构中标签是闭合的，也就是说第 2 行的 <html> 和最后一行的 </html> 形成了一个完整的标签，所有的内容都应该写在 <html></html> 标签之间，相当于告诉浏览器这是需要解析的内容。

3.head

这是网页的头文件，在这个标签中又包含两个标签 <meta> 和 <title></title>，<title></title> 标签内是写网页标题的，而 <meta> 标签在后面会详细介绍。HTML 的头文件，除了用于为网页创建标题外，还用于对 HTML 进行属性描述、样式和 JavaScript 文件的引入等，以及方便进行搜索引擎优化（Search Engine Optimization，SEO）。

4.body

除网页标题外，所有呈现在用户面前的内容都写在 <body></body> 标签中。如果 <body></body> 标签中的内容是空的，那么把这个 HTML 文件在浏览器中打开用户也什么都看不见，如图 4-21 所示。

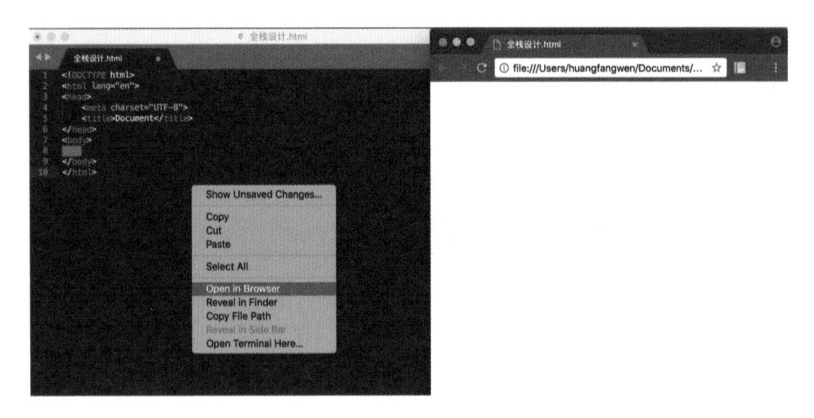

图 4-21

4.2.5 HTML 的标签

我们通过前面的学习明白了，HTML 是一种有语义的标记语言，这意味着内容需要通过 HTML 展示出来。如同设计时需要通过不同的方式插入文字、图片或者形状，HTML 中也需要通过一定的方式告知浏览器，这一段内容代表的是文字还是图片、是正文还是标题等，而这个“一定的方式”就是标签。标签是 HTML 中的重要内容，下面就为大家讲解 HTML 中的常见标签及其用法。

1. 标签的分类

在 HTML 中，标签由尖括号和关键词组成，如 <html>。一般将标签分成单标签和双标签两大类。

单标签是指单独呈现的标签，如 <! Doctype html>。

而大多数情况下 HTML 的标签是成对出现的，这就是双标签，如 <html></html>。其中第 1 个标签表示开始，第 2 个标签表示结束，而内容则直接写在标签之间。

对于双标签来说，标签是可以嵌套的，如下方代码所示。

```
<head>
  <meta charset="UTF-8">
  <title>Document</title>
</head>
```

其中 <head></head> 中间就包含了 <meta> 和 <title></title> 标签，并且可以看到，双标签中的嵌套既可以包含单标签，也可以包含双标签。

下面为大家讲解常见的标签及用法。为了方便大家更直观地感受，在下面的内容中将展示标签的用法。注意，这里的标签一般都是在 <body></body> 中使用。

2. 文字内容标签

标题标签

在 HTML 中，标题使用 <h1></h1> 至 <h6></h6> 表示，其中 <h1></h1> 表示一级标题，而 <h6></h6> 则是六级标题，使用方法如下。

```
<h1> 一级标题 </h1>
<h2> 二级标题 </h2>
```

需要注意的是，一定要确保内容是标题时使用标题标签，而不要单纯地为了加粗或加大文字而使用标题标签，因为搜索引擎是通过爬取网页中的标题标签来对网页的结构和内容编制索引，另外 <h1></h1> 标签在一个页面中只能出现一次。

段落标签

在 HTML 中，正文的段落使用 <p></p> 标签来表示，使用方法如下。

```
<p> 一个段落 </p>
```

换行标签

在 HTML 中，如果需要对一段文字进行换行，在代码中按 Enter 键并不会有任何意义，而是需要在文本中添加换行标签
，使用方法如下。

```
<p> 在 HTML 中如果需要对一段文字进行换行，<br /> 在代码中按 Enter 键并不会有任何意义，而是需要在文本中添加换行标签 </p>
```

3. 图片标签

如果要在网页中插入一张图片，需要使用图片标签 <img />，图片标签不可以是空标签，需要配合源属性使用，使用方法如下。

```
<img src="logo.png" alt=" 网站 logo">
```

其中src即源属性，是图片标签中必须要写的属性，表示图片的来源或位置。alt是可选属性，表示图片的替换文本，当图片没有加载出来时，显示 alt 属性中定义的内容。为所有的图片加上替换文本是一个很好的习惯，特别是现在很多读屏软件阅读到图片时，一般是根据 alt 属性来读出图片内容。

src 属性中填写的内容为图片的路径，路径的知识点在后文中会详细讲解。

4. 列表标签

列表标签是 HTML 中非常常见的一类标签，这里的列表不同于平时所理解的列表，实际在网页上看到的很多内容本质上都是一个列表，如网页的“导航栏”。

无序列表标签

无序列表始于 <ul> 标签，每个列表项始于 <li> 标签，具体用法如下。

```
<ul>
<li> 列表内容 1</li>
<li> 列表内容 2</li>
<li> 列表内容 3</li>
</ul>
```

有序列表标签

有序列表始于 <ol> 标签，每个列表项始于 <li> 标签，具体用法如下。

```
<ol>
<li> 列表内容 1</li>
<li> 列表内容 2</li>
<li> 列表内容 3</li>
</ol>
```

定义列表标签

在上面的两个列表标签的用法中可以看到，虽然列表中的内容是同级别的，但是很多情况下，列表中的每个内容并不是单一的，而是以组合的形式出现。例如，标题、副标题、正文，标题、副标题、正文等。这时需要使用定义列表标签，具体用法如下。

```
<dl>
<dt> 列表项 1</dt>
  <dd> 列表项的解释 1</dd>
<dt> 列表项 2</dt>
  <dd> 列表项的解释 2</dd>
</dl>
```

上面所有列表中的内容，并不一定只能是文字，还可以是图片、超链接等。

5. 表格标签

在 HTML 中，表格用 <table> 标签定义，每个表格均有若干行（用 <tr> 标签定义），每行被分割成若干单元格（用 <td> 标签定义），具体用法如下。

```
<table>
<tr>
<td> 第一行第一列 </td>
<td> 第一行第二列 </td>
</tr>
<tr>
<td> 第二行第一列 </td>
<td> 第二行第二列 </td>
</tr>
</table>
```

6. 表单标签

表单也是网页中常见的内容，用于收集用户输入的信息。在 HTML 中，表单用 <form></form> 定义，具体用法如下。

```
<form>
这是个表单
</form>
```

其实上面这个代码是没有任何实际的意义，因为表单要收集用户的输入信息，所以需要在表单标签中添加表单元素来实现目标。

单行文本输入标签

文本输入用 <input> 标签定义，并将类型设置为“text”，具体用法如下。

```
<form>
  请输入用户名：<input type="text" name="user_name">
<br />
请输入手机号：<input type="text" name="phone_number">
</form>
```

其中 type 表示 <input> 标签的类型，name 表示这个标签的名字。

密码文本输入标签

如果需要让用户输入密码，并且对输入的内容用“·”等隐藏，则需要将 input 的类型设置为 password，具体用法如下。

```
<form>
  请输入用户名：<input type="text" name="user_name">
<br />
请输入密码：<input type="password" name="password">
</form>
```

单选按钮标签

单选按钮允许用户在多个选项中选择唯一的选项，依然使用 <input> 标签定义，只是需要将类型设置为 radio，具体用法如下。

```
<form>
<input type="radio" name="sex" checked="checked"> 男
<br />
<input type="radio" name="sex"> 女
</form>
```

需要注意的是，在单选按钮中需要将 name 属性设置为相同的值，另外 checked 属性表示默认选择项。

多选按钮标签

多选按钮允许用户同时选择多个选项，仍然使用 <input> 标签定义，需要将类型设置为 checkbox，具体用法如下。

```
<form>
<input type="checkbox" checked="checked"> 设计
<br />
<input type=" checkbox " checked="checked"> 编程
</form>
```

下拉列表标签

下拉列表允许用户选择下拉列表的某个选项，使用 <select></select> 标签定义，其中列表的选项使用 <option></option> 定义，具体用法如下。

```
<form>
<select name="jobs">
<option> 设计师 </option>
<option> 程序员 </option>
<option> 产品经理 </option>
<option> 运营 </option>
</select>
</form>
```

默认情况下，下拉列表会默认显示第 1 个 <option></option> 标签中的内容，如果需要更改默认显示的内容，则可以在需要默认显示的 <option></option> 标签中添加 selected="selected" 属性，具体用法如下。

```
<form>
<select name="jobs">
<option> 设计师 </option>
<option selected="selected"> 程序员 </option>
<option> 产品经理 </option>
<option> 运营 </option>
</select>
</form>
```

按钮标签

在 HTML 中，按钮依然使用 <input> 标签定义，只是类型不同。普通按钮的类型设置为 button；图片按钮的类型设置为 image；文件上传按钮的类型设置为 file；重置按钮的类型设置为 reset；提交按钮的类型设置为 submit。具体用法如下。

```
<form>
  请设置用户名：<input type="text" name="user_name">
<br />
请设置密码：<input type="password" name="password">
<br />
请上传头像：<input type="file" name="user_icon">
<br />
    <input type="submit" value=" 注册 ">
<input type="reset" value=" 重置 ">
</form>
```

其中，按钮中的文字通过 value 属性定义。

4.2.6 HTML 的路径

在 HTML 中，路径用来告诉浏览器引用文件的来源，一般会分成相对路径和绝对路径两种。

1. 相对路径

相对路径是非常简单的，表示当前文档和引用文档之间的相对关系，出发点为当前的文档。

比如当前文档（一般是指当前所编写代码的 HTML 文件）和引用的图片在同一个文件夹中，则插入文件时直接输入如下代码。

```
<img src="photo.jpg" alt=" 照片 " />
```

如果需要引用的图片在当前文件的子文件夹中，则输入如下代码。

```
<img src=" 照片 /photo.jpg" alt=" 照片 " />
```

如果需要引用的图片在当前文件夹的上一层文件夹中，则输入如下代码。

```
<img src="../photo.jpg" alt=" 照片 " />
```

总之，对于相对路径来说：如果引用内容在当前文件夹中，直接输入文件名即可；如果引用内容在下一层文件夹中，则用“文件夹名 / 文件名”的格式；如果引用内容在上一层文件夹中，则用“../ 文件名”的格式。

2. 绝对路径

使用相对路径的前提是引用的文件和当前的文件是有一定关系的，比如在同一个文件夹中，或者可以通过文件夹之间的跳转找到，如果这个关系不存在或者改变，相对路径就会失效，这时就需要使用绝对路径。

绝对路径是指从根目录开始的路径，比如某个文件在系统中的绝对路径是：/Users/huangfangwen/Documents/ 书稿 / 第 4 章 /test.html。

4.2.7 超链接

超链接在 HTML 中用 <a></a> 标签定义，标准的格式如下。

```
<a href="http://www.ptpress.com.cn/"> 人民邮电出版社 </a>
```

其中 href 属性表示该内容链接到的目标，如果不知道链接到哪里，但是又需要创建一个超链接时，可以把 href 属性设置为 href="#" 表示空链接。

4.2.8 深入学习 HTML

虽然通过前面知识的学习大家已经可以写出一个 HTML 文件了，但是由于本书篇幅有限，无法把所有的 HTML 标签和标签的属性都讲到，推荐大家前往 W3School 进行深入学习，如图 4-22 所示。

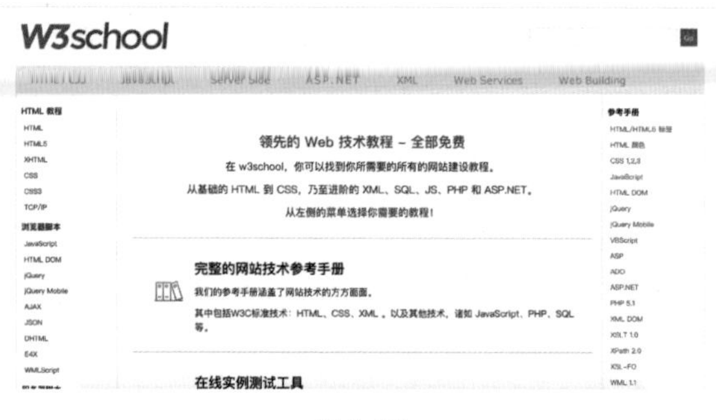

图 4–22

在这个网站上还可以看到编程语言文档的基本格式。实际上，编程语言也并非一成不变，其本身也在不断地迭代中，因此没有必要记住所有的标签和属性，要养成遇到问题经常查阅文档的习惯。

HTML 是有语义的，在进行代码编写时一定要注意这一点，要善于根据内容的结构选择合适的标签。

4.3 CSS 的快速入门

通过上一节的学习大家可以发现，HTML 只是告诉了浏览器这个页面有什么内容，并没有告诉浏览器这些内容的样式，比如字体、字号、图片大小、按钮状态等，而这些需要靠 CSS 来实现。受限于本书的篇幅和读者定位，这里主要讲解 CSS 的基础概念。

4.3.1 CSS 的概念

CSS 通常称为 CSS 样式表或层叠样式表，主要用于设置 HTML 页面中元素的样式和布局，以 HTML 为基础，提供了丰富的功能，还可以针对不同的浏览器设置不同的样式。

1.CSS 的存在方式

一般来说，CSS 有 3 种存在方式。

内嵌式

内嵌式是指直接把 CSS 样式表写在 HTML 的 <head></head> 标签中，使用 <style></style> 标签来承载 CSS 样式，具体用法如下。

```
<head>
  <style type="text/css">
   "此处书写 CSS 样式内容"
  </style>
</head>
```

行内式

行内式是指直接把样式写在对应的 HTML 标签中，这意味着需要单独为每一个标签都写一个样式，具体用法如下。

```
<h1 style="font-size: 220px; color: #666666;"> 我是标题 </h1>
```

这里的代码含义为“我是标题”这几个字的字体大小为 220px，颜色为 #666666。因为行内式需要单独对每个标签都写样式，这样做既重复又不灵活，所以现在几乎没有人使用了，大家了解即可。

外链式

外链式是指单独把 CSS 样式表提出来保存为 xxx.css 文件，并在 HTML 中引入该文件，这样真正做到了内容和样式的分离，是目前（尤其是大型项目中）普遍的方式，具体用法如下。

```
<head>
 <link rel="stylesheet" href="style.css">
</head>
```

其中，style.css 即 CSS 样式文件。

2.CSS 的语法结构

CSS 主要由两部分构成：选择器和样式属性。其中，样式属性用大括号括起来，属性名称和属性值用冒号分开，属性与属性之间用分号分开，具体用法如下。

```
h1 { font-size: 220px; color: #666666;}
```

在这里 h1 是选择器，font-size 和 color 是属性，220px 和 #000000 分别是对应的值。这段 CSS 代码的语法结构如图 4-23 所示。

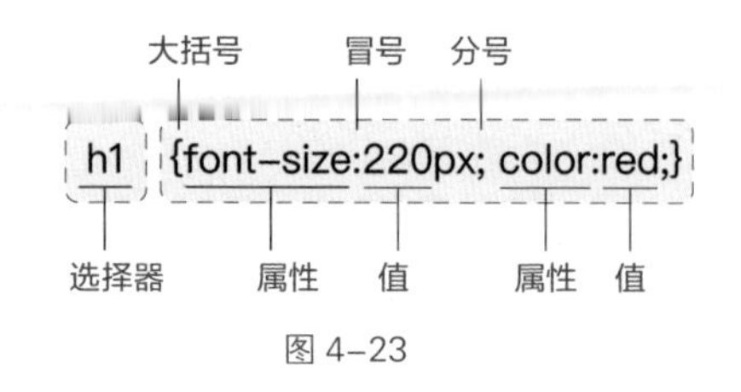

图 4-23

当一个选择器有多个属性的时候，为了增加 CSS 的可读性，可以每一行只描述一个属性，比如下面这段代码。

```
body {color: #000; background: #fff; margin: 0; padding: 0; font-family: Georgia, Palatino, serif;}
```

一般会写为如下的形式。

```
body {
  color: #000;
  background: #fff;
  margin: 0;
  padding: 0;
  font-family: Georgia, Palatino, serif;
}
```

4.3.2 CSS 的属性

为了便于大家理解，在讲 CSS 选择器之前，先讲设计师更容易理解的 CSS 属性。常见的 CSS 属性和使用方法如下。

```
font-size:16px; <!-- 表示文字大小为 16px-->
font-family:PingFang SC; <!-- 表示字体设置为 PingFang SC 字体 -->
font-weight:500; <!-- 表示字重为 500，字重表示文字的粗细，数值从 100 到 900，对于加粗字体也可以直接写 font-weight:bold; 但是一般不推荐这么写 -->
font-style:normal; <!-- 表示文本样式为 normal-->
line-height:26px; <!-- 表示行高为 26px-->
color:#333333; <!-- 表示文字颜色为 #333333-->
background-color:red; <!-- 表示文本的背景颜色为红色 -->
text-align:left; <!-- 表示文本左对齐，如果是右对齐，属性为 right，居中对齐则为 center-->
text-indent:2em; <!-- 表示文本首行缩进 2em-->
```

需要注意的是，虽然CSS属性还有很多，但是使用的方法都相同，即{属性名：属性值；}。

在实际工作中，如果需要写一个CSS属性，但是自己不记得或者不清楚这个CSS属性应该如何表示，最好的办法就是直接使用搜索引擎找到对应的属性名即可，如搜索关键词“CSS文字大小”，就可以很容易找到表示文字大小的CSS属性名为font-size。

4.3.3 CSS选择器

CSS选择器就是告诉浏览器当前选中的是哪个元素。CSS选择器一般可以分为4类：标签选择器、类选择器、ID选择器和复合选择器。接下来对每类选择器进行详细说明。

1. 标签选择器

顾名思义，标签选择器针对的是HTML的标签，直接写出对应的标签即可，具体用法如下。

```
p {
font-size: 16px;
color: #030303;
}
```

这段代码的意思是，把页面上<p>标签的文本大小设置为16px，颜色设置为#030303。

一般情况下，一个HTML页面中相同的标签往往很多，用户会使用标签选择器来设置一个页面中某一标签的共性（相当于是这类标签的默认属性），比如上文中对<p>标签的设置。

而大多数情况下需要单独选中某一个内容对其设置样式，这时会用到类选择器。

2. 类选择器

下面的代码片段中有两个<p>标签。

```
<p> 我是标题 </p>
<p> 我是正文 </p>
```

现在需要将“我是标题”这几个字的大小设置为26px、颜色设置为#333333，将“我是正文”这几个字的大小设置为16px、颜色设置为#030303。

因为在上文中已经对<p>标签设置了样式，而设置的样式正好是“我是正文”这几个字的样式，所以“我是正文”就可以不用单独设置，只需要对“我是标题”进行单独设置。

要单独设置某个标签中的样式，需要先自定义该标签的class属性，可以通俗理解为为该标签进行命名。因此将上述代码修改如下。

```
<p class="intro">我是标题</p>
<p>我是正文</p>
```

将“我是标题”这个<p>标签命名为intro，这时可以在CSS中使用类选择器选择该标签。

类选择器的使用方式如下。

```
.自定义的class类名{属性:值;属性:值;}
```

上述代码中的前面有一个“.”，这个“.”在CSS中就表示类选择器。因此在CSS中可以将代码写成如下的形式来达到需求。

```
.intro{
font-size: 26px;
color: #333333;
}
```

对于类选择器，在给class属性命名时，需要注意以下几点。

第1点：不能用纯数字或者以数字开头进行命名。

第2点：不能使用特殊符号或者以特殊符号开头进行命名。

第3点：一般情况下，不要用汉字进行命名。

第4点：命名最好是有语义的。

3.ID选择器

ID选择器和类选择器类似，同样也可以选择某个标签，并且用法也都是先在HTML中对需要选择的标签自定义id属性，然后通过CSS的ID选择器进行选择。

还是以讲解类选择器的代码为例。如果要使用ID选择器，则在HTML中的代码如下。

```
<p id="intro"> 我是标题 </p>
<p> 我是正文 </p>
```

注意，类选择器对应的是 class 属性，而 ID 选择器对应的是 id 属性。

ID 选择器的使用方式如下。

```
# 自定义的 id 名 { 属性 : 值 ; 属性 : 值 ;}
```

相对于类选择器，ID 选择器将类选择器的“.”换成了“#”，因此大家在看到 CSS 代码前面的符号时，就能知道这是使用的什么选择器。

因此在 CSS 中可以将代码写成如下的形式来达到需求。

```
#intro{
font-size: 26px;
color: #333333;
}
```

大家一定很好奇，如果类选择器和 ID 选择器都可以用来选择某个特定的标签，那么什么时候用类选择器、什么时候用 ID 选择器呢?

一个 ID 选择器在一个页面中只能调用一次，一个标签也只能有一个 id 命名；类选择器是可以无数次调用的，并且同一个标签可以有多个 class 名。因此，一般情况下能使用类选择器的就使用类选择器，ID 选择器可以在调用 JavaScript 文件时使用。

4. 复合选择器

复合选择器一般用于精确定位某个内容，实际上就是将上面的基础选择器以不同的方式联结在一起。常见的复合选择器包括交集选择器、后代选择器和并集选择器。

交集选择器

交集选择器一般用于选择某个标签内指定了class 或者 id 属性的内容，比如下面这段代码。

```
<div class="intro"> 全栈设计 </div>
<p class="intro"> 我是正文 </p>
```

在代码中可以看到，无论是“全栈设计”还是“我是正文”的 class 属性都设置为 "intro"，如果需要单独设置“全栈设计”的属性就不能只通过类选择器来实现，而是需要使用交集选择器来指定 <div> 标签中的 "intro"。

交集选择器的使用方式如下。

```
标签 + 类 (ID) 选择器 { 属性: 值; }
```

因此，如果需要将“全栈设计”的字体大小设置为 26px、颜色设置为 #333333，CSS 代码就应该写成如下形式。

```
div.intro{
font-size: 26px;
color: #333333;
}
```

后代选择器

后代选择器在 CSS 中会经常用到，HTML 中标签与标签是可以嵌套的，如下述代码所示。

```
<div class="box">
  <p>
    <span class="intro"> 全栈设计 </span>
  </p>
</div>
<p class="ntro"> 我是正文 </p>
```

在代码中可以看到，<div> 标签中嵌套了一个 <p> 标签，<p> 标签中嵌套了一个 <span> 标签，要定位到这个 <span> 标签，就需要使用后代选择器。

后代选择器的使用方式如下。

```
选择器 选择器 { 属性: 值 ;}
```

因此，如果需要将“全栈设计”的字体大小设置为 26px、颜色设置为 #333333，CSS 代码就应该写成如下形式。

```
div .intro{
font-size: 26px;
color: #333333;
}
```

粗略一看，大家可能会觉得这里的代码和上面的交集选择器相同，但是仔细观察会发现有空格将 div 和 .intro 隔开。

另外，在后代选择器中可以隔代，比如可以从 <div> 跳到 <span>；其次，在后代选择器中标签选择器、类选择器和 ID 选择器都可以使用，只需要注意顺序即可，父集元素在前、子集元素在后。

并集选择器

如果需要同时对一些内容设置样式就会用到并集选择器，这些内容可以是不同层级的不同标签，比如下面这段代码。

```
<div class="box"> 全栈设计 </div>
<span id="intro"> 我是标题 </span>
<p> 我是正文 </p>
```

假设现在需要同时把这段代码中所有文字的大小都变更为 26px，颜色变更为 #333333，这时就需要用并集选择器。

并集选择器的使用方法如下。

```
选择器，选择器，选择器 { 属性 : 值 ;}
```

可以看到，选择器之间使用逗号隔开，上述效果的 CSS 代码如下。

```
.box,#intro,p{
font-size: 26px;
color: #333333;
}
```

这样就同时对三段文字的样式进行了相同的设置。

以上是关于 CSS 选择器的基础知识讲解，在实际工作中需要进行大量的练习，才能熟练运用选择器。对于设计师来讲，了解 CSS 选择器有助于快速看懂 CSS 代码，并知道如何快速定位到 HTML 内容。另外，在学习后面创建个人网站的内容时，也能帮助大家更好地对模板样式进行调整。

4.3.4 CSS 的特性

CSS 有三大特性，分别是继承性、层叠性和优先级。在写 CSS 代码时，需要充分利用这三大特性。

1. 继承性

继承性就是指给父元素设置的一些属性，子元素也可以使用。比如给 <body> 标签设置 font-family 属性为 PingFang SC 字体，那么 <body> 标签内所有的文本都可以继承该属性，无须再分别单独设置。

需要注意的是，并不是所有的属性都可以继承，只有以 color/font-/text-/line 开头的才可以继承。可以简单理解为一般情况下文本相关的属性都可以继承，但是有两个例外，即 <a> 标签的文字颜色和下划线不能继承、<h1>~<h6> 标签的文字大小不能继承。

2. 层叠性

很多情况下可能需要对同一内容指定多种不同的样式，当 CSS 中的样式发生冲突的时候总是会执行后边的样式，CSS 的这个特性就是层叠性。

比如下面的 HTML 代码。

```
<p class="text1 text2"> 全栈设计 </p>
```

针对这串代码，设置如下的 CSS 样式。

```
.text2{
font-size: 26px;
color: red;
}

.text1{
font-size: 56px;
color: blue;
}
```

因为 .text1 写在 .text2 后面，所以最终呈现在用户面前的字体大小为 56px，颜色为蓝色。

需要注意的是，只有在多个选择器选中同一标签且设置了相同的属性时才会体现层叠性。

3. 优先级

上面说的层叠性建立在优先级之上的，CSS 样式优先执行后边的样式的前提是选择器之间的权重是相同的。一般选择器之间的权重大小关系为 !important> 行内样式 >ID 选择器 > 类选择器 > 标签选择器 > 继承。

其中，!important 的权重值为 1000 以上，行内样式的权重值为 1000，ID 选择器的权重值为 100，类选择器的权重值为 10，标签选择器的权重值为 1，继承或者默认样式的权重值为 0。

权重是可以叠加的，比如 .box .intro 的权重要大于 .intro 的权重。

当 CSS 发生冲突且权重不一致时，CSS 会优先执行高权重的样式属性。

以上就是设计师需要掌握的一些 CSS 基础知识。实际上 CSS 的知识点非常多，一些比较深的知识点本书都没有讲到，比如块元素、行元素、盒模型等，如果读者想深入学习，可以前往 W3School 了解。

4.4 用 WordPress 搭建个人网站

在学习了前面的知识后，大家就可以试着用 WordPress 搭建属于自己的个人网站了，这也是很多设计师比较关心的事情。

4.4.1 认识 WordPress

前面讲过，网页分为静态页面和动态页面两种，大家通过对前面知识的学习应该完全可以制作一个静态页面出来。但是静态页面的局限性非常大，尤其是个人网站，可能需要经常更新作品或者文字，所以制作一个动态页面更合适。而动态页面需要编写后台系统，好在现在互联网上有非常多开源的建站系统可供选择，WordPress 就是其中非常优秀的一款。

截至本书完稿前，WordPress 的最新版本为 4.9.4。WordPress 诞生于 2003 年，经过十几年的发展，功能已经非常强大。WordPress 官网上有很多案例，如图 4-24 所示。

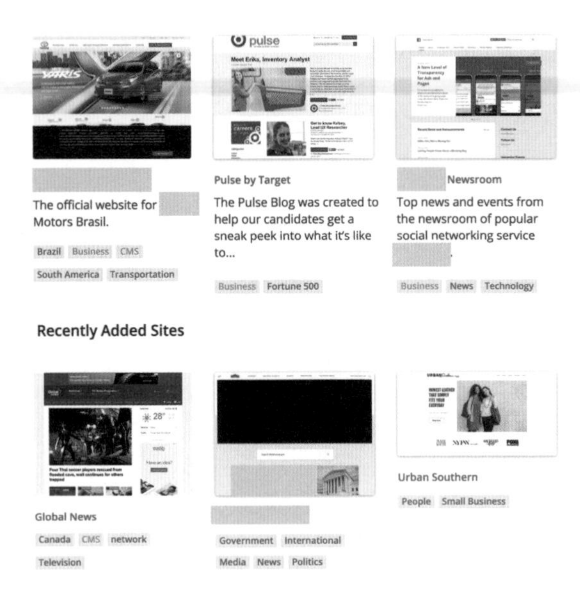

图 4–24

4.4.2 安装 WordPress 前的准备

WordPress 需要安装在服务器或者虚拟主机上，对服务器的环境要求为 PHP 5.2.4 或更高版本，MySQL 5.0 或更高版本。

目前网上有非常多的服务器提供商可供选择，包括免费的和收费的。一般收费的服务器在速度和稳定性上都好过免费的。另外，服务器的价格会高于虚拟主机的价格，个人网站使用虚拟主机即可，建议大家根据实际情况进行选择。

下面以服务商“阿里云”为例讲解申请购买虚拟主机的方法。

打开阿里云网站，然后在导航中找到“云虚拟主机”，如图 4–25 所示。

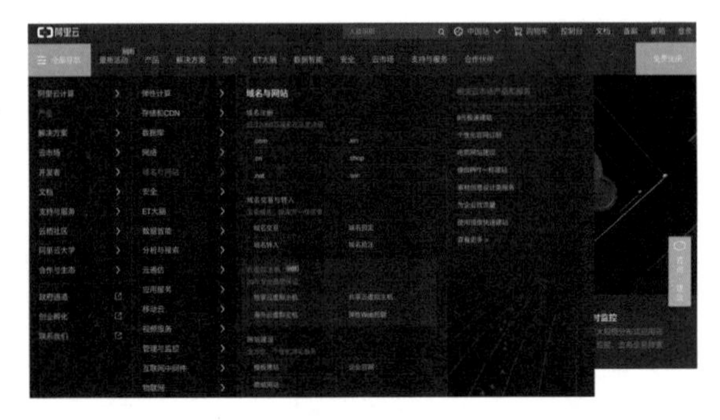

图 4–25

在“云虚拟主机”页面中可以看到不同价格的虚拟主机，这些虚拟主机的主要区别是空间、内存、数据库大小和带宽等，如图 4-26 所示。个人网站选择最便宜的虚拟主机就足够了。

图 4-26

在页面下面可以看到对应主机的详细信息，在“数据库类型”和“支持语言”中可以找到对应虚拟主机支持的 PHP 和 MySQL 版本号，如图 4-27 所示。

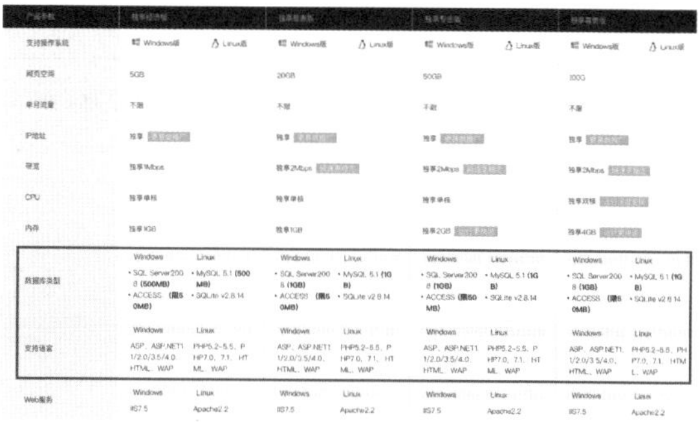

图 4-27

选择好需要的虚拟主机后，单击购买按钮会跳转到配置界面，在这个界面中主要是选择虚拟主机的操作系统，因为需要用来搭建 WordPress，所以选择 Linux 操作系统，如图 4-28 所示。

图 4-28

一般虚拟主机的操作系统需要根据网站开发的语言和数据库进行选择。网站的开发语言为 ASP、.NET 和 HTML，数据库为 Access 和 SQL Server 则选择 Windows 系统；网站的开发语言为 PHP、HTML 和 WAP，数据库为 MySQL 和 SQLite 则选择 Linux 系统。机房则根据所在地或者目标主要访问用户所在地进行选择即可，比如有青岛和北京两个机房，目标用户主要分布在北京就可以优先选择北京的机房。距离越近，延迟时间越少，访问速度越快。无论是机房还是操作系统，后期都可以进行切换。

付款完成后，在网站的“管理控制台”中可以找到购买的虚拟主机，如图 4-29 所示。

图 4-29

单击右侧的“管理”按钮即可进入虚拟主机的管理界面，在这个界面中可以找到虚拟主机的 FTP 登录名和密码、MySQL 数据库的名称、用户名和密码等信息，这些可以用来对 WordPress 进行配置，如图 4-30 所示。

图 4-30

注意用户名和密码这些信息非常重要，有了这些信息就可以随意对虚拟主机进行管理，因此用户平时要注意对这些信息保密。

4.4.3 安装 WordPress

准备好服务器或虚拟主机后就可以安装 WordPress 了。WordPress 的安装非常简单，首先访问 WordPress 的官网并下载 WordPress 安装包，如图 4-31 所示。

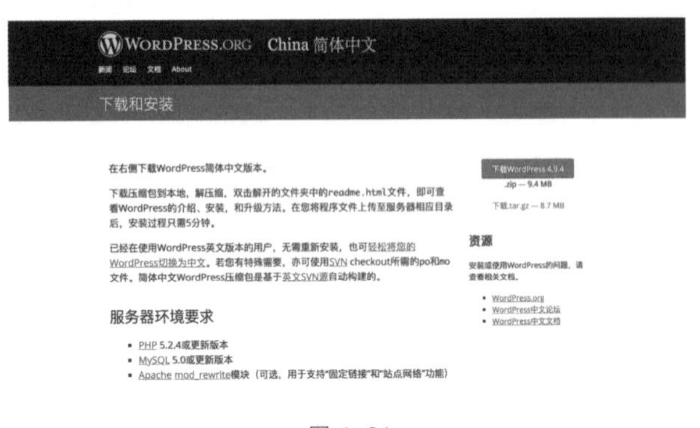

图 4-31

将下载的 WordPress-4.9.4-zh_CN.zip 文件通过 FTP 工具上传到虚拟主机上。可供选择的 FTP 工具非常多，这里以 FileZilla 为例进行讲解。FileZilla 是一款免费的 FTP 工具，有 Linux、Windows 和 macOS 版本可供选择，如图 4-32 所示。需要注意的是，这里的操作系统版本是个人计算机的操作系统，并非虚拟主机的操作系统。

图 4-32

下载并安装后打开 FileZilla，主界面如图 4-33 所示。要使用 FileZilla 进行传输，需要对 FileZilla 和虚拟主机进行连接。可以在阿里云的帮助中心找到阿里云虚拟主机和 FileZilla 进行连接的设置方法。

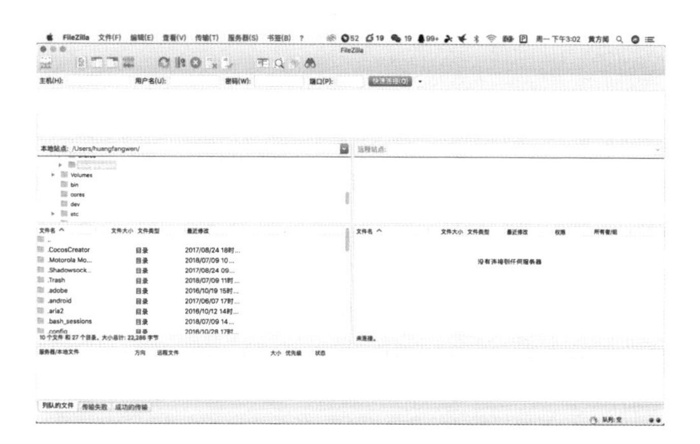

图 4-33

当连接到虚拟主机后，可以在 FileZilla 右侧的“远程站点”界面中，看到虚拟主机的文件信息，然后找到 htdocs 文件夹并打开，如图 4-34 所示。

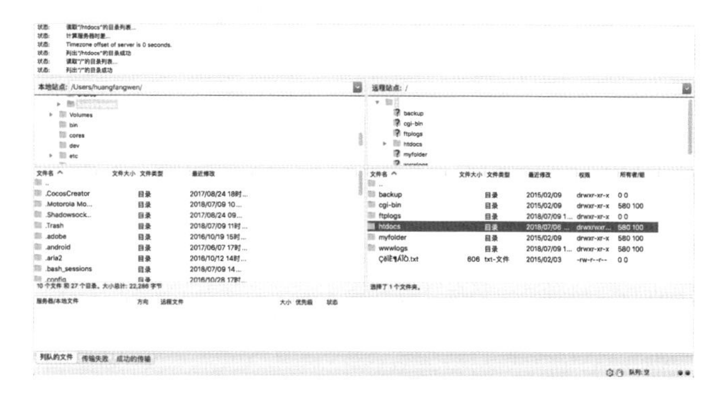

图 4-34

将下载的 WordPress 安装包解压，然后将解压出来的文件复制并粘贴到 FileZilla 右侧的远程站点窗口中，即可把这些文件上传到 htdocs 文件夹中，如图 4-35 所示。注意，不要把 WordPress 文件夹上传上去了。

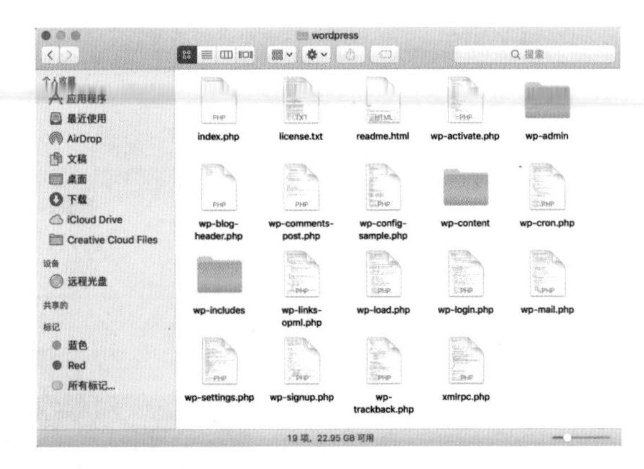

图 4-35

FileZilla 下方会显示文件上传的进度，等文件全部上传完成后，打开浏览器输入 http://xxx.xxx.com/wp-admin/install.php，其中 xxx.xxx.com 这个地址是虚拟主机的默认域名，大家在图 4-30 中的临时域名可以找到这个地址。每个人的虚拟主机的域名都不相同，用该地址替换 xxx.xxx.com，如果一切无误，浏览器会打开如图 4-36 所示的网页。

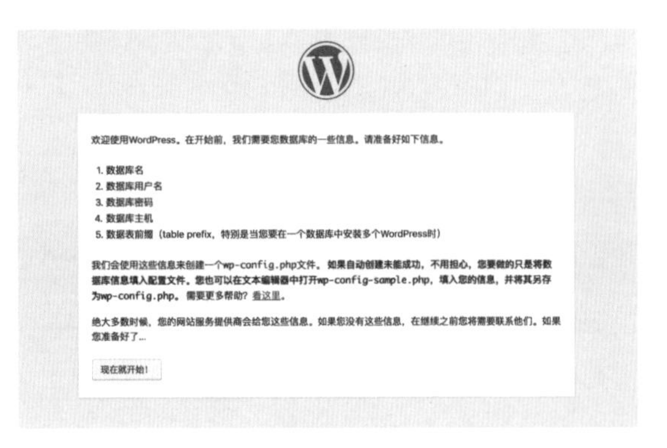

图 4-36

单击“现在就开始！”按钮进行数据库配置，如图 4-37 所示。请回到虚拟主机的管理界面查询界面中的所有信息并将其填入对应的列表中。其中：数据库名对应图 4-30 中的数据库名称；用户名对应的是数据库用户名；密码则是各位数据库的密码，如果不清楚，单击“重置密码”即可重新设置；数据库主机则对应的是数据库链接地址。表前缀保持为默认即可。

图 4-37

信息填写完成后单击“提交”按钮，若所有信息正确可以看到如图 4-38 所示的界面，然后单击“现在安装”按钮即可自动安装 WordPress。

图 4-38

在“欢迎”界面中需要填写一些初始信息，如图 4-39 所示。这里的所有信息都可以按照自己的喜好填写，后续也可以随意修改。需要注意的是，这里填写的用户名和密码，是个人网站管理员的账号和密码，建议大家慎重填写，并防止这些信息泄露。其中电子邮件地址也建议填写真实的邮件地址，在后续找回密码等操作中会用到。

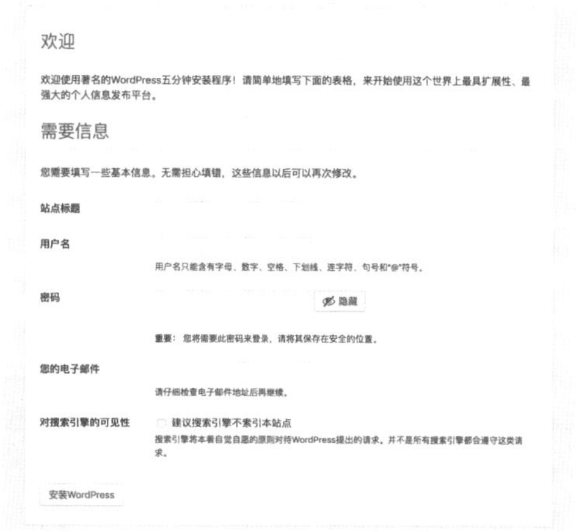

欢迎

欢迎使用著名的WordPress五分钟安装程序！请简单地填写下面的表格，来开始使用这个世界上最具扩展性、最强大的个人信息发布平台。

需要信息

您需要填写一些基本信息。无需担心填错，这些信息以后可以再次修改。

站点标题

用户名

用户名只能含有字母、数字、空格、下划线、连字符、句号和“@”符号。

密码 隐藏

重要：您将需要此密码来登录，请将其保存在安全的位置。

您的电子邮件

请仔细检查电子邮件地址后再继续。

对搜索引擎的可见性 建议搜索引擎不索引本站点

搜索引擎将本着自觉自愿的原则对待WordPress提出的请求。并不是所有搜索引擎都会遵守这类请求。

安装WordPress

图 4-39

一切填写完成后，单击“安装 WordPress”按钮，这时就已经完成了 WordPress 的全部安装工作，接下来可以像使用一个博客系统那样，使用 WordPress 来对个人网站进行管理。

4.4.4 WordPress 的基本使用

安装完成 WordPress 后可以通过 http://xxx.xxx.com/wp-login.php 进入自己网站的登录界面，输入安装时设置的用户名和密码即可进入 WordPress 的后台，如图 4-40 所示。

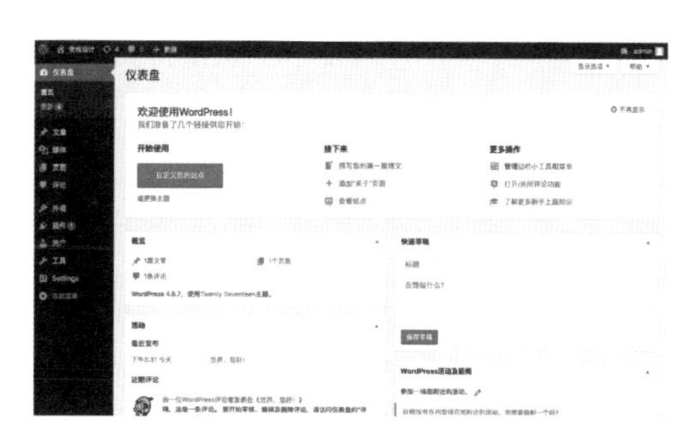

图 4-40

在这里可以对网站做一切管理，包括界面的设置、文章的发布和留言的管理等。可以通过虚拟主机的临时域名进入网站，在后台进行任何变动后，都建议前往网站查看变动的效果。图 4-41 所示是 WordPress 默认的网站内容。

图 4-41

现在需要做的第一件事情就是把这个网站变更为自己喜欢的样子。WordPress 提供了大量的模板（主题），不同于 QQ 空间或者 Lofter 等博客网站，WordPress 里面的模板可以进行任意修改。

在后台执行“外观 > 主题”菜单命令，即可对网站外观进行修改，默认会有 3 个主题，可以单击“添加新主题”来选择更多的主题模板，如图 4-42 所示。

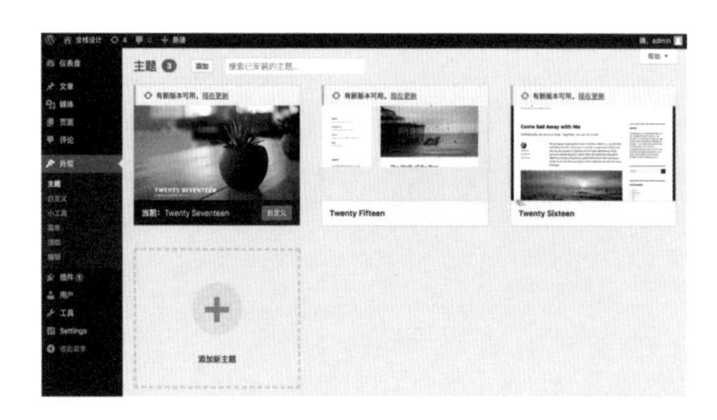

图 4-42

在这里可以看到所有的 WordPress 主题列表，这个列表还在不断新增中。在模板中找到自己喜欢的主题后，可快速地进行预览和安装，如图 4-43 所示。

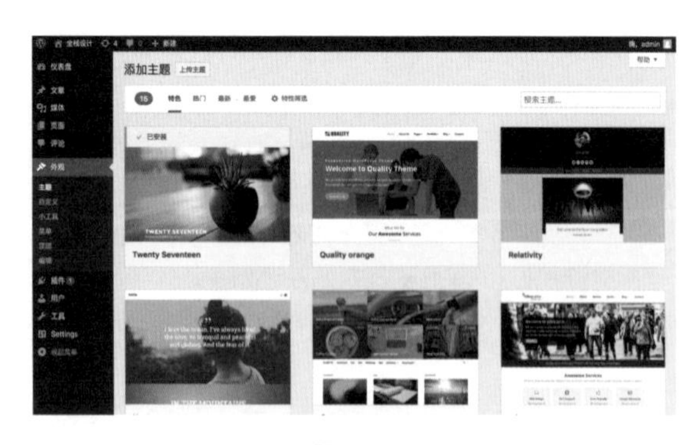

图 4-43

还可以快速地筛选主题。单击“特性筛选”按钮，然后勾选筛选的内容，接着单击“应用过滤器 2”即可对主题进行筛选，如图 4-44 所示。

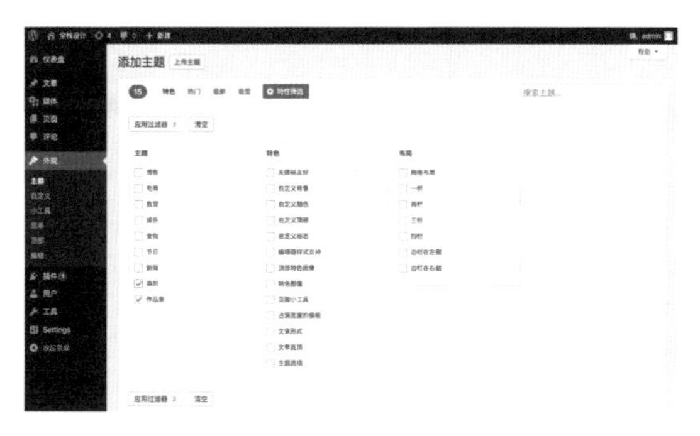

图 4-44

如果以上内容都无法满足需要，用户还可以通过互联网进行主题模板的添加。可以通过搜索引擎搜索“WordPress 主题”等关键词找到对应的网站。现在网上有非常多的模板可供免费下载使用，图 4-45 所示是一款图片主题，单击网页上方的“下载该主题”按钮，即可下载一个包含该主题的 zip 文件。

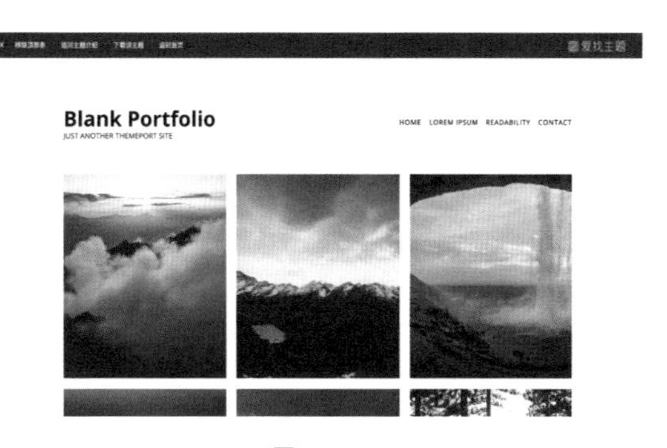

图 4-45

下载完成后回到 WordPress 后台的添加主题板块，单击“上传主题”按钮，然后选择刚才下载的 zip 文件并单击“现在安装”按钮，即可完成主题的安装，如图 4-46 所示。

图 4-46

主题安装完成后单击“启用”按钮，即可应用该新主题。单击旁边的“自定义”内容，即可对主题进行一些设置，比如站点的名称、背景颜色、菜单等，这部分请大家自行尝试，因篇幅限制此处就不展开说明。

4.4.5 WordPress 主题的代码修改

在 WordPress 中，虽然用户可以自行选择主题，但是很多情况下主题也会有所限制，比如上述主题左上角的 Logo 只能显示文字，但用户希望修改为图片。又如左下角的 Blank Portfolio by ThemePort 的字样，用户希望将其修改为其他内容。

这就需要进行代码层级的修改了。通过前面对 HTML 和 CSS 基础知识的学习知道，要修改 WordPress 的主题代码，只需执行“外观 > 编辑”菜单命令即可，如图 4–47 所示。

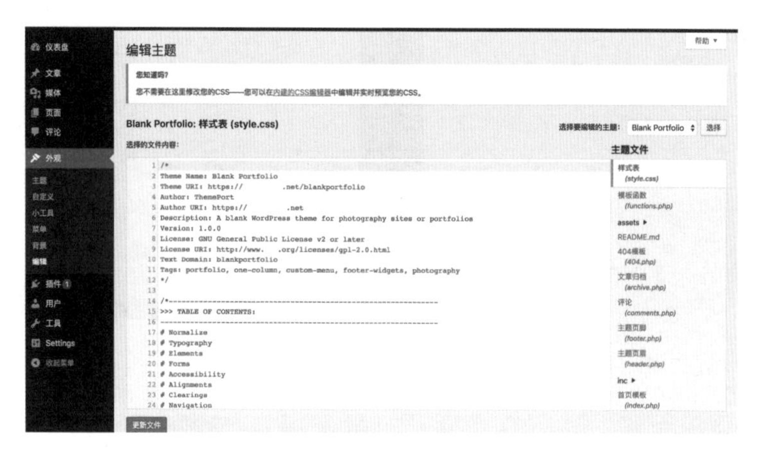

图 4–47

首先，修改左下角的文字。

要修改主题内容，需要找到该内容所在的位置。在图 4–48 的右侧可以切换主题中的文件，不同的内容在不同的位置，需要慢慢查找，并没有其他快速的办法，但是可以根据内容所在的位置优先找到大致的文件。

比如左下角的文字应该属于页脚位置，因此选择“主题页脚（footer.php）”文件，这时可以看到以下的代码，如图 4–48 所示。

```
<?php printf( esc_html__( '%1$s by %2$s', 'blankportfolio' ), 'Blank Portfolio', '<a href="https://www.shuyishe.com" rel="designer">ThemePort</a>' ); ?>
```

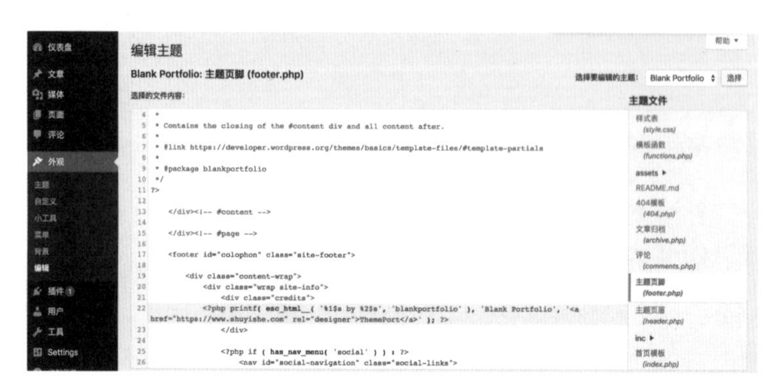

图 4–48

通过代码内容可以知道这里就是左下角的文字区域，虽然这里的代码是 PHP，但是通过前面对 HTML 的学习仍然可以在其基础上进行修改。比如可以利用之前学的 <a> 标签的内容，对这里的链接和文字进行修改。

接下来修改左上角的 Logo，这里的 Logo 相对复杂一些。

根据 Logo 所在的位置，应该可以在“首页页眉（header.php）”中找到代码，但是主题中的内容会根据网站的名字进行变更，可能并不能直接找到这部分代码所在的位置，这时就需要借助 Chrome 的开发者工具。

在 Chrome 中打开这个网站，然后执行“设置 > 更多工具 > 开发者工具”命令进入开发者模式，如图 4-49 所示。

图 4-49

这时通过查看“全栈设计”这几个字快速定位其代码，可以看到这里是 <h1> 和 <h2> 标签，并且其 class 值分别为 site-title 和 site-description，如图 4-50 所示。

图 4-50

再回到 WordPress 的编辑界面，在“首页页眉（header.php）”中就可以快速地定位到这里的代码所在位置，如图 4-51 所示。

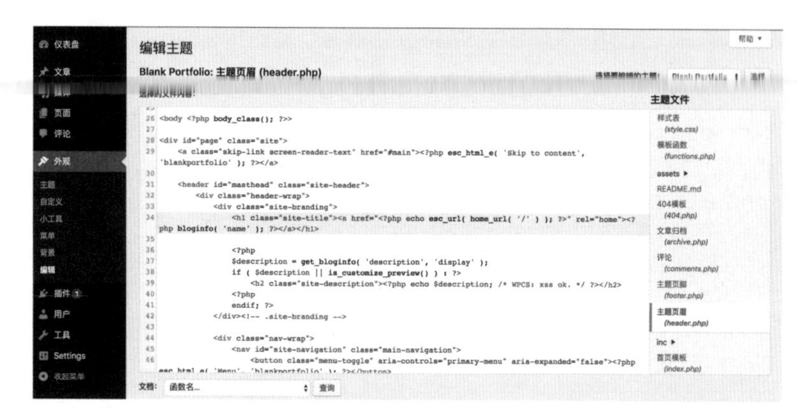

图 4-51

可以直接在里面的 <a> 标签中嵌套一个 <img> 标签，并且直接在 <img> 标签中设置图片的宽和高属性，类似于下面的代码。

```
<h1 class="site-title">
  <a href="http://www.shuyishe.com/quanzhan">
   <img src="/quanzhan/logo.png" width="102px" height="30px">
  </a>
</h1>
```

这里需要注意图片的位置，一般情况下需要把图片上传到虚拟主机的 htdocs 文件夹中。

这样便可以完全自定义个人网站了。WordPress 的功能远不止这些，并且有插件的支持，其功能强大到远超想象。大家如果有兴趣可以深入学习，在 WordPress 的官网可以查阅到 WordPress 的官方文档。

4.4.6 域名的申请和绑定

申请虚拟主机时只能获取一个临时域名且很难记住，实际上要申请一个顶级的域名也非常容易。

域名和主机可以选择同一个服务商，也可以选择不同的服务商，选择相同的服务商在绑定虚拟主机时可能更加方便一点。本文依然以“阿里云”为例，带大家了解一下域名的申请和绑定。

首先，在阿里云网站菜单中，找到“域名注册”，如图 4-52 所示。

图 4-52

进入注册域名的页面后，首先需要查询希望注册的域名是否被注册。在上方的输入框中输入希望注册的域名，然后单击“查询名”按钮即可，如图 4-53 所示。注意，如果希望注册一个如 www.shuyishe.com 的域名，只需要输入 shuyishe 即可，一般个人网站可以考虑使用自己名字的拼音或者英文名。

图 4-53

域名后缀可以不用选择，一般情况下网站会查询所有的域名后缀，直接单击“查询”按钮即可。在结果页，能看到可以注册的域名以及对应的价格，还可以通过单击筛选按钮只查看感兴趣的域名后缀，如图 4-54 所示。

图 4-54

接下来就可以按照购买虚拟主机的方法购买域名。一个域名最长可以选择购买 10 年，且不保证域名的价格永远相同。因此，对于自己特别喜欢的域名，如果觉得价格合适可以多买几年，否则域名如果到期后没有续费，就可能会被回收。

购买域名后可以在管理控制台中看到该域名，并对其进行管理，如图 4-55 所示。

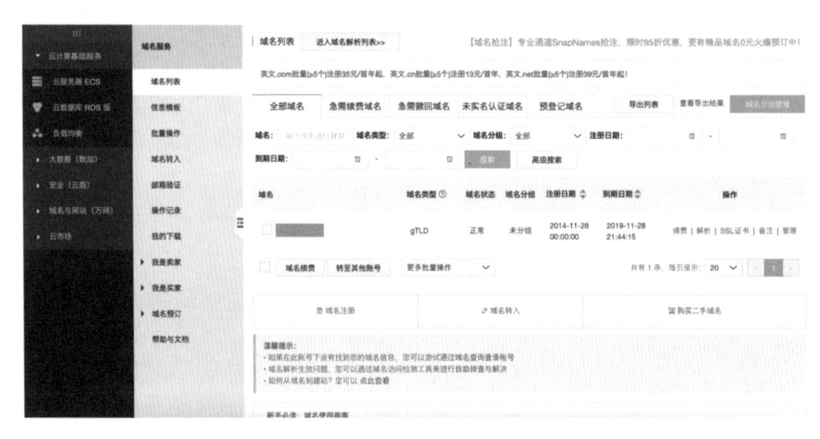

图 4-55

如果需要将域名绑定到虚拟主机上，单击“解析”按钮即可。一般情况下需要修改 A 解析，将其地址设置为虚拟主机的 IP 地址即可，如图 4-56 所示。不同的域名服务商和虚拟主机服务商对此可能会有不同的要求，建议大家查询对应服务商的帮助文档查看具体要求。

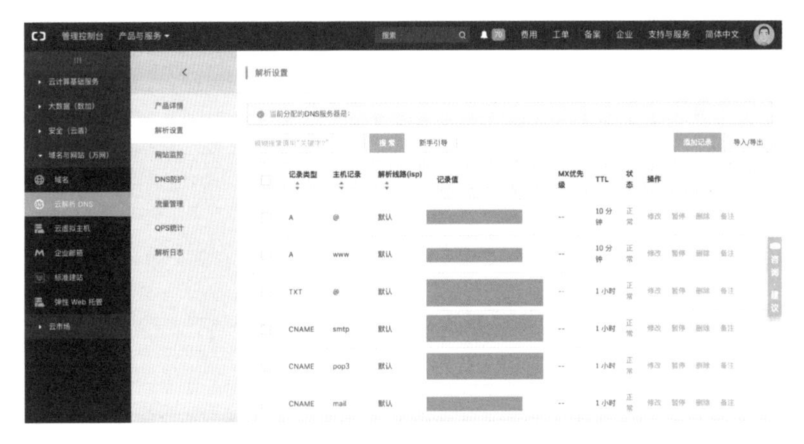

图 4-56

通过上述的学习，相信各位设计师都可以很好地搭建属于自己的个人网站了，并且有了虚拟主机，可以进行各种不同的尝试。

需要注意的是，网站和域名都是锦上添花的东西，更重要的是网站本身的内容。如果没有优质的内容，网站只是一个毫无价值的存在。所以，要让个人网站发挥光芒，持续不断地进行优质内容的更新才是关键。

4.5 设计师对性能的影响

在很多人眼里，性能应该是程序员考虑的事情，但是通过前面对 HTML 和 CSS 知识的学习，大家可以发现设计的图片或者其他素材的大小，会对加载速度有较大影响。

很多设计师满足于“看得见”的地方。作为一名优秀的设计师，往往会注意一些“看不见”的地方，而在无数小细节的优化和累积下，产品将会产生非常大的差异。

本文会从图片优化的角度跟大家讲解设计师对性能的影响，希望大家在今后的设计工作中能多一些思考。

4.5.1 图片的导出选项

图片的导出只需要明确一个核心目标即可：在保证质量的前提下尽可能地缩小图片大小。

这里需要注意的前提——保证质量，即压缩图片的时候不应该让图片本身的清晰度肉眼可见地降低。

图片导出时的设置，对于图片的大小会有比较大的影响。目前，在互联网上运用最多的图片格式为 JPEG、GIF 和 PNG，下面分别讲解导出这几类图片的注意事项。

1.JPEG

JPEG 格式图片本身就是一种有损文件。一般情况下，照片和有多种颜色的图片使用 JPEG 格式比较多，对于 JPEG 格式图片的优化需要注意两点。

第 1 点：选择最合适的尺寸。

第 2 点：选择最恰当的品质。

分辨率越大的图片通常占用的存储空间也越大，并且越清晰。但是对于互联网产品来说，使用图片的分辨率并非越大越好。

下面以图 4-57 为例进行介绍。

图 4-57

在这个界面上假设 banner 图片的尺寸是 750px × 360px，这时选择 750px × 360px 尺寸的图片非常合适。如果提供了 1500px × 720px 尺寸的图片会导致 banner 的大小由 324KB 上升为 1MB，虽然增加了大小，但是对清晰度的变化肉眼并不能感知。

这就是要强调的第 1 点——选择最合适的尺寸。互联网产品中的图片尺寸，并非越大越好，而是要选择适合用户屏幕的尺寸。

对于相同分辨率的图片，大小也会有非常大的差异。

当处理好一张图片后在 Photoshop 中导出时，选择“存储为 Web 所用格式”，在弹出的对话框中可以对图片进行一些参数的设置，这里参数的选择对图片的大小会有较大影响。

导出 JPEG 格式图片时，可以对图片的品质进行设置，从 0 到 100，数值越大，图片的品质越好，但同时占用的存储空间也会越大。

以图 4-58 为例，当品质为原图时图片大小为 11.6MB，当品质为 80 时大小压缩到了 1.894MB，当品质到 25 时图片大小仅 503.8KB。但是当品质到 25 时，肉眼已经能明显看到图片变模糊了。

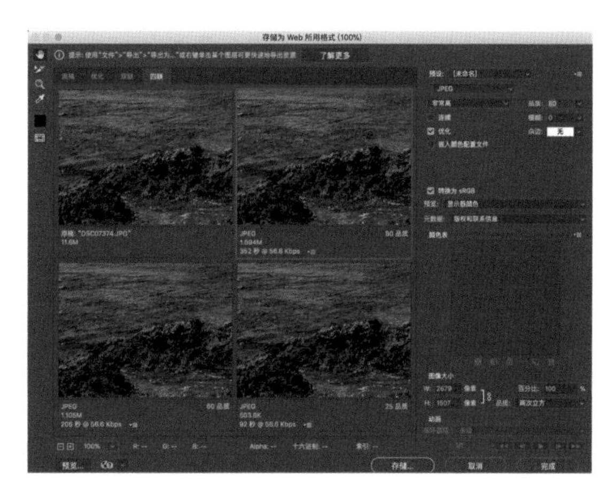

图 4-58

在对话框中以“四联”方式进行预览时，可以一次性快速地查看不同品质下的图片显示效果，方便设计师选择适合品质的图片。

在使用 Sketch 进行导出时也可以对 JPEG 格式图片的品质进行设置，如图 4-59 所示。注意，除了 JPEG 品质的设置外，Sketch 还有一个 Progressive JPG 选项，建议大家勾选。

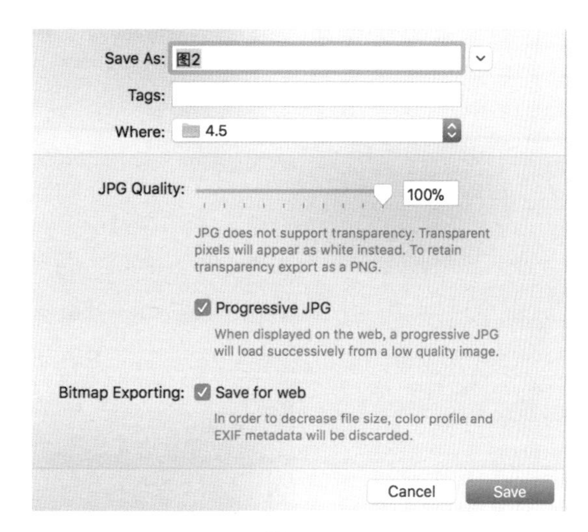

图 4-59

Progressive JPG 中文名为“渐进式 JPG”。JPG 有两种加载方式，一种是渐进式加载，另一种是线性加载。线性加载方式是从上至下地加载图片，比如在浏览网页的时候，查看一张较大的 JPG 图片，会发现图片往往需要从上到下慢慢加载出来。

渐进式 JPG 的加载方式是图片先模糊后清晰，显然，这种方式可以提供更好的用户体验，目前越来越多的团队开始使用渐进式 JPG 加载方式。

在 Photoshop 中要将 JPEG 图片保存为渐进式 JPG，只需要在品质设置下选择“连续”选项（默认为“优化”）即可。

渐进式 JPG 格式图片的大小和普通（标准）JPG 格式图片的大小差不多，其唯一的缺点就是更加占用 CPU 和内存，但是随着硬件越来越强大，这里的图片资源消耗已经不那么重要了。

图 4-60 所示是对于两种 JPG 加载方式的说明。

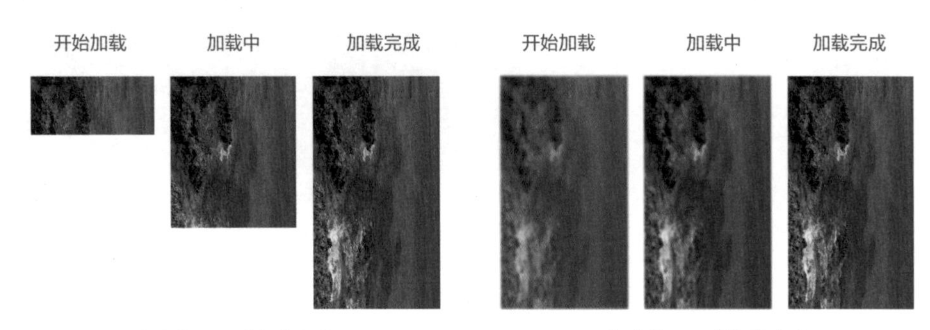

标准的 JPG 的加载方式　　　　渐进的 JPG 的加载方式

图 4-60

2.GIF

在选择 GIF 格式时一定要明确使用场景。首先，GIF 格式是一种无损压缩格式，这意味着 GIF 图片相对较大；其次，GIF 图片每一帧最多只能显示 256 种颜色，这意味着照片类图片不适合使用 GIF 格式。一般会在以下情况下使用 GIF 格式：需要做小动画，且 CSS3 无法编写或者编写成本较大时。

颜色数量的多少对 GIF 图片的大小有较大影响。在更改 GIF 图片的大小时，相较于 JPG 图片的品质变化，GIF 图片的颜色变化更为可见，如图 4-61 所示。

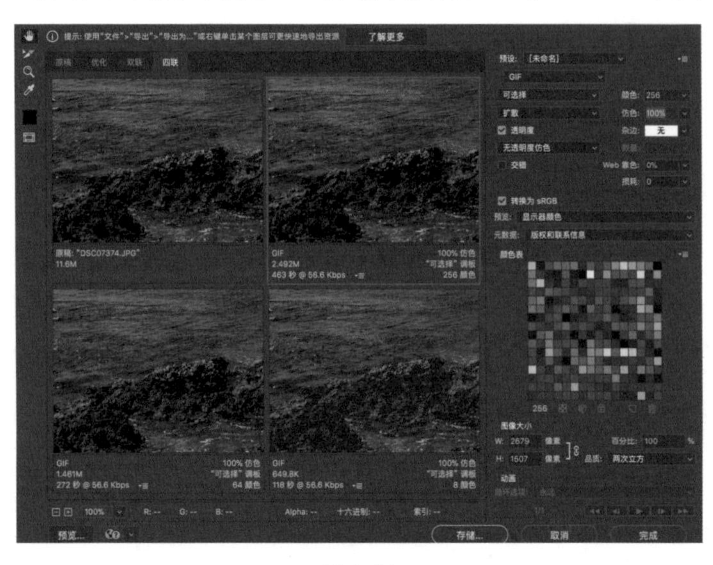

图 4-61

3.PNG

PNG 同样也是一种无损压缩的图片格式，相较于 JPG，PNG 和 GIF 一样支持透明通道，但是 PNG 比 GIF 占用的存储空间更小。对于需要透明通道的图片一般使用 PNG 格式，如 Logo、图标等。

PNG 图片包含两种，一种是 PNG-8，另一种是 PNG-24。同样的图片采用 PNG-8 和 PNG-24 在大小上会有较大差异，如图 4-62 所示。

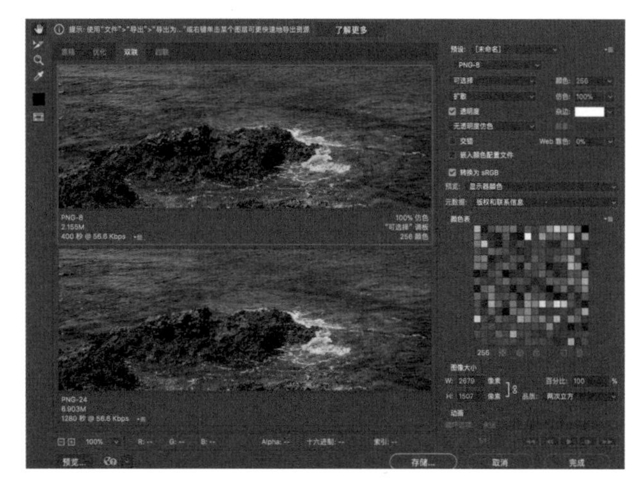

图 4-62

这是因为，PNG-8 最多包含 256 种颜色，而 PNG-24 则不限制颜色数量。一般情况下 Logo 或图标等颜色比较少，PNG-8 是最好的选择。在图 4-63 所示中可以看到不同颜色数量图片的大小变化。

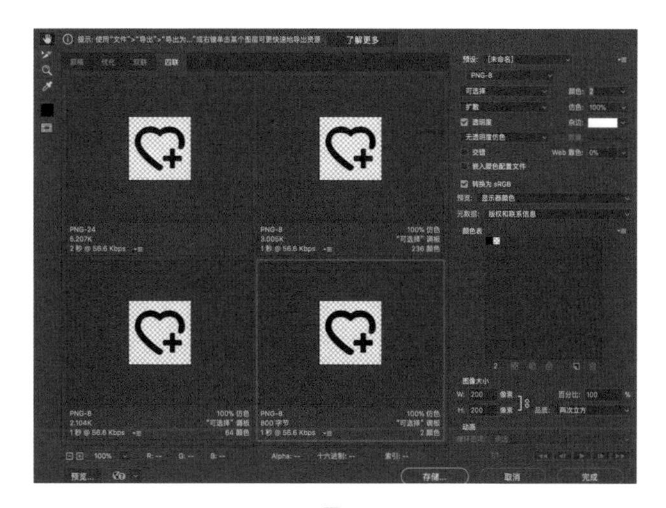

图 4-63

总之，在导出图片时选择什么样的格式以及每一种格式进行怎样的设置，都应该根据实际情况分析。虽然现在网速和硬件都远超过去，但是这种对细节的注意和追求，是成为一位更好的设计师所必备的品质，希望大家能把这样的思考带入日常的工作中。

4.5.2 利用工具进行图片压缩

目前有非常多的图片压缩工具可供选择。TinyPNG 是一个很好的在线压缩图片工具，大家可以通过搜索引擎搜索使用。该工具可以压缩 PNG 和 JPG 格式的图片，如图 4-64 所示。

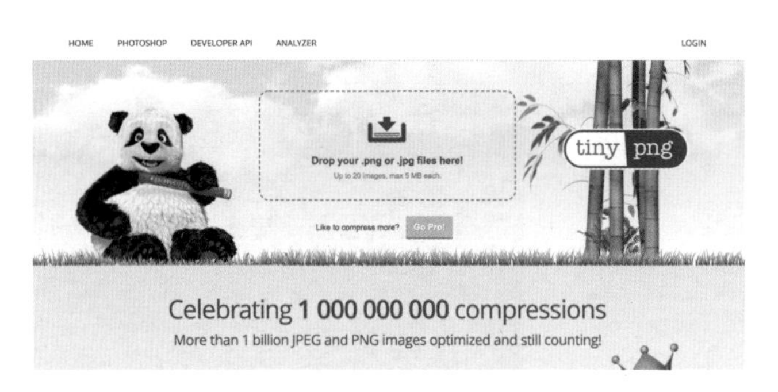

图 4-64

要压缩图片，只需把图片拖动到网页中间的 Drop your .png or .jpg files here! 区域即可，压缩完成后单击 Download all 按钮即可下载，如图 4-65 所示。

图 4-65

4.5.3 CSS Sprite

CSS Sprite 在国内又称为 CSS 精灵或者雪碧图。这是网页图片处理的一种方式，允许将网页中需要用到的众多图标合并在一张大图上，这样做会提升网站性能，有以下两个优势。

第 1 点：减少网站的 http 请求，提升其加载速度；原来需要每个图片 / 图标请求一次，现在只需要请求一次即可加载所有的图片 / 图标。

第 2 点：减少总图片的大小，一般情况下多张图片合并在一张图片上，占用的存储空间要小于每张图片大小的总和。

CSS Sprite 实现的原理，实际上就是将许多的小图片整合到一张大图片中，利用 CSS 中的 background-image、background-position 属性定位某个图片位置，达到在大图片中引用某个部位的小图片的目的。

假设将图 4-66 中的 3 个图标分别命名为 .icon_note、.icon_details 和 .icon_phone，这时要引用这 3 个图标的 background-position 属性如下。

图 4-66

```
.icon_note{
    background-position: 0 0;
}

.icon_details{
    background-position: 100px 0;
}

.icon_phone {
    background-position: 200px 0;
}
```

可以看到，使用一张图片便引用了 3 个图标，要制作出这种精灵图，实际上就是把所有的图片摆放在一张大图上，只是需要注意图片之间的间距，以方便程序员的引用。具体的间距需要在实际工作中与程序员进行沟通。

使用 CSS Sprite 也有两个不足之处：一个就是这样实际上会造成一定时间的消耗，因为设计师组合图片以及程序员引用图片都需要花费更多的时间；另一个就是精灵图中某个图片的变动，可能会对其他所有的图片都产生影响，尤其是图片的位置和尺寸发生变动时。

4.5.4 视觉元素优化

经常和程序员打交道的设计师可能会清楚，现在利用代码可以做的事情越来越多，绝大部分情况下，能使用代码编写出来的都好过切图。

因此，设计师在设计的时候应该思考：视觉元素有没有可能再优化一下。

图 4-67 中，同样的两个按钮，左侧的按钮是需要切图的，而右侧的按钮是可以直接用代码写出来的，当然左侧的按钮很明显多了很多细节，并且左侧按钮更加真实。在具体工作中需要思考使用何种方式以及这种方式对应的利弊。

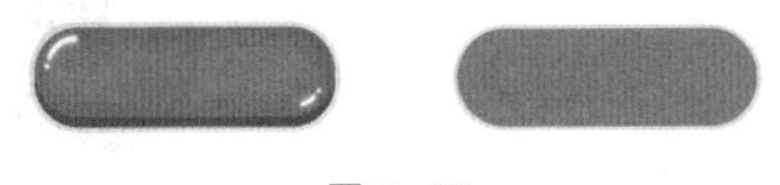

图 4-67

另外，对于一定要切图的情况，尤其是背景图，需要思考是使用非规则背景图还是规则背景图。图 4-68 中左侧的背景图需要把整张背景图给程序员，而对于右侧的背景图，程序员完全可以使用代码进行编写，或者切一个格子出来让程序员平铺即可。很明显，对于右侧的背景图，采用编写代码的方案会让背景加载时间缩短很多，当然，视觉效果也存在一定的差异，所以需要根据实际情况进行取舍。

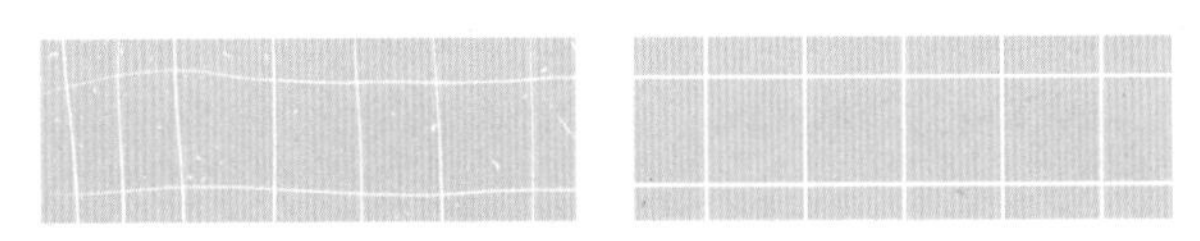

图 4-68

是否对视觉元素进行优化，取决于是否有优化的必要。这也是设计师懂一点代码最大的好处，当视觉元素需要优化的时候，设计师可以很清楚地知道，优化的方向是什么以及如何更好地优化。

为了从设计师的角度去讲解编程知识，本章内容有非常多的取舍——把纯编程的内容控制在两节，一节是 HTML，一节是 CSS。希望了解这些内容后，设计师能看懂基础的前端代码，并且希望设计师可以消除对编程的恐惧心理，其实编程的很多地方和设计思维是相通的。

设计师需要在对代码有了基础的了解后，懂得在设计中融入这些知识。所谓的极致用户体验，就隐藏在这些看似没有任何变化的细节之中。

05

第 5 章 设计师也要读懂数据

5.1 看懂常见的数据指标

正常情况下互联网产品上线后一定会不断迭代，在产品迭代的过程中设计师需要依据某个反馈决定产品如何迭代。

数据是客观的，前面一直强调的交互和 UI 设计，其实是一种很理性的设计，而这种理性最好的体现便是通过数据来促进设计。

行业的发展，对于设计师能看懂数据的能力的要求也在不断提升，希望通过本节内容的学习，设计师可以对常见的数据指标有更彻底的了解；同时，在阅读数据报表时，不再感到困惑。

5.1.1 数据是怎么产生的

数据是如何产生的，理论上不应该是设计师需要关心的问题，但既然是了解数据有关的知识，设计师也应该简单了解数据的产生。要产生数据就需要在关注的产品上“埋点”，埋点需要提供两个关键信息：一是需要埋点的内容，即具体的某个界面或者具体的某个链接；二是埋点的名称，方便后续快速找到相关的数据，如图 5-1 所示。

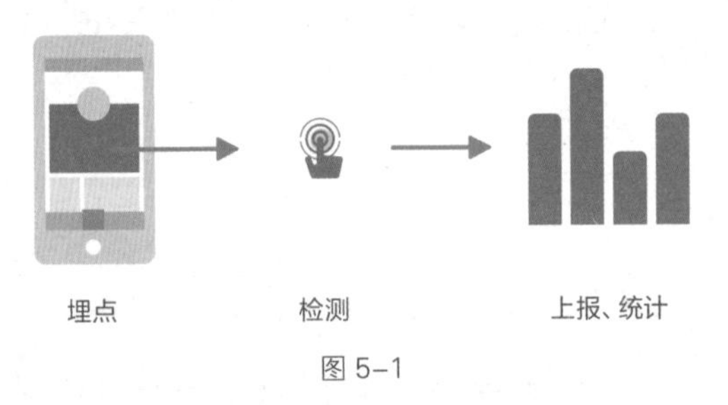

图 5-1

当埋点完成且产品上线后就会检测用户的行为，当用户进入该界面或者点击该链接时，统计系统中就会上报数据，这样设计师便得到了数据。

真实的数据统计远比上面所讲的复杂，但任何数据都是可以被统计的，即所有的数据都应该是基于某个埋点而产生的。

因此，当拿到某个数据之前，得清楚该数据是基于什么内容而产生的。

5.1.2 常见的数据指标

虽然理论上一个产品可以有无数多个数据，但数据指标专指对当前业务有参考价值的统计数据。

在进行数据分析的时候一定要结合业务本身，脱离业务谈数据并没有太大的实际意义。正因如此，可以把常见的数据指标分成三大类：与用户相关的数据指标、与行为相关的数据指标和与业务相关的数据指标。

1. 与用户相关的数据指标

与用户相关的常见数据指标有 DAU 和 MAU、新增、留存等，如图 5-2 所示。

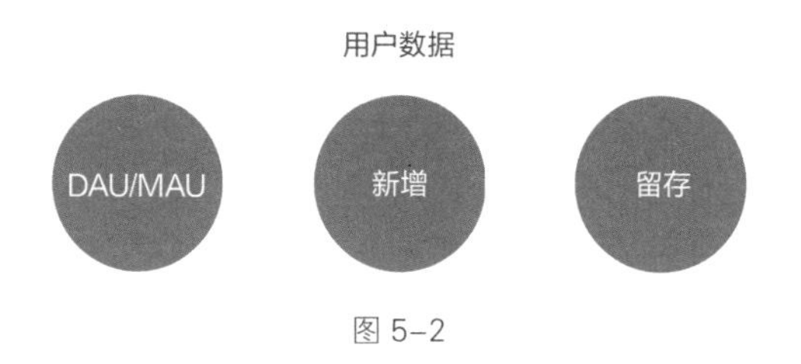

图 5-2

DAU 和 MAU

DAU 和 MAU 分别称为日活跃用户数量（简称“日活”）和月活跃用户数量（简称“月活”），主要用来观察某个产品以日或者以月为单位的用户活跃量。

图 5-3 所示是某产品 A 和产品 B 的 DAU 数据（单位：万）。从图中可以看到产品 A 和产品 B 每天的具体日活数，通过对比还可以发现：周一到周五产品 A 的日活大于产品 B 的日活，周六和周日产品 B 的日活比产品 A 的日活高。

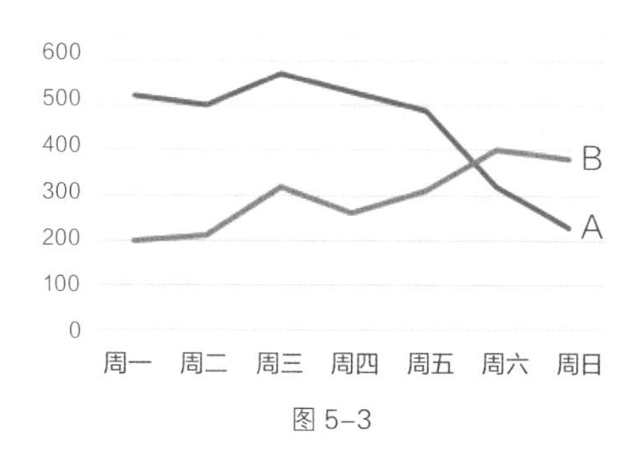

图 5-3

对数据敏感的读者可以通过这个数据，猜测产品 A 可能是一款针对工作场景使用的 App。把产品 A 和产品 B 放到一起比较，可能是两者之间存在某种相关性。

需要注意的是，即便大家都知道日活或者月活是什么意思，但每个人的理解可能不一样。

以 DAU 为例，DAU 为日活跃用户数量，那么日这个单位的计算周期是 24 小时还是一个自然日？然后是活跃，什么样的行为可以被称为活跃？是打开过一次就算，还是停留了多长时间才算？最后是用户，什么样的用户可以被称为用户？是登录了的用户，还是按照不同的设备来算？

上面提到的所有疑问，都没有唯一的答案。但是在一个团队中，所有团队成员对于某一个数据指标的得出方法，一定要有完全相同的认知，否则就会产生偏差。

新增

新增即产品的新增用户。同样，对于新增的“新”，不同的团队也有着不同的计算方法。这个数据一般是在描述“拉新”的时候所用的。因此这里的“新”可能包括新增注册用户、新增下载量、新增设备数等，需要根据业务本身去衡量这个“新”具体指什么。

图 5-4 所示是某个产品在某天的新增数据，从图中可以看到这些都是针对这款产品同一天的新增数据，但不同维度的数据之间有很大的差异。

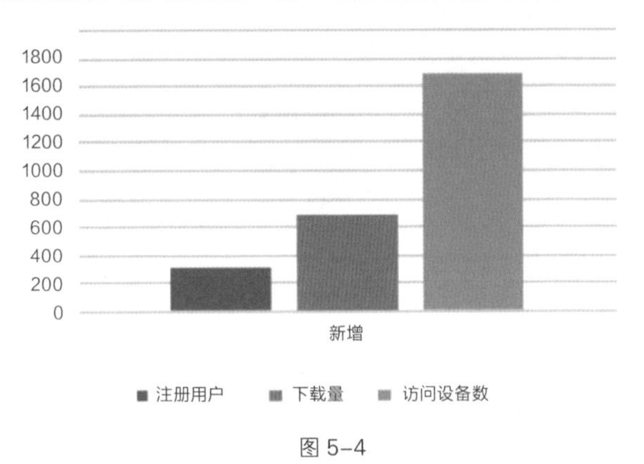

图 5-4

留存

留存是最能反映产品对用户是否产生吸引的一个数据指标。

留存一定是基于某个时间段而得出，比如次日留存、7 日留存等。

一般来说，留存的计算方式是用某个事件的用户数量除以第 1 天的用户数量得出，如次日留存 = 第 2 天的用户数量 / 第 1 天的用户数量，得出的结果即次日留存。

图 5-5 所示是针对某产品进行去掉重复数据后得到的 DAU 数据，可以看到该产品的次日留存为 DAY2/DAY1=300/500=60%；该产品的 7 日留存为 DAY7/DAY1=60/500=12%。

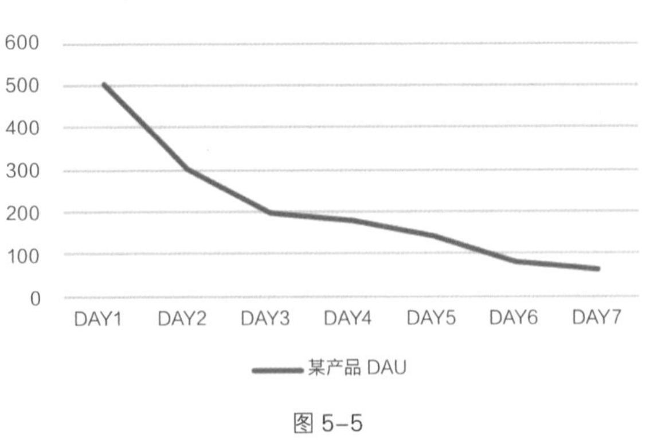

图 5-5

很多设计师可能就会有疑问，怎么能保证第 2 天的 300 用户量，一定是第 1 天 500 用户量中的呢？（虽然上面强调了这是去掉重复数据后的数据，但实际工作中这一点经常容易被忽略。）

能思考到这里，证明设计师已经非常有数据思维了。确实，留存的“留”与“存”，一定是基于某类用户，其目的就是看这类用户在第 1 天使用了产品后，是否还会在其他时间点使用该产品。

如果某个产品第1天的用户量为100，第2天新增用户量100，但是第1天的用户访问量为0，那么这个产品的留存则应该是 0，而非 100%。在计算留存的时候，一定是要去掉重复的数据。

在同一个团队中，除了去掉重复数据，还需要统一留存算法。比如 7 日留存，究竟是第 7 日的留存，还是 7 天平均用户量相对于第 1 天用户量的留存?

有关 7 日留存，常见的是用第 7 天的数据除以第 1 天的数据，也就是一共有 7 天的数据。在某些情况下，也会把第 1 天当成第 0 天，然后是第 1 天到第 7 天，一共会有 8 天的数据，在这种情况下，会用第 7 天（实际上是第 8 天）的数据除以第 0 天的数据，来计算留存。

用第 0 天这样的方式计算有个很大的好处，就是第 0 天和第 7 天一定是相同的星期几，假如第 0 天是周一，那么第 7 天也会是周一。对于那些周期性产品，比如上面讲 DAU 举例的那类产品，这样计算会更客观，计算结果也更准确。

2. 与行为相关的数据指标

与行为相关的常见数据指标有 PV 和 UV、访问深度、转化率、时长、弹出率等，如图 5-6 所示。

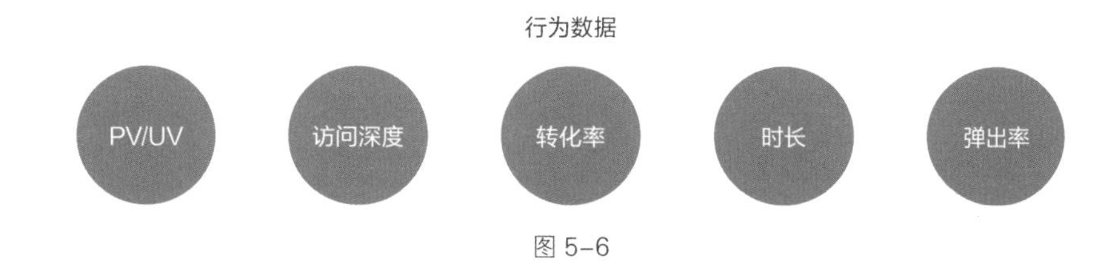

图 5-6

PV 和 UV

很多设计师分不太清楚 PV 和 UV，其实 PV 的全称为 Page Views，记录的是访问某个页面的次数，而 UV 的全称是 Unique Visitors，记录的是访问某个页面的独立用户数。正常情况下，一个页面的 UV 数一定小于或者等于这个页面的 PV 数。这两个指标是常用的数据指标，用来衡量产品的用户访问量。

访问深度

访问深度用来衡量用户对产品感兴趣的程度。

用户对某个产品越感兴趣，那么访问深度一般会越深。任何产品都有一定的层级结构，一个用户进入首页后点击进入了几层，就可以认为该用户的访问深度是几。

转化率

转化率用来描述用户从某个页面到执行某个操作的比率。

比如一个电商产品，要记录从商品列表页到详情页的转化率，则只需用点击进入详情页的 PV 数除以商品列表页的 PV 数。

需要注意的是，转化率一般是 PV/PV，UV/UV。计算人均某个行为时，则可以用 PV/UV，比如一个界面的 PV 是 10000，UV 是 5000，那么 PV/UV=2，则可以说这个界面的人均访问量为 2。

时长

时长对于一些内容型产品是很有参考价值的数据指标，可以用来衡量用户对内容感兴趣的程度。

在记录这个数据时如何确保数据的准确性是其中的难点，比如用户是在打开产品后做别的事情去了，还是一直在使用这个产品？好在移动互联网时代，用户把手机打开然后去干其他事情的情况少了很多，即便有，也可以在进行数据分析时把那些大大超出平均使用时长的数据剔除再单独分析。

弹出率

弹出率是使用得比较少的一个数据指标，很多设计师对于弹出率的认知是有偏差的，认为弹出率简单指用户的跳出比率。实际上，弹出率是指这个用户来到这个界面什么都没做就走掉的比率。比如用户 A 访问一个产品，在第 1 个界面点击进入第 2 个界面，然后在第 2 个界面就关闭了产品。假设这个产品只有这一个用户，那么这个产品在第 1 个界面的弹出率为 0，在第 2 个界面的弹出率为 100%。

3. 与业务相关的数据指标

在谈到与业务相关的数据指标时，一定要针对业务本身去了解相关的数据指标。

谈到业务，实际上可以把所有的产品简单分成两类：免费的产品和付费的产品。免费产品可能更多考察用户的访问时长和访问深度等数据，而付费产品则更多考察产品的 GMV、ARPU 等数据。

对于免费产品，主要关注的是时长、深度、留存等数据指标，实际上与行为相关的数据指标是相同的内容，只是分类不同，所以在此不再重复说明。

图 5-7 所示是有关付费产品常见的数据指标。

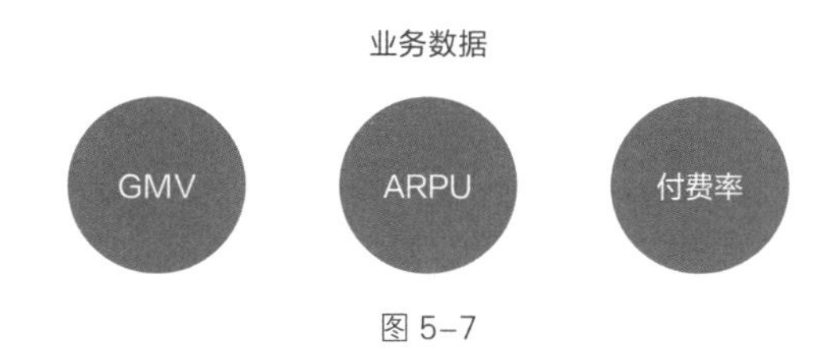

图 5-7

GMV

GMV 全称为 Gross Merchandise Volume，指一段时间内的成交总额，一般在电商类产品进行数据统计或者制订 KPI（Key Performance Indicator，关键绩效指标）时使用。

GMV 是一个有关总量的数据指标，设计师在拿到 GMV 数据后可以了解一下这个数据是怎么得出来的，并根据数据计算的方式思考如何进一步拆分数据指标。

假设一家店铺只有两款商品，该店一周内两款商品的数据如表 5-1 所示。

表 5-1

商品	日期	销量 / 个	售价 / 元
商品 A	周一	200	20
	周二	180	20
	周三	210	20
	周四	220	20
	周五	160	20
	周六	180	20
	周日	220	20
商品 B	周一	600	10
	周二	580	10
	周三	720	10
	周四	520	10
	周五	500	10
	周六	630	10
	周日	620	10

该店铺在这周的 GMV= 商品 A 本周的 GMV+ 商品 B 本周的 GMV。

商品 A（B）本周的 GMV= 商品 A（B）周一到周日每天的 GMV 之和。

每天的 GMV= 该产品的销量 × 售价。

通过上面的公式可以算出来，该店铺本周的 GMV 为 27400+41700=69100（元）。

获取该数据最大的意义就是看是否达到了预期目标，比如该店铺这周的预期销售目标是 GMV 为 70000 元，那么意味着没有达到目标。

接下来要做的就是思考如何达成目标，一个很好的办法就是进行拆分。因为篇幅关系，并且本书面对的读者群体是设计师而非营销人员，所以在此不展开详述。

ARPU

ARPU 的全称是 Average Revenue Per User，即每个用户的平均收入，又称之为单用户价值。

这个数值用来反映产品运营的一段时间内，从单个用户身上可以得到的利润或收益。很明显，用户质量越好，ARPU 值越高。

一般来说，这个数值的计算方式是用某段时期的总收入除以某段时期的付费用户数。

不同的行业会有一个相近的 ARPU 值，过高或者过低的 ARPU 值都可能不是一件好事。过低的 ARPU 值，尤其是远低于行业平均的 ARPU 值，可能会导致产品最终的盈利能力变差；过高的 ARPU 值，也可能是付费用户过少导致的。

付费率

付费率是用来衡量用户转化行为的指标，表示所有用户和付费用户之间的一个转化比率。

前面提到的 ARPU 值是用付费用户人数来计算的，很多情况下会把付费率和 ARPU 值放在一起分析。

一般产品的付费率越高越好，这意味着用户对产品的认可。

以上是一些常见的数据指标的介绍，了解这些数据指标的意义，对设计师来说非常重要，这是一切数据分析的基础。

通过对上面内容的学习大家应该能感觉到，在阅读一份数据报表之前，非常有必要跟团队所有成员对各项指标的含义和计算方式达成一致。

5.2 A/B 测试与数据分析

在学习了基础的数据指标知识后，在实际工作中还经常需要进行 A/B 测试，并对所有的数据进行分析。这里简单对相关的注意事项进行概述。

5.2.1 A/B 测试

当需要上线一个产品或者产品的一个新功能的时候，不确定用户对于这个产品的认可度，就需要进行 A/B 测试，如图 5-8 所示。

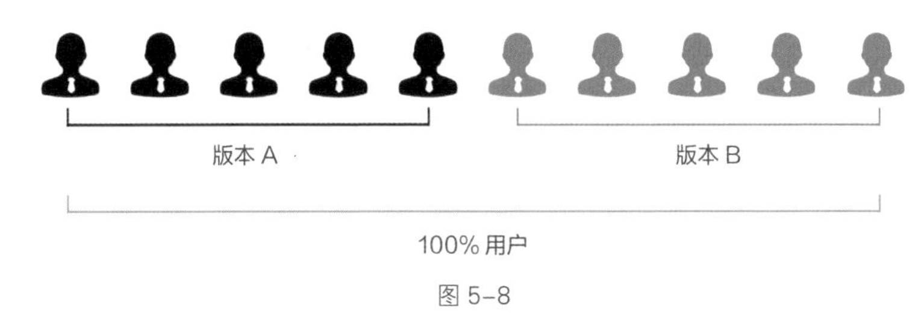

图 5-8

简单来说，A/B 测试就是把所有的用户分成两部分，一部分用户看到的是 A 方案，另一部分用户看到的是 B 方案，然后对两部分用户使用产品时产生的数据进行分析，为最终选择使用哪个版本的方案提供有效的参考依据。

在进行 A/B 测试的时候，有以下几点需要注意。

第 1 点，在进行 A/B 测试时，两个方案应该是同时进行的，并且参与测试的用户分类应尽可能平衡，比如人数、性别的分布等。

第 2 点，如果可以的话，最好一次测试只出现一个变量，当想要测试哪个按钮对用户的转化影响更大时，应该一次只变更一个因素，如按钮的颜色，如图 5-9 所示。当一次变更的不仅是按钮颜色，还变更文字的颜色甚至是文字内容时，就不太确定到底是哪个因素对于用户的影响更大了。

图 5-9

第 3 点，用于测试的两个方案应该是相同的内容，如果分别用首页和详情页进行测试，是没有任何意义的。

5.2.2 数据分析

当进行 A/B 测试时，会产生很多有意义的数据，这时候需要用到分析数据。需要说明的是，这里所讲的数据不一定只是 A/B 测试所产生的数据，而是适用于所有与产品相关的数据。

数据分析是一个非常深且专业的话题，一般来说，公司里都会有专门进行数据分析的人员，大家有兴趣可以跟他们多聊聊，往往会有很多不一样的收获。

如果条件允许，设计师可以申请查看自己所负责的项目数据，这些数据的来源可以是公司自己研发的数据统计系统，也可以是第三方应用，如百度站长工具等产生的数据。如果是小程序或公众号，可以通过“有赞”后台看到数据，如图 5-10 所示。

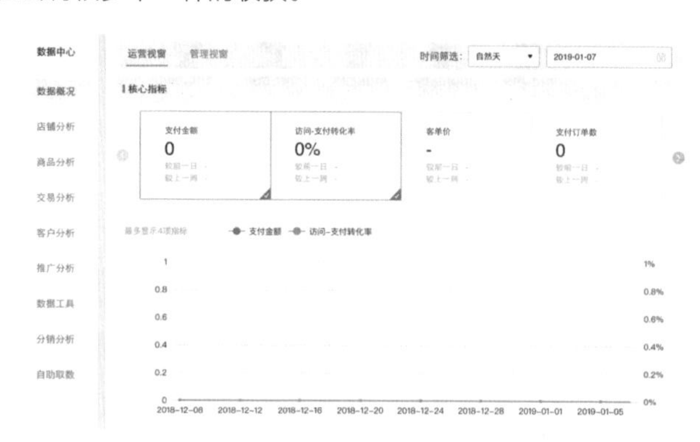

图 5-10

大家在看到任何一个数据的时候，首先需要知道，每个数据代表的是什么。一般来说，如果是第三方的统计平台，在帮助中能找到针对每个指标的介绍说明，而如果是公司自己研发的数据统计平台，那么可以跟数据部的同事进行沟通。

在看到任何数据的时候，都应该放到当前的、当时的环境中去看。

1. 趋势

一般用户的访问会呈现一种趋势。从产品首页到多级页面，流量呈现下降的趋势，如果某天突然某些低流量界面发生了流量的激增，则应该去认真分析出现这种情况的原因。图 5-11 所示分别为流量正常的状态和流量激增的状态。

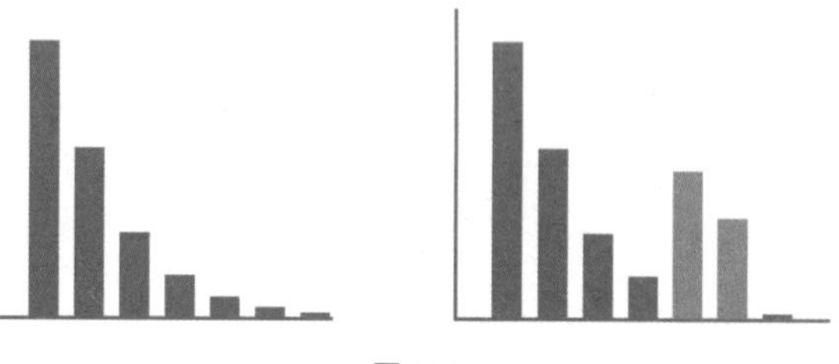

图 5-11

产品流量可能会呈现出一定的规律，比如每周末流量会增加，或者每天中午流量会增加等，这时设计师可以根据用户的这些习惯去优化设计，如图 5-12 所示。

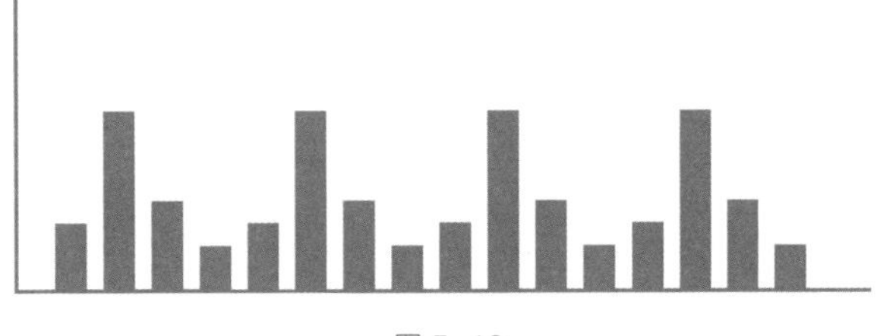

图 5-12

2. 相对

在分析数据的时候一定要注意，任何数据都只是客观呈现，没有好坏之分。

比如页面的浏览量，在大部分情况下会觉得页面的浏览量越多越好，但对于某些产品来说，如果同一用户的页面浏览量过大，则并不是好事，如图 5-13 所示。

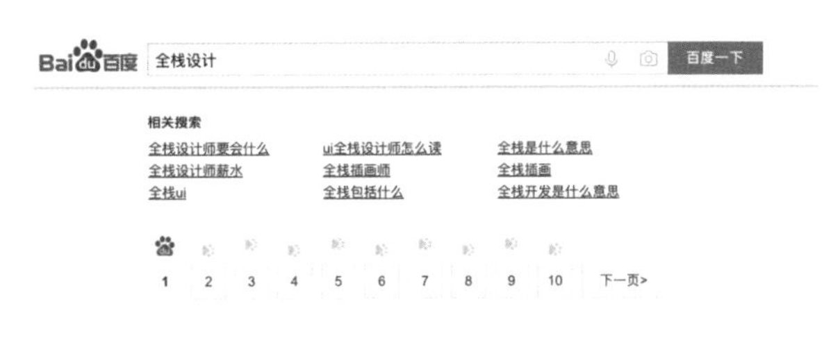

图 5-13

用户使用搜索引擎是希望能更快地找到自己所需要的内容，因此最好的情况是用户的页面浏览量就是 2，即输入搜索关键词，在搜索结果中找到自己需要的内容，然后跳转出去。

如果页面浏览量过多，那么意味着用户可能没有找到自己想要的内容，这时设计师就需要反思一下搜索引擎的准确性是否足够好。

根据这个思维，理论上跳出率越低越好，但对于搜索引擎来说，跳出率应该越高越好。

同样，对于用户停留时间，也需要针对不同的产品进行不同的分析。如果某个产品用户停留的时间很长，但是页面的浏览量很低，那么就需要分析是用户被页面的内容吸引了，还是用户不知道怎么使用产品而卡在某个页面了。

5.3 利用数据优化设计

设计师对数据有了基础了解和认知后，更为重要的就是懂得如何把数据用于实践。

5.3.1 利用数据为界面设计提供参考依据

假设现在需要设计一个界面，界面中需要有 6 个按钮，分别跳转至 6 个不同的功能，而这 6 个功能相互独立，设计师并不清楚如何排列这 6 个功能让界面有轻重之分。设计师面对如图 5-14 所示的情况时容易偷懒，这会导致用户体验变得很差。

图 5-14

这样设计，虽然产品是可以使用的，按钮之间有间距、排列整齐，直接明了，也不容易误触，但是按钮过多，会导致用户尤其是新用户在使用的时候选择成本较高。

因此，当这个设计上线后需要为每个按钮埋点，然后得到如图 5-15 所示的数据。

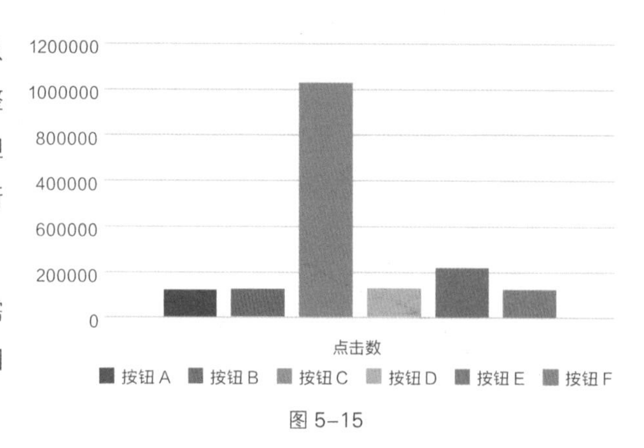

图 5-15

这时可以看到用户点击按钮 C 最多，而其他按钮的点击量相对平均，但远低于按钮 C。那么根据这样的数据，设计师可以优化界面，如图 5-16 所示。

这样按钮的主次就出来了，但是如果得到的不是上面的数据，而是如图 5-17 所示的数据，那么设计师又应该怎么设计呢?

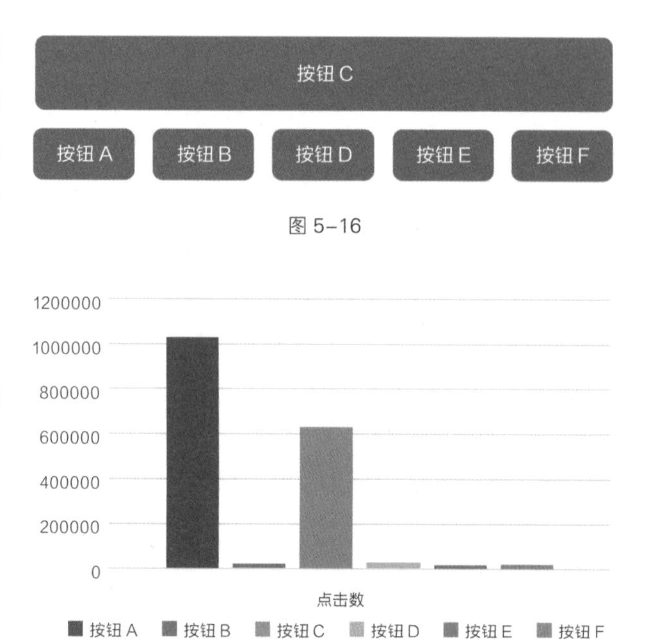

图 5-16

图 5-17

可以看到，在 6 个按钮中，按钮 A 和按钮 C 的点击量远超过其他按钮，优化的设计就应该如图 5-18 所示。

图 5-18

这样设计可以让界面变得简洁，同时，用户可以通过“更多”方便地找到低频按钮。

以上是利用数据优化设计的简单例子，在实际工作中，涉及的情况远比上面的复杂，但这并不妨碍设计师养成这样的设计思维，同时培养设计师理性思考设计的能力。

5.3.2 利用数据为界面设计提供决策

设计师在工作中经常会提供多套设计方案以供选择，而这会导致一个情况出现——面对多个方案，大家对于选择哪套方案的分歧很大，而每种方案的支持人数又相对比较平均。

面对这种情况，让用户自己选择是最好的解决办法，而要做到这一点，数据便是最好的观察工具。

假设现在需要给一个电商产品设计 banner，设计师提供了两张 banner 图，决策者不知道使用哪张 banner，这时可以同时使用两张 banner，让相似用户画像的用户随机看到两张 banner 中的一张，然后统计各自的转化率。

当其中一张 banner 的转化率远高于另一张的转化率时，转化率高的便是最好的选择。

当两张 banner 的转化率相差很小的时候，则需要思考，影响转化率的是否只是设计，是否与文案、用户习惯等有关。

但不管怎样，数据一定是最好的裁判。

以上是有关设计师需要了解的最基础的数据知识。随着行业的发展、竞争的加剧以及市场的不断细分，未来行业对于设计师能读懂数据，并且能用数据指导和验证设计的要求将会越来越高。

过去，设计师做设计更多依靠经验和主观判断，当数据对设计产生的影响加剧的时候，这其实是让设计师从过去的感性思维向理性思维转变。

这一定是一个趋势，所以建议各位从现在开始关注数据。

总之，不要给自己设置边界。

后记

当您阅读到这里，也意味着本书的内容即将全部结束。

能坚持把这本书写完对笔者来说是一件并不容易的事情。一方面受个人能力所限，写一本有关“全链路设计”的书实在需要很大的勇气；另一方面笔者也并非全职写作，和各位一样也有着非常大的工作压力，以至于很多时候都是在凌晨进行本书内容的写作。

写本书的初衷很简单，互联网行业的设计师和其他行业的设计师其实有着非常大的不同。传达给用户的首先应该是可用的、能用的，其次才是好用的，而要做到这一点却并不容易，要求设计师除了懂设计外还要懂业务。可能很多朋友不知道如何入手，笔者希望本书能为大家指引方向。

本书的内容是一次全新的尝试，它既不是一本产品书，也不是一本纯粹的设计书，更不是一本编程书，但书里面所涉及的内容，确实是一名互联网设计师应该了解的。

互联网行业的发展非常迅速，笔者从事交互设计的这几年时间，几乎每一年都有着翻天覆地的变化。在写本书的时候，笔者也尽量用更基础、更确切和更前沿的内容来展开，希望本书的内容能具有更长的时效性。

2019 年，对于互联网来说是一个新的起点，互联网进入“下半场”后很多的规则和玩法都已经发生了变化，这对设计师来说有着更高的要求。可能现在“全链路设计”还只是一个概念或者努力的方向，但是用不了多久就会成为“标配”。

笔者非常期待能与各位一起探讨和交流，各位有任何建议和疑问都欢迎给笔者发邮件或在微信公众号中留言，笔者会认真回复。

希望我们能一起通过各自的努力做到最好。同时，希望这个世界因有我们的存在变得越来越好。